Pearson

Photoshop Lightroom Classic 摄影师专业技法（全新升级版）

[美] 斯科特 · 凯尔比（Scott Kelby） 著
裴雨琪 译

人 民 邮 电 出 版 社
北 京

图书在版编目（CIP）数据

Photoshop Lightroom Classic摄影师专业技法 : 全新升级版 / (美) 斯科特·凯尔比 (Scott Kelby) 著 ; 裴雨琪译. -- 北京 : 人民邮电出版社, 2023.12
ISBN 978-7-115-62623-3

Ⅰ. ①P… Ⅱ. ①斯… ②裴… Ⅲ. ①图像处理软件
Ⅳ. ①TP391.413

中国国家版本馆CIP数据核字(2023)第177371号

内容提要

这是一本以清晰、直观又系统的方法介绍如何运用 Adobe Photoshop Lightroom Classic 对照片进行润饰的书籍。本书作者斯科特·凯尔比针对在照片后期处理过程中会碰到的各种常见或疑难的问题提出了具体的解决办法和实用技巧。读者在阅读之后，可以了解在 Adobe Photoshop Lightroom Classic 中如何导入照片、分类和组织照片，如何编辑照片、局部调整照片、校正数码照片，如何导出照片、将照片转到 Photoshop 进行编辑，以及如何在移动设备上使用 Lightroom 等方面的内容，了解专业人士所采用的照片后期处理技法。本书详细讲解了 Lightroom Classic 中蒙版工具的使用技巧，以帮助读者更好地对照片进行选择性处理，创作出令人惊艳的影像作品。

本书适合数码摄影、广告摄影、平面设计、照片修饰等领域的各层次用户阅读。无论是专业人员，还是普通爱好者，都可以通过本书迅速地提高数码照片的后期处理水平。

◆ 著　[美]斯科特·凯尔比（Scott Kelby）
译　裴雨琪
责任编辑　张　贞
责任印制　陈　犇

◆ 人民邮电出版社出版发行　北京市丰台区成寿寺路 11 号
邮编 100164　电子邮件 315@ptpress.com.cn
网址 https://www.ptpress.com.cn
北京富诚彩色印刷有限公司印刷

◆ 开本：889×1194 1/20
印张：15.2　2023 年 12 月第 1 版
字数：613 千字　2023 年 12 月北京第 1 次印刷

著作权合同登记号　图字：01-2022-2377 号

定价：188.00 元

读者服务热线：(010)81055296　印装质量热线：(010)81055316
反盗版热线：(010)81055315
广告经营许可证：京东市监广登字 20170147 号

致　辞

这本书要献给我最好的伙伴、同事，

以及 Lightroom 的指路明灯

——温斯顿·亨德里克森（1962–2018）。

你教会了我们很多很多。我们会永远怀念你。

关于作者

斯科特·凯尔比

斯科特是KelbyOne的总裁和首席执行官，KelbyOne是一个为摄影师服务的在线教育社区。斯科特是Photoshop User杂志的编辑、发行人和联合创始人；他也是《The Grid》的主持人，这是一档很有影响力的、为摄影师打造的现场直播脱口秀节目；并且他还是每年Scott Kelby's Worldwide Photo Walk™（注：斯科特举办的全球摄影之旅研学活动）的创始人。

斯科特是一位屡获殊荣的摄影师、设计师，也是100多本摄影畅销书的作者，包括《Photoshop+Lightroom摄影师必备后期处理技法》《斯科特·凯尔比的风光摄影手册》《布光、摄影、修饰——斯科特·凯尔比影棚人像摄影全流程详解》《Photoshop Lightroom 6/CC摄影师专业技法》《数码摄影闪光灯使用手册》《斯科特·凯尔比的自然光人像摄影手册》等，以及他的代表性作品《数码摄影手册》——这是有史以来最畅销的数码摄影图书之一。

斯科特的书已被翻译成几十种不同的语言，包括中文、俄文、西班牙文、韩文、波兰文、法文、德文、意大利文、日文、希伯来文、荷兰文、瑞典文、土耳其文和葡萄牙文等。斯科特是著名的ASP国际奖的获得者，这是一个每年由美国摄影师协会为"以专业摄影为艺术和科学的理想做出特殊或重要的贡献"的人颁发的奖项。哈姆丹国际摄影大赛（HIPA）也特别为他颁发奖项以感谢他对全球摄影教育的贡献。

斯科特是一年一度的Photoshop世界会议的技术主席，并且经常在世界各地的会议和贸易展览上发表演讲。他参与了KelbyOne的一系列在线学习课程教学，自1993年以来培训了大量的职业摄影师和Photoshop用户。

致　谢

在每本书的开头我都会以同样的格式写下这篇致谢——感谢我无与伦比的妻子卡莱布拉。如果你了解了她是怎样一位令人难以置信的女性，你肯定会明白我这么说的原因。

听起来可能有点傻，但我们一起逛街时，如果她让我去另一个过道的货架上拿牛奶，她会带着最温暖、最灿烂的笑容看着我拿着牛奶走回来。她这么做并不是为我找到了牛奶感到高兴，而是我们每次对视时她都这样做，即使我们只是分开了一分钟。这种甜美的微笑仿佛在说："这就是我爱的人。"

在31年的婚姻生活中，如果你每天都能得到如此多的微笑，你会认为自己是世界上最幸福的人。迄今为止，只要见到她，我依然会怦然心动。当你经历这样的生活时，你会成为一个非常快乐且感恩的人，我就是如此。

所以，谢谢我的爱人。感谢她的照顾、关爱、理解、忠告、耐心、宽容和大度，她是一位富有同情心且善良的妻子和母亲，我爱她。

其次，我非常感谢我的儿子乔丹。当我的妻子怀孕时（大概24年前），我写了第一本书，是乔丹伴随着我的写作而成长。所以你可以想象，当他完成他的第一本著作时（现在已经写到第三本了），我是多么自豪。他在他母亲温柔、充满爱心的呵护下，成长为一个优秀的、充满激情的年轻人，这令我激动不已。当他进入大学高年级时，他知道他的父亲为他而感到骄傲与自豪。

感谢我们可爱的女儿基拉。她带着我们的祈祷、她哥哥的祝福而降生，成长为如此坚强的小女孩，并再次证明了奇迹每天都在发生。她是她母亲的一个小翻版，相信我，我已经想不出更好的赞美之词了。能看到这样一个快乐、有趣、聪明、有创造力、令人敬畏的"自然力量"每天在家里蹦跶，真是一种幸福，她不知道她让我们多么高兴和自豪。

我还特别感谢我的哥哥杰夫。在我的生活中有很多值得感恩的事情，而在我成长的过程中拥有这样一个积极的榜样是我特别感激的一件事。他就是这个世界上最好的兄弟，我之前已经说了一百万次了，但再说一遍也无妨——我爱你，哥哥！

我衷心感谢KelbyOne的整个团队。我知道每个人都认为自己的团队最特别，但这一次——我是对的。我很自豪能够和他们一起工作，而且我依然对他们超高的工作效率感到惊叹，对他们持续高涨的工作热情印象深刻。我衷心感谢我的编辑金·多蒂。她工作认真，态度积极，注意细节，使我能不断地写出一本又一本图书。在编写这些图书时，我有时真的会感到很孤独，但她让我不再孤独——我们是一个团队。在我碰到问题时，她常常用鼓励的话语或者有用的想法给我坚持下去的信念，无论怎样感谢她都不为过。金，你是最棒的！

我同样感到幸运的是能够让才华横溢的杰西卡·马尔多纳多来设计我的图书。我喜欢杰西卡设计的版式，以及她给版面和封面设计添加的活灵活现的小元素。她才华横溢，与她一起工作很有趣。她是一位非常聪明的设计师，并且我认为她设计的每个版面都比别人的更新潮一些。能有她在我的团队里，我真是中了头奖了！

此外，还要感谢我们的文字编辑辛迪·斯奈德，我感到非常幸运的是能与她合作出版这些图书。谢谢，辛迪！

感谢我的朋友兼业务伙伴让·肯德拉这些年来的支持。他于我、于卡莱布拉及我们的公司来说都太重要了。

非常感谢我亲爱的朋友，火箭摄影师、特斯拉研究教授、非官方但仍然专业的迪斯尼游轮指导、风景摄影旅行者和亚马逊Prime会员狂热爱好者埃里克·库纳先生。他是我每天喜欢上班的原因之一。他总是能跳出思维定式，发现很酷的东西，并确保我们始终以正确的理由做正确的事情。感谢他的支持，感谢他辛勤工作，以及感谢他提供宝贵的建议。

感谢克莱伯 · 斯蒂芬森，他让所有美好的事情发生。我特别喜欢和他一起出差，我们吃了很多好吃的东西，一路上充满欢声笑语，非常有趣。

感谢Peachpit出版社，以及我的编辑劳拉 · 诺玛，是他们为我掌舵，给我指明方向，使我的书得以面世。

感谢罗布 · 西尔万、瑟奇 · 拉梅利、马特 · 科洛斯科斯基、特里 · 怀特，以及所有在Lightroom教育之路上帮助和支持我的朋友和教育工作者。感谢曼尼 · 斯泰格曼一直以来对我的信任，以及他这些年来的支持和友谊。感谢盖布、丽贝卡及B & H Photo所有优秀的合作伙伴。B & H Photo是非常专业的全球摄影器材商店。

感谢这些与本书无关但与我的生活息息相关的人，我只想给他们一个书面上的感谢与拥抱：特德 · 韦特、唐 · 佩奇、胡安 · 阿方索、穆斯 · 彼得森、杰夫 · 雷维尔、杰夫 · 莱姆巴赫、拉里 · 蒂芬布伦纳、布兰登 · 海斯、埃里克 · 艾格里、拉里 · 格雷斯、罗布 · 福尔迪、凯利 · 琼斯、英国明星戴夫 · 克莱顿、杰伊 · 葛候蒙、维多利亚 · 帕夫洛夫、戴夫 · 威廉姆斯、拉里 · 贝克尔、彼得 · 特雷德韦、罗伯托 · 皮斯孔蒂、费尔南多 · 桑托斯、格林 · 杜伊斯、保罗 · 科伯、马尔温 · 德里曾、迈克 · 库贝西、托尼 · 利亚内斯、迈克斯 · 哈蒙德、迈克尔 · 本福德、布拉德 · 穆尔、南希 · 戴维斯、戴夫 · 盖尔斯、迈克 · 拉森、乔 · 麦克纳利、安妮 · 卡希尔、尼克 · 萨蒙、米莫 · 梅丹妮、泰洛 · 哈丁、杰斐逊 · 格雷厄姆、戴夫 · 布莱克、约翰 · 库奇、格雷格 · 罗斯塔米、马特 · 兰格、巴布 · 科克伦、埃德 · 布伊斯、杰克 · 雷兹尼基、德布 · 乌斯基尔卡、弗兰克 · 多霍夫、鲍勃 · 德基亚拉、卡尔 · 弗朗兹、彼得 · 赫尔利、考蒂 · 波鲁普斯基和瓦内利。

我还应该感谢在Adobe工作的那些非常了不起的人们：杰夫 · 特兰贝里，我提名他为世界上反应最迅速的超级英雄；Lightroom产品经理沙拉德 · 曼加利克，感谢他所有的帮助、洞察力和建议；汤姆 · 霍加蒂，他解答了我的很多疑问，还总是不厌其烦地回复我深夜发送的邮件，帮助我打开了眼界。你们是最出色的。

感谢Adobe Systems的朋友：布赖恩 · 休斯、特里 · 怀特、斯蒂芬 · 尼尔森、布赖恩 · 拉姆金、朱利恩尼 · 科斯特和罗素 · 普雷斯顿 · 布朗，以及故去的芭芭拉 · 赖斯、赖伊 · 利文斯顿、吉姆 · 海泽、约翰 · 洛亚科诺、凯文 · 康纳、德布 · 惠特曼、艾迪 · 罗夫、卡里 · 古斯肯、卡伦 · 高蒂尔和温斯顿 · 亨德里克森。本书献给他们。

感谢我的导师们，他们的智慧和鞭策给予我无法估量的力量，包括约翰 · 格拉登、杰克 · 李、戴夫 · 盖尔斯、朱迪 · 法默和道格拉斯 · 普尔。

阅读本书之前要了解的4件事

我真心期望你能从本书中收获很多，如果你现在肯花两分钟阅读这里提到的4件事，我保证你会在Lightroom Classic以及本书的学习之路上更加顺利（另外，这样也可以避免你发邮件问我一些跳过这一部分的人会问的问题）。顺便说一下，这里展示的图片只是为了避免使版面显得很空，它们仅仅是为了好看而已，并无任何实际的意义（嘿，我们是摄影师——是非常重视外观效果的）。

（1）本书是为Lightroom Classic的用户而作的。（Lightroom软件已经有十多年的历史了，我们都非常熟悉和喜爱）。本书介绍的Lightroom Classic版本的界面如右图所示，如果你的Lightroom界面和右图看起来不太一样（比如没有右图中右上方显示的"图库""修改照片"等模块），那么你使用的可能是基于云存储的版本，而且它的名字就叫Lightroom。本书只介绍了Lightroom Classic的相关内容，Lightroom Classic不是基于云存储的版本（这两个版本有很多相似之处，而且操作方式基本相同）。不过，即使你使用的不是Lightroom Classic，我也非常欢迎你留下来欣赏一下这本书里的照片。

（2）本书提供了一些案例素材、修改照片预设及Lightroom Classic的拓展内容，扫描右侧二维码，添加企业微信，回复数字"62623"即可获取下载链接。你可以下载这本书中使用过的部分案例照片，这样你就能跟着我的讲解边学边练，快速掌握Lightroom Classic的实用后期处理技法。在"修改照片"模块的"预设"面板中，用鼠标右键单击"用户预设"，选择"导入"，就可以将下载好的预设文件导入Lightroom Classic并一键应用到照片。本书还提供了照片导出、Lightroom+Photoshop后期处理、Lightroom移动版的相关拓展内容，感兴趣的读者可以参考阅读。

（3）如果你读过我写的其他书，你肯定知道它们一般都是那种“跳到哪里都不影响阅读”的书。但是在写这本书时，我是按照你可能会使用Lightroom软件的顺序编排的，因此如果你是刚接触Lightroom，我强烈建议你从第1章开始，并按顺序看完这本书。但是没关系，这是你的书，如果你决定只挑选自己感兴趣的或认为重要的内容阅读，我也不介意。另外，你一定要阅读每一节开头的段落，它就在页面的顶部。这些内容里有你需要知道的信息，所以不要跳过它们而直接进入操作步骤。

（4）我们用到的这个软件的全称是“Adobe Photoshop Lightroom Classic”，是Photoshop家族中的一员。但是，如果我每次在书中提到它时都用全称“Adobe Photoshop Lightroom Classic”，你可能会觉得很烦。因此，从这里开始，提到这个软件时我会叫它“Lightroom”或“Lightroom Classic”。

目录

第8章 219

▼ 特殊效果

第9章 263

▼ 常见照片问题的处理

写在最后 304

第10章 见下载资源

▼ 导出照片

第11章 见下载资源

▼ Lightroom+Photoshop 后期处理

第12章 见下载资源

▼ 使用 Lightroom 移动版

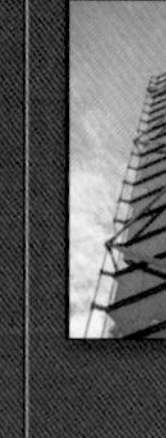

CHAPTER 1

第1章 将照片导入Lightroom中

- 导入硬盘中的照片
- 选择预览图显示的快慢
- 从相机导入照片（简单方法）
- 从相机导入照片（高级方法）
- RAW格式照片转换为Adobe DNG格式
- 使用导入预设（以及紧凑视图）节省导入时间
- 为导入照片选择你的偏好设置
- 查看导入的照片
- 联机拍摄（从你的相机直接传输到Lightroom）
- 你对该文件夹所做的修改将会自动写入Lightroom中

1.1 导入硬盘中的照片

Lightroom最重要的概念之一是："导入"实际上并不会把照片移动或复制到Lightroom中。你的照片没有移动，它们仍然在移动硬盘里（我们会在第2章详细介绍如何将照片存储到移动硬盘上），Lightroom目前只是对它们进行组织和管理。就好像你交代Lightroom："看到我移动硬盘上的那些照片了吗？请帮我整理它们。"当然，如果照片不可见，则不能被整理，因此Lightroom创建了照片的预览图，即你在Lightroom中看到的那样。

第1步

在开始导入照片前，请确保已经阅读了上方的介绍文字——全面理解导入流程是很重要的。幸运的是，将照片导入Lightroom也许是世界上最容易的事。打开移动硬盘，只需将你想要导入照片的文件夹直接拖曳到Lightroom图标上（在Mac中，Lightroom的图标一般位于你的Dock程序坞中；在PC中，Lightroom的图标一般位于桌面），就会弹出Lightroom的导入窗口（如图1-1所示）。

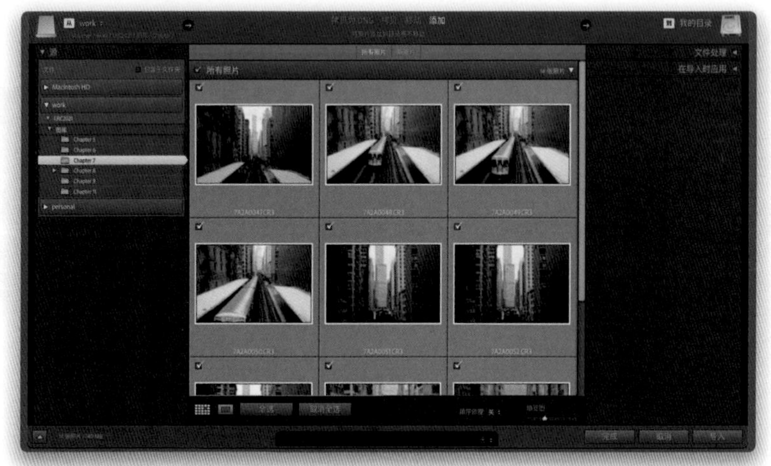

图1-1

第2步

假设你想要导入文件夹中的所有照片，可以使用界面中的"全选"复选框。如果某张照片你不想导入，单击照片缩览图左上角的复选框，即可取消导入该照片。如果想要放大照片的视图，双击照片缩览图即可。如果想要恢复正常的缩览图网格视图，再次双击照片或者按键盘上的G键。如果你想放大缩览图视图，可以向右拖曳界面底部的缩览图滑块。界面中还有一些其他选项，但在这里暂不做介绍（别担心，我们马上会在后面的内容中碰到它们），现在你要做的就是单击界面右下角的"导入"按钮（如图1-2所示），然后你的照片就会出现在Lightroom中。这就是轻松导入照片并让Lightroom开始为你管理这些照片所要进行的全部操作。

图1-2

1.2 选择预览图显示的快慢

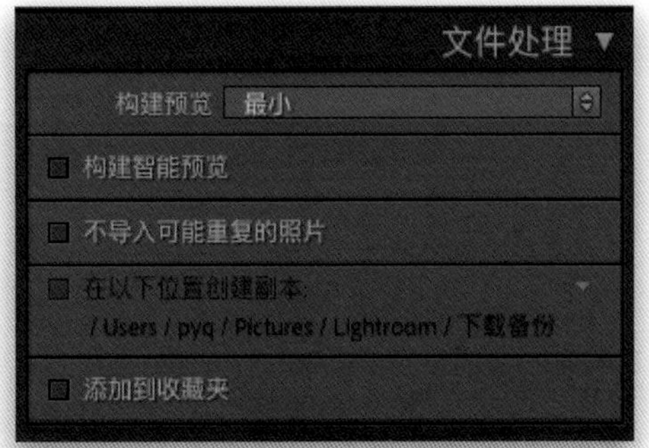

Lightroom 中有 3 种照片预览图的显示尺寸：缩览图、标准屏幕尺寸和 100%（Lightroom 中叫 1:1 视图）。照片预览的尺寸越大，初次导入时 Lightroom 渲染的时间就越长。幸运的是，你可以根据自己对等待时长的接受程度来选择照片预览图显示的快慢。我比较急躁，现在就想要看到缩览图（但是，这种快速的显示也是要付出代价的）！在本节中，你会找到最适合你自己的预览方法。

图 1-3

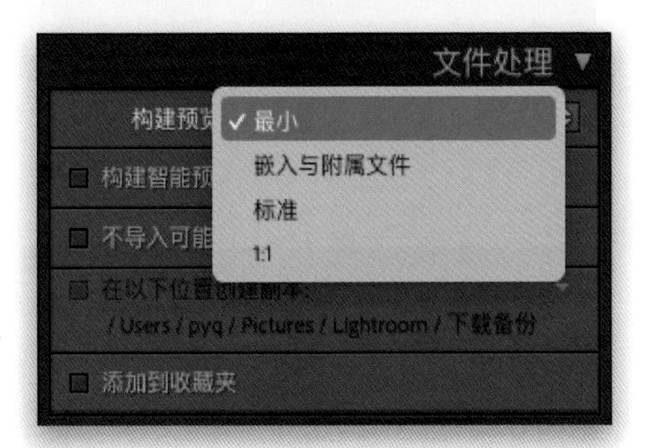

图 1-4

从中选择一种

如图 1-3 和图 1-4 所示，在导入窗口右上方的“文件处理”面板中，“构建预览”下拉菜单包含 4 个选项。在 Lightroom 中缩放照片时，你可以通过这 4 个选项决定预览视图的显示速度。我们将按照从快到慢的速度分别介绍这几个选项。

（1）最小（最快的预览图显示速度）

如果你使用 RAW 格式拍摄并选择“最小”构建预览，如图 1-4 所示，Lightroom 会从相机制造商提供的 RAW 照片中抓取最小的 JPEG 预览图（与你用 RAW 格式拍摄时在相机背面看到的 JPEG 预览相同），这个最小的 JPEG 预览图即为你的缩览图，而且显示的速度非常快！（注意：我在构建预览时总是选择“最小”。）这些显示速度超级快的“最小”预览图的色彩可能不太准确，所以你只是暂时用 100% 的色彩准确性来换取更快的显示速度。如果你需要查看色彩更准确的图像，只要双击缩览图，Lightroom 就会从相机制造商提供的 RAW 照片中抓取一个更大的预览。如果没有抓取到尺寸更大的预览图，Lightroom 会为你创建一个（你只需要多等几秒）。注意：如果你使用 JPEG 格式拍摄，缩览图显示的速度会很快，放大显示的速度也很快，而且色彩会相当准确。因此使用 JPEG 格式可能会比较有优势！

（2）嵌入与附属文件

选择“嵌入与附属文件”，如图1-5所示，可以获取相机创建的最大尺寸的预览（如果你使用RAW 格式拍摄），缩览图的显示速度仅次于“最小”。双击放大缩览图时，在Lightroom创建出更大尺寸的预览图之前，你可能需要等一会儿（屏幕上会显示“正在加载”）。如果要进一步放大，等待的时间会更久一些（屏幕上再次显示“正在加载”），因为这个尺寸更大、质量更高的预览图是在你进行放大操作时才开始创建的。

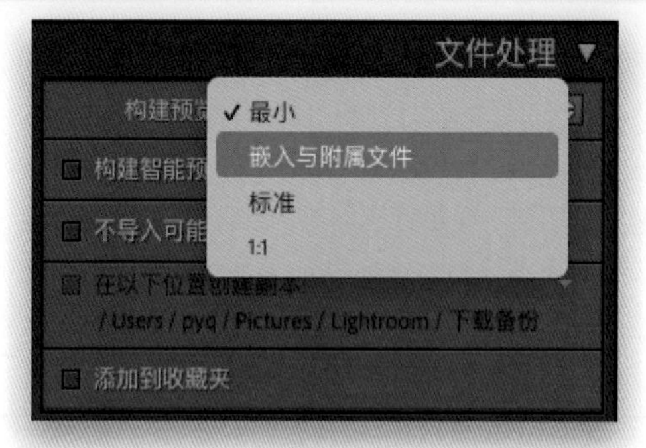

图 1-5

（3）标准

选择“标准”，如图1-6所示，缩览图显示的速度比前两者要慢一些。标准尺寸的预览图就是你在双击放大缩览图，或者将照片转到“修改照片”模块时看到的样子。当你选择了“标准”，你等待的时间会更长，直到所有标准尺寸的预览图被渲染，此后屏幕上不会显示“正在加载”的信息。从本质上讲，这时你是在预渲染那些大尺寸的预览图，这样在后面的过程中就不必等待了。在这个过程中，屏幕上仍然会显示缩览图，但等到窗口左上角的进度条显示渲染完毕时，你就可以查看大尺寸预览图了。

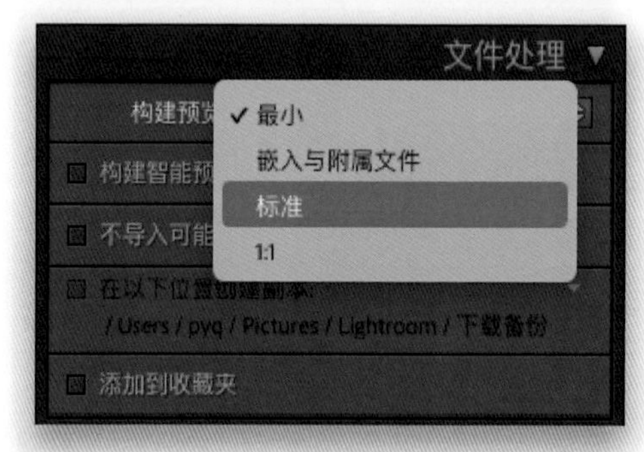

图 1-6

（4）1 : 1（100%视图）

“1 : 1”是预览图显示速度最慢的一个预览选项，如图1-7所示。当你选择该选项时，要等到每张照片的100%视图加载完成后，才能处理照片。一旦完成渲染，你可以将预览图放大到1 : 1或更大，而且屏幕上不会显示“正在加载”的信息。然而，渲染全尺寸预览图的速度是出了名的慢，慢到在等待渲染预览图的过程中，你甚至可以做一个三明治，然后修剪草坪。但是，当最终完成渲染时，以后的操作就会非常顺畅了。

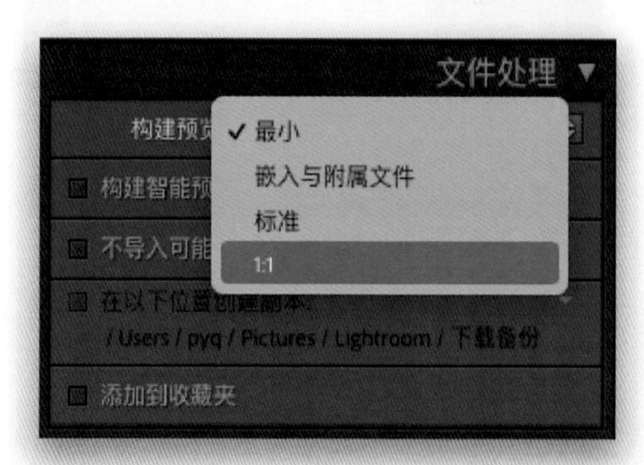

图 1-7

1.3 从相机导入照片（简单方法）

这个简单的方法是专门为Lightroom的新用户设计的，他们可能会担心搞不清楚在导入过程中照片被存放到哪里（注意：如果你已经对Lightroom比较熟悉，可以跳过这部分内容）。虽然这个简单的方法没有覆盖到所有的导入选项，但是你仍然可以放心地在晚上睡个好觉，因为你会清楚地知道导入的照片被存储在哪里。

第1步

暂时不要启动Lightroom。先将存储卡与读卡器插入计算机，选择存储卡上的所有照片，然后将其拖放到移动硬盘上存储这些照片的文件夹中。例如，如果是旅行照片（比如我在犹他州拍摄的这些狭缝峡谷的照片），可以将其移动到移动硬盘上名为“Travel”（旅行）的文件夹中，而且在“Travel”（旅行）文件夹中，你还可以新建一个文件夹并命名为“Slot Canyons”（狭缝峡谷）——这就是你要存放照片的位置，如图1-8所示。现在，这些照片位于移动硬盘上“Travel”（旅行）文件夹中的“Slot Canyons”（狭缝峡谷）子文件夹中。即使将照片导入Lightroom，它们的存储位置也不会改变（你的照片不会被移动或复制到Lightroom之中，而是仍位于移动硬盘上）。

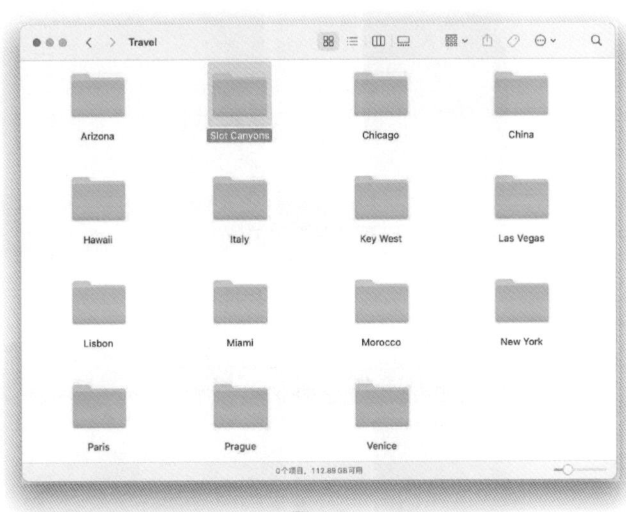

图 1-8

第2步

现在将“Slot Canyons”（狭缝峡谷）文件夹拖曳到Lightroom的图标上（在Mac中，Lightroom的图标一般位于你的Dock程序坞：在PC中，Lightroom的图标一般位于桌面）。这样会弹出Lightroom的导入窗口（如图1-9所示）。从“构建预览”下拉菜单（位于导入窗口右上角的“文件处理”面板）中选择预览图的显示尺寸（我们在1.2节了解过这部分内容）。我总是选择“最小”，如图1-9所示，但是还有其他几种方式可供选择。

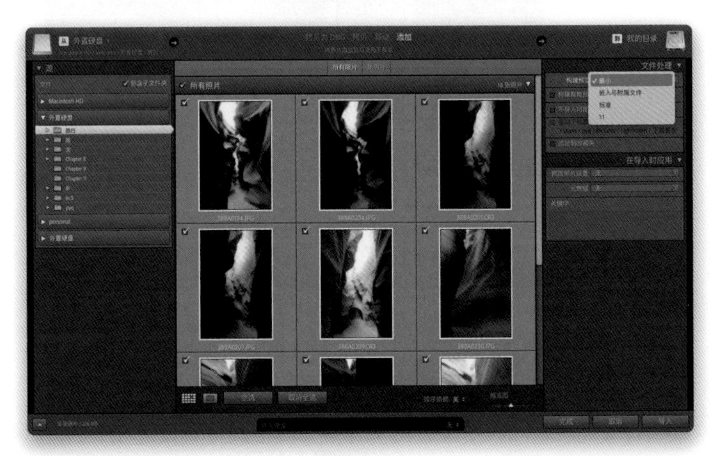

图 1-9

第3步

导入窗口中还有一些选项我们没有接触过（在后面会讲到），所以现在解释这些功能没有什么意义，但我们现在可以来了解其中一个选项——“不导入可能重复的照片”，如图1-10所示。勾选该复选框后，如果Lightroom识别出当前文件与文件夹中已存在的文件名字相同，会自动跳过导入重复的照片。当你要在几天内从同一个存储卡中下载照片时（比如去度假的时候），这个功能十分好用，可以避免从同一张存储卡上不断地重复下载你昨天拍摄和导入的照片，你也就不会得到一堆重复的照片了。导入窗口中的其他选项我们会在后面的内容中介绍。

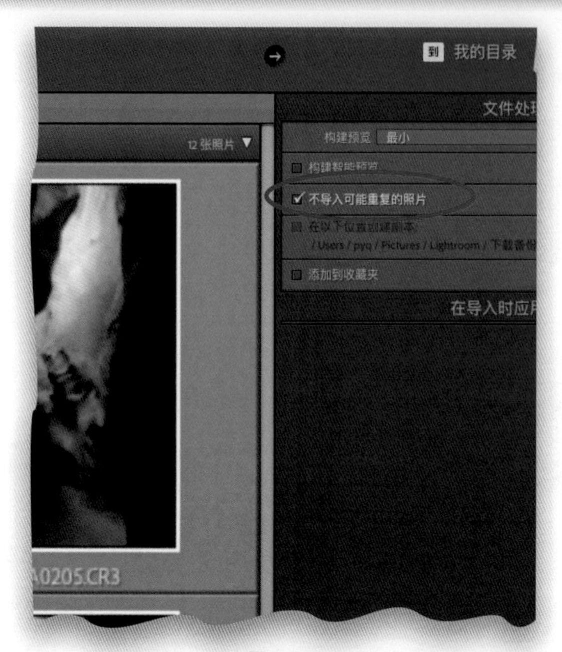

图 1-10

第4步

现在，单击窗口右下角的“导入”按钮，如图1-11所示，你的照片就会出现在Lightroom中，而且你可以开始滚动鼠标浏览预览图了。双击预览图可以将其放大，甚至可以放大到100%来查看照片的清晰度。这时，你便可以从你拍摄的照片中精心挑选出最好的那些（我会在下一章介绍这个操作的过程）。

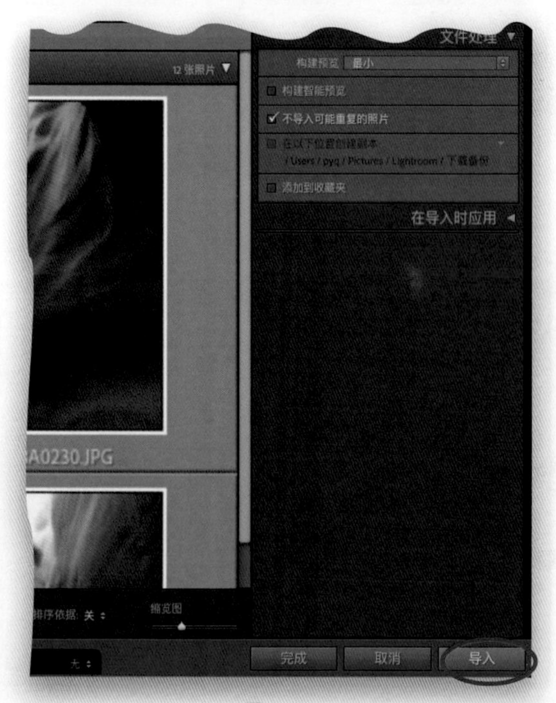

图 1-11

1.4 从相机导入照片（高级方法）

如果你已经使用了一段时间的Lightroom，熟悉了照片的存储位置，在查找照片时毫无压力，那么这一节就是为你准备的。当你完成这一部分内容的学习后，你就可以轻松、快速地导入照片了，在这个过程中你会用到许多功能和选项，有些甚至连Adobe都不知道它们是做什么的。简而言之，系好安全带，让我们开始学习这部分内容吧！

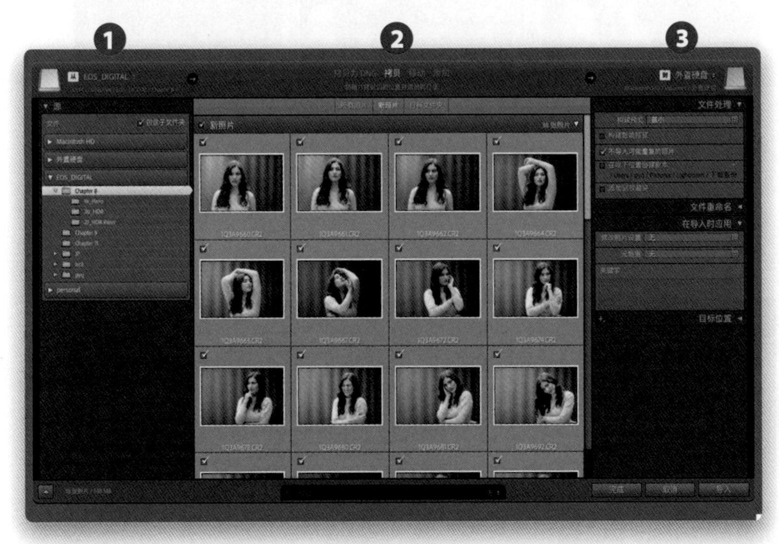

图 1-12

第1步

如果Lightroom已经打开，则可以把相机或读卡器连接到计算机，此时会弹出导入窗口。导入窗口界面的顶部非常重要，因为它会显示将要执行的操作。图1-12中的数字编号从左到右依次代表的是：（1）显示照片来自哪里（这个例子中，照片来自存储卡）；（2）将对这些照片执行哪些操作（此处表示将从存储卡复制它们）；（3）要把复制照片存放到哪里（在这个例子中，要把它们放到移动硬盘上“人像”文件夹中）。

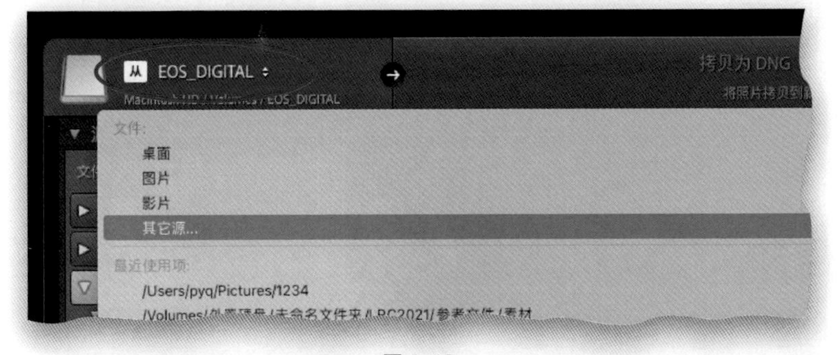

图 1-13

第2步

如果你的存储卡仍然连接在计算机上，Lightroom会认为我们想要从这些存储卡上导入照片，我们会看到导入窗口左上角的“从”下拉菜单（如图1-13中红色圆圈所示）。如果需要从另一张存储卡导入照片（我们可能将两个读卡器连接到计算机上了），则请单击“从”按钮，从下拉菜单（如图1-13所示）中选择其他读卡器。你也可以选择从其他地方导入照片，比如计算机桌面、“图片”文件夹，或者最近导入过照片的其他任意文件夹（位于下拉菜单的底部）。

第3步

在窗口右下方有一个可以调整缩览图显示尺寸的滑块。如果想让缩览图更大一些，则可以向右拖动该滑块（如图1-14所示）。如想放大或全屏显示即将导入的照片，双击照片即可，或者单击照片，然后按键盘上的E键。如果想将缩览图调整为原来的大小，可再次双击照片或按键盘上的G键。

提示：调整缩览图尺寸的快捷键

按键盘上的+（加号）键可以在导入窗口查看大缩览图，按-（减号）键则会使其再次变小。

图1-14

第4步

正如我之前提到的，在每张照片缩览图显示窗格的左上角一般都会有一个复选框（代表被标记的都会被导入Lightroom）。如果看到有不想导入的照片，只需取消勾选相应的复选框即可（如图1-15所示，注意，一旦取消勾选复选框，相应的照片会变暗，作为一种视觉提示，让你知道该照片不会被导入）。现在，如果你的存储卡上有300多张照片，但你只想导入其中的一小部分照片，该怎么做呢？你可以单击窗口底部的“取消全选”按钮，取消选择所有照片，然后按住Command（PC：Ctrl）键再单击选择你想导入的照片，勾选相应的复选框，你选择的照片就会被导入Lightroom中。

提示：选择多张照片

如果你想要选择的照片是连续的，可以单击第一张照片，然后按住Shift键，向下滚动鼠标滚轮到最后一张，单击该照片即可自动选中介于这两张照片之间的所有照片。

图1-15

图 1-16

第5步

在导入窗口顶部的中间位置有一些选项。如图1-16所示，“拷贝”可以从你的存储卡中复制文件（如果是RAW或JPEG格式的照片，就可以通过这种方式导入）；“拷贝为DNG”可以将你的RAW格式照片在导入过程中转换成Adobe的DNG格式。我总是会选择“拷贝”。这两种选项并不会将原照片从存储卡中移除（你会发现“移动”按钮变灰了），只是复制了它们，因此原照片仍在你的存储卡上。在这些选项下方还有几个是视图选项：（1）“所有照片”（默认）能显示存储卡内的所有照片；（2）如果单击“新照片”，Lightroom只会显示存储卡上尚未被导入到Lightroom的照片，并隐藏其他照片。

图 1-17

第6步

在导入窗口右侧有比较多的选项（但是如果你正在阅读本节的进阶导入流程，你很可能已经知道了它们的一些功能）。在“文件处理”面板中有一个构建智能预览选项（我只会在旅途中使用笔记本电脑工作，没有携带移动硬盘运行高质量照片，但仍需在“修改照片”模块编辑照片的情况下才会开启该功能）。还有一个将你正在导入的照片复制到第二块移动硬盘上的选项，第二块移动硬盘上的备份照片不会受Lightroom中编辑修改操作的影响——只是直接从存储卡上复制照片。“文件处理”面板的最后一个选项是将照片直接导入一个现有的收藏夹中（如图1-17所示），或者创建一个新的收藏夹并将照片导入其中。在“导出时应用”面板中，可以将“修改照片设置”模块预设、版权信息（从“元数据”弹出菜单中）应用到导入的照片，如果你喜欢，还可以在“关键字”区域添加关键字。

第7步

“文件处理”面板下方的是“文件重命名”面板，如图1-18所示。在该面板内，可以在照片导入时自动为其重命名。我总是用这个功能给文件起一个非常具有描述性的名字（在该案例中，对我来说，“Anna Outdoor Portraits”（安娜的户外人像）这样的文件名比1Q3A9674.CR2更有意义，也更清晰明了，特别是如果有一天我不得不搜索它们的时候）。如果你勾选了“文件重命名”复选框，模板弹出菜单会提供几种不同的选项。我选择“拍摄名称-序列编号”，所以Lightroom会在我的自定义名称“Anna Outdoor Portraits”后按顺序添加编号（因此，照片的名字会变为：Anna Outdoor Portraits-1.CR2、Anna Outdoor Portraits-2.CR2，等等）。

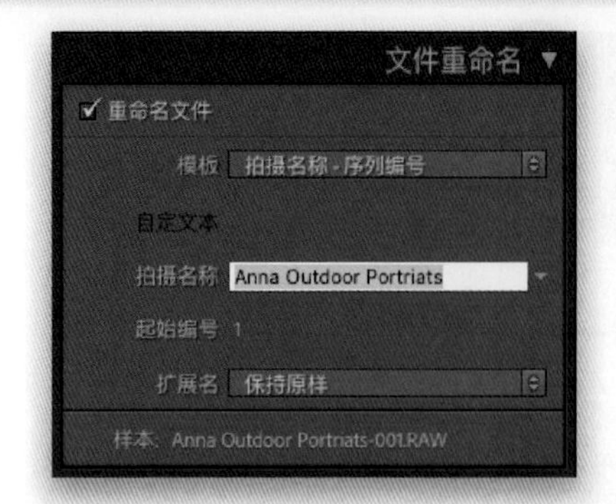

图 1-18

第8步

最后，我们来选择一下要将正在导入的照片保存到哪里。单击并按住右上角的“到”按钮，然后从弹出菜单中选择你想要存储照片的位置（如图1-19所示）。在这里，假设你想将照片存储到移动硬盘上，你应该选择“其它目标”，然后选择移动硬盘。你也可以选择硬盘上任意一个你想要存储照片的文件夹（例如“Travel”[旅行]、“Portrait”[人像]、“Family”[家庭]文件夹）。如果你想要让这些照片分别出现在各自的文件夹中，在“目标位置”面板中勾选“至子文件夹”复选框，接着给该子文件夹起一个描述性的名字，比如“Anna Portraits”（安娜的人像），并在“组织”弹出菜单中选择“到一个文件夹中”，如图1-20所示。这样一来，你便清楚了以下3件事：（1）照片来自存储卡；（2）你复制了存储卡上的照片；（3）那些复制的照片将被存储到移动硬盘上的“Portrait/Anna Portraits”（人像/安娜的人像）文件夹中。

图 1-19

图 1-20

1.5
RAW格式照片转换为Adobe DNG格式

你可以选择将RAW照片从相机制造商专有的RAW格式转换为Adobe的通用格式DNG（数字底片）格式。考虑到有一天相机制造商会摒弃它们专有的RAW格式，给使用RAW格式拍摄的摄影师带来不便，Adobe公司创建了DNG格式。可惜的是，三大相机制造商都不愿兼容DNG格式，甚至连我在几年前就不再转换照片格式了。但如果你想要将照片格式转换为DNG，以下是具体操作方法。

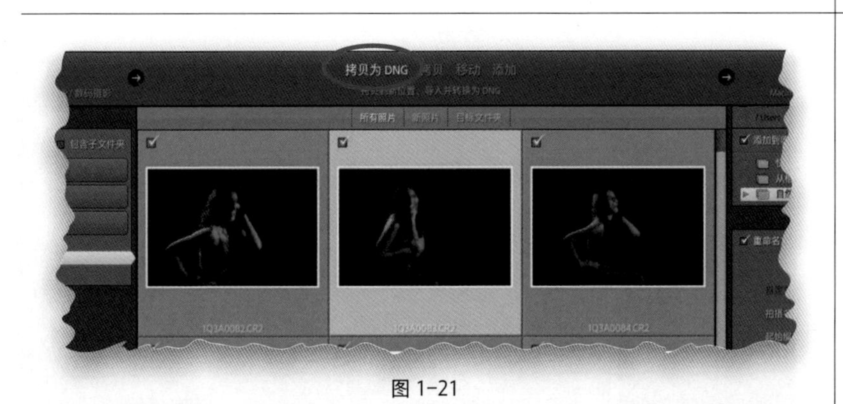

图 1-21

DNG格式的两大优势

DNG格式具有两大优势：（1）DNG文件保持了RAW的特性，但文件大小减少了约20%；（2）如果你需要与别人分享一个RAW原始照片文件，并且希望该文件包含你在Lightroom中对它所做的任何修改（包括关键字、版权、元数据等），你不必生成一个单独的XMP附属文件（存储所有这些信息的单独文本文件）。使用DNG格式，所有的数据信息都能被嵌入到文件中，因此就不需要第二个文件了。如果你想在导入照片时将RAW格式转换为DNG格式，单击导入窗口顶部的“拷贝为DNG”按钮（如图1-21所示）。DNG格式也有一些缺点，比如照片导入的时间较长，因为你的RAW文件必须先转换为DNG格式。此外，DNG格式还不被其他照片编辑程序所支持。

将你的RAW原始文件嵌入DNG中

在DNG首选项设置中，你可选择在DNG中嵌入RAW原始文件（尼康的NEF文件、佳能的CR2文件或索尼的ARW文件），但这样做会使文件变大，几乎扼杀了上述优势中的第一条。但是，如果你仍想嵌入，可以在Lightroom“首选项”对话框（按Ctrl-，[PC：Ctrl-，]组合键打开对话框）的“文件处理”选项卡中，勾选“嵌入原始Raw文件”复选框（如图1-22所示）。

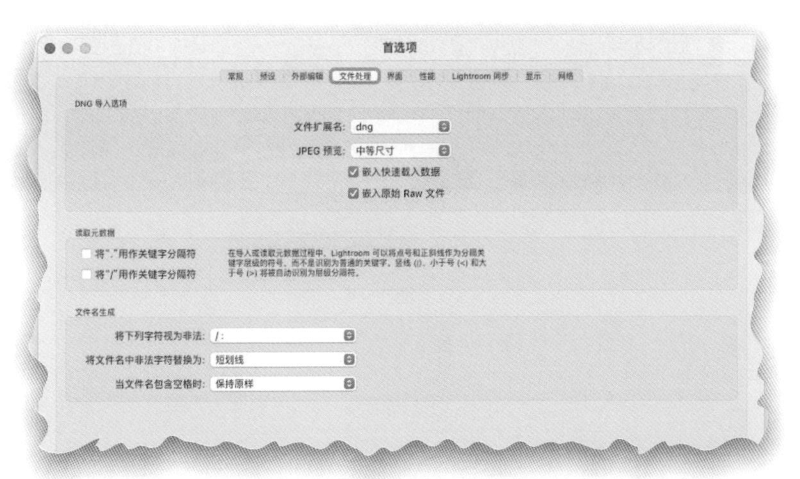

图 1-22

1.6 使用导入预设（以及紧凑视图）节省导入时间

如果你发现自己在导入照片时使用的都是一样的设置，你很可能很想知道“为什么我每次导入照片时都要输入这些相同的信息？”幸运的是，你不需要这样做。只需输入一次，然后将这些设置转为导入预设，Lightroom就能记住所有这些设置。之后，你可以选择预设、添加一些关键字，还可以为导入照片的子文件夹选择不同的文件名，这样就设置好了。事实上，一旦你创建了几个预设，你就可以完全跳过填满视图尺寸的导入窗口，通过使用一个紧凑的视图来节省时间。以下是具体的操作步骤。

第1步

这里，假设你正在从存储卡中导入照片，而且要将这些照片导入到移动硬盘的“Travel”（旅行）文件夹。在导入时，你希望为照片添加上版权信息（详情见第3章），我们可以选择“最小”快速查看缩览图。现在，在导入窗口底部的中央区域，单击并按住“无”，从弹出菜单中选择“将当前设置存储为新预设”（如图1-23所示），在弹出的对话框中为该预设起一个具有描述性的名字。单击导入窗口左下角的显示更少按钮（一个朝上的箭头，如图1-23中红色圆圈所示），窗口将会切换为紧凑视图。

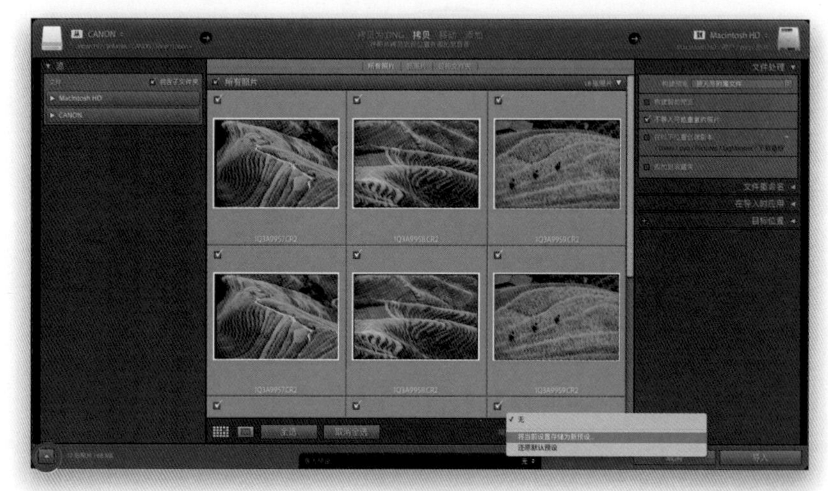

图 1-23

第2步

所以，从现在开始，你所要做的就是在窗口底部的导入预设弹出菜单中选择你的预设（如图1-24所示，我选择了我的“From Memory Card”[从存储卡]预设），然后输入在你导入一组新照片时确实会改变的信息，比如用来保存这些照片的子文件夹的描述性名称。那么，导入预设是如何节省你时间的呢？因为现在你只需要选择一个文件夹，然后为子文件夹命名，接着单击“导入”按钮。又快速又简单！注意：单击左下角的显示更多选项按钮（朝下的箭头），即可随时返回全尺寸的导入窗口。

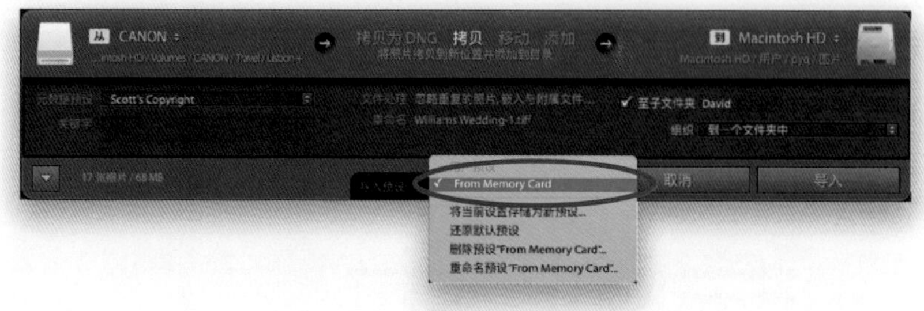

图 1-24

1.7 为导入照片选择你的偏好设置

我把导入首选项放到这一章快结束的时候来介绍，是因为我认为你现在已经导入了一些照片，对导入过程有了充分的了解，并且知道自己希望有什么不同之处。这正是首选项所要扮演的角色（Lightroom 有一些偏好设置，可以让你更好地选择自己想要的操作方式）。

第1步

导入照片的首选项（偏好设置）可以在几个不同的地方找到。首先要进入“首选项”对话框，在Mac上的“Lightroom Classic”菜单或PC上的“编辑”菜单中，选择“首选项”（如图1-25所示）。

图 1-25

第2步

当“首选项”对话框出现后，先单击对话框上方的“常规”选项卡（如图1-26中高亮部分所示）。在对话框中间的“导入选项”中，第一个首选项为可以在存储卡连接到计算机时，让Lightroom自动启动（默认开启）。如果你不喜欢这样，只需取消勾选复选框（如图1-26所示）。下一个首选项是为那些在处理其他工作时，想要在后台导入照片的人准备的。例如，假设你在处理一些照片，然后你决定从拍摄的照片中导入一些到Lightroom。一旦这些照片开始输入，Lightroom就会切换到正在导入照片的界面。如果你想继续处理你当前的照片，让其他图片在后台导入，可以取消勾选“在导入期间选择‘当前/上次导入’收藏夹”复选框。当你想再次看到被导入的照片时，你可以在“目录”面板（位于Lightroom左侧面板的顶部）中单击“上一次导入”，然后你就能看到那些新导入的照片了。

图 1-26

第3步

如果你在导入照片时选择“嵌入与附属文件”预览（见1.2节），你可以通过“首选项”对话框中的功能的设置，使Lightroom在没有处理其他重要的工作的时候创建更大的预览。只需勾选“在空闲状态时使用标准预览替换嵌入式预览”复选框，如图1-27所示，Lightroom就能在后台为你创建尺寸更大、色彩更准确的预览。

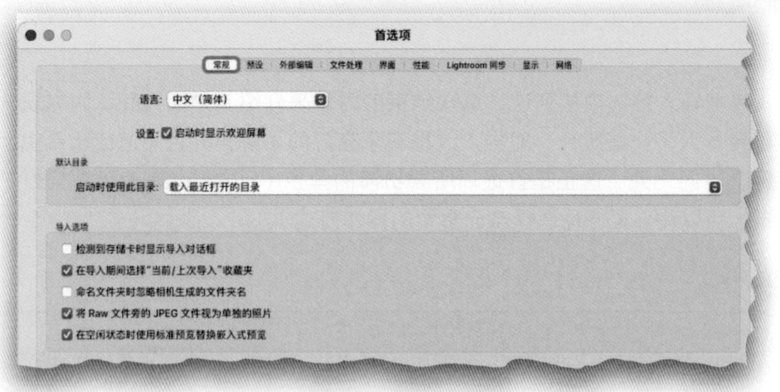

图1-27

第4步

在“常规”选项卡中，我还想向你介绍另外两个导入偏好设置。在“结束声音”区域，你不仅可以选择在完成照片导入后Lightroom是否播放声音，你还可以选择具体播放哪种声音（从弹出菜单中选择计算机中已有的系统提醒声，如图1-28所示）。

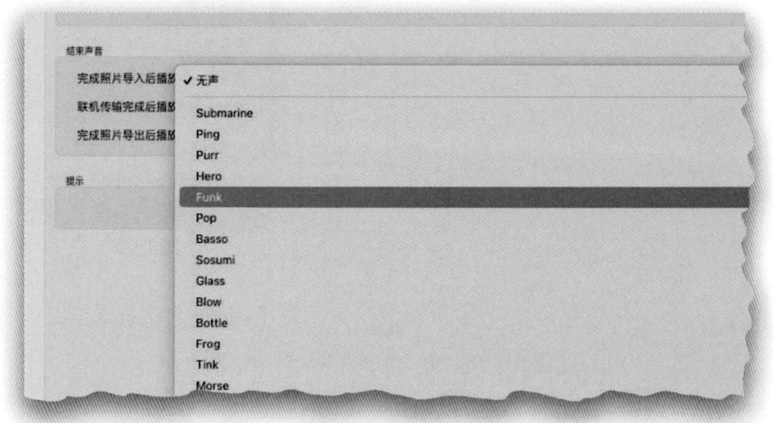

图1-28

第5步

在选择完成导入时的声音菜单的下方是另外两个弹出菜单，可以选择联机传输完成和完成照片导出后的声音，如图1-29所示。

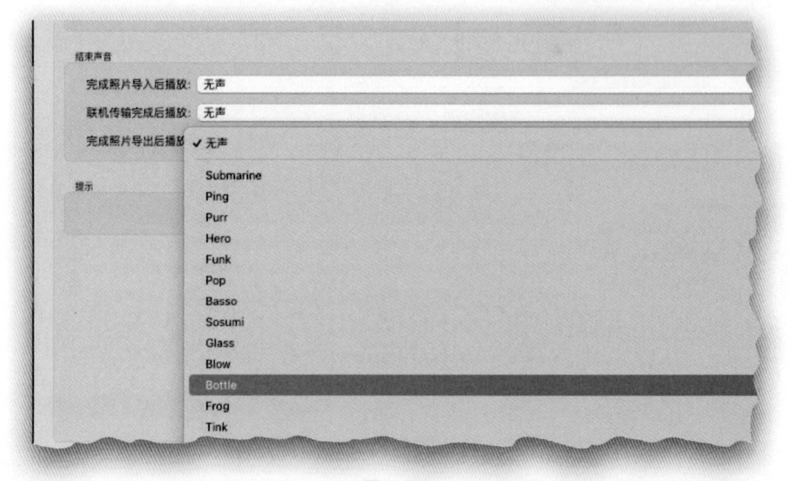

图1-29

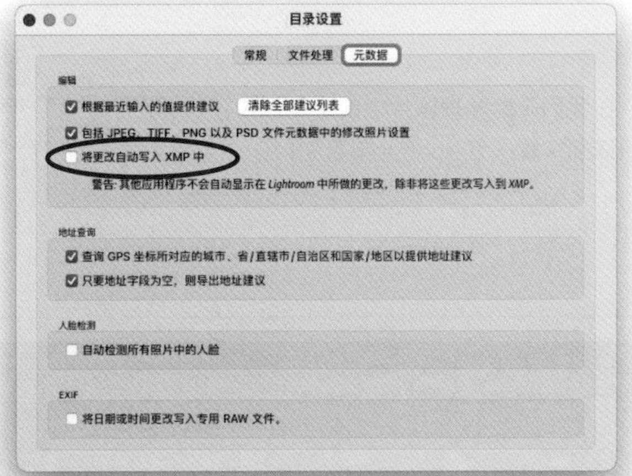

目录设置
常规
文件处理
元数据
编辑
根据最近输入的值提供建议
清除全部建议列表
包括 JPEG、TIFF、PNG 以及 PSD 文件元数据中的修改照片设置
将更改自动写入 XMP 中
警告：其他应用程序不会自动显示在 Lightroom 中所做的更改，除非将这些更改写入到 XMP。
地址查询
查询 GPS 坐标所对应的城市、省/直辖市/自治区和国家/地区以提供地址建议
只要地址字段为空，则导出地址建议
人脸检测
自动检测所有照片中的人脸
EXIF
将日期或时间更改写入专用 RAW 文件。

图 1-30

Lightroom Classic
文件
编辑
图库
照片
元数据
视图
窗口
帮助
设置快捷关键字...
切换快捷关键字
启用喷涂
关键字集
色标集
仅显示目标照片的元数据
拷贝元数据...
粘贴元数据
同步元数据...
启用自动同步
编辑元数据预设...
编辑拍摄时间...
恢复为原始拍摄时间
将元数据存储到文件
从文件中读取元数据
更新 DNG 预览和元数据
导入关键字...
导出关键字...
清除未使用的关键字

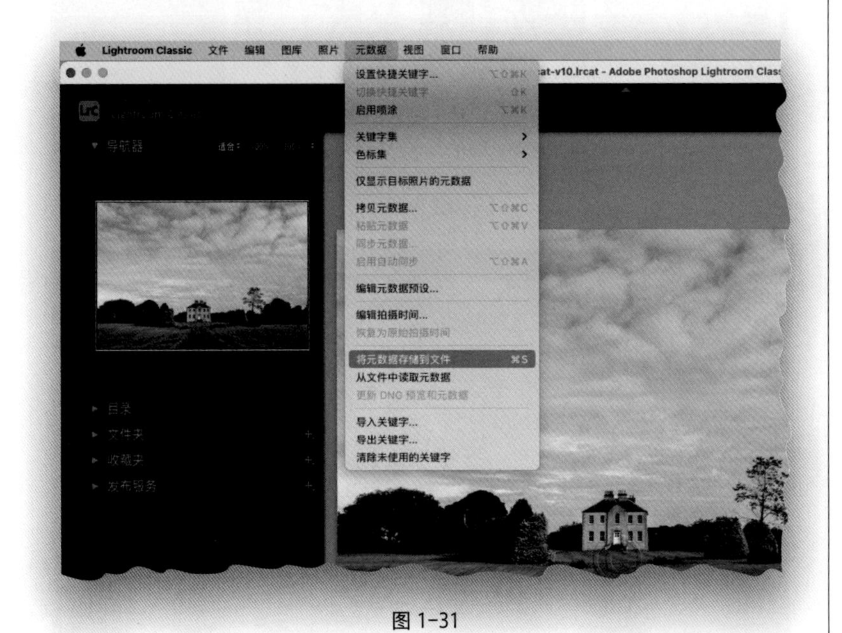

图 1-31

第6步

现在，关闭“首选项”对话框，因为我们要转到另一组偏好设置，我会推荐你关掉某个功能。在Mac的“Lightroom Classic”菜单或PC的“编辑”菜单中，选择“目录设置”。在弹出的对话框中，单击顶部的“元数据”选项卡，然后确保取消勾选“将更改自动写入XMP中”复选框（如图1-30所示），该复选框应该默认是不勾选的，当它被勾选后，你对照片做的一切操作（你添加的每项编辑、每个关键字，以及你为照片移动的每个滑块）都会被保存到你的Lightroom目录中。这是件好事。然而，如果“将更改自动写入XMP中”复选框被勾选了，你每次对照片所做的修改都会被写入到硬盘上一个单独的XMP文件中（也被称为“附属”文件），因此每张RAW照片都会有两个文件。

第7步

如果你正在和其他摄影师或设计师分享一个RAW文件，并且你希望他们在打开你的RAW原始照片时能看到你编辑的内容，勾选“将更改自动写入XMP中”复选框是很有帮助的，但在这种非常特殊的情况下，软件的运行速度会变得很慢，所以我不建议将它勾选。如果你确实需要将RAW原始文件发送给朋友或客户（或者你需要在其他支持XMP附属文件的应用程序中打开你的RAW照片），转到“图库”模块中，在上方的“元数据”菜单中，选择“将元数据存储到文件”（如图1-31所示），或者直接按Command-S（PC：Ctrl-S）组合键，就可以把你对RAW图像做的所有编辑都写入独立的XMP文件。当你把这张照片发送给你的客户或朋友时，你需要给他们提供两个文件——RAW文件和XMP附属文件。

1.8 查看导入的照片

在我们开始整理照片之前（具体内容我们在下一章介绍），让我们先花点时间详细了解一下Lightroom是如何让你查看被导入的照片的。

第1步

被导入的照片出现在Lightroom中时，它们在“图库”模块的中央预览区域内显示为小的缩览图（如图1-32所示）。你可以使用工具栏（即出现在中央预览区正下方的深灰色水平栏——如果你没有看到这个工具栏，按字母T可以使它显示出来）右侧的缩览图滑块调整这些缩览图的大小。向右拖动“缩览图”滑块，缩览图变大；向左拖动滑块，缩览图变小（滑块如图1-32中的红色圆圈所示）。你也可以使用Command-+（PC：Ctrl-+）组合键来放大缩览图，或者用Command--（PC：Ctrl--）组合键来缩小缩览图。

图1-32

第2步

如果要以更大尺寸查看任意缩览图，只需双击它、按键盘上的E键或按空格键即可。这种较大尺寸的缩览图被称为放大视图（就像我们通过放大镜看照片一样）。默认情况下，缩览图被放大后，你可以看到它几乎占满整个预览区，周围只留出很少一部分的浅灰色背景，这种叫作“适合”窗口视图，如图1-33所示。如果你不想看到灰色的背景，在界面左侧顶部的“导航器”面板中，单击“填满”，再双击缩览图，照片会放大并填满整个预览区（不再有灰色背景）。如果选择100%，双击缩览图时，照片会以实际尺寸显示。

图1-33

图 1-34

（a）默认的单元格视图是扩展单元格，可以提供最多的照片信息

（b）按 J 键可以切换到紧凑单元格视图，单元格缩小，所有信息被隐藏起来，只显示照片

（c）再按一次 J 键，会为单元格重新添加索引编号和一些额外信息

图 1-35

第 3 步

我让“导航器”面板保持为“适合”窗口的设置，这样当双击照片时，就可以在中间的预览区域看到整张照片，如图1-34所示。但如果你想放大照片检查锐度，你会注意到，当处于放大视图时，鼠标指针变成了一个放大镜。如果单击照片，它就会跳转为你单击区域的100%视图。想要将照片缩小为原来的“适合”窗口大小，只需再单击照片即可。想要回到缩览图视图（网格视图），只需按键盘上的字母键G。G键是最重要的快捷键之一，一定要记住。这是一个非常方便的快捷键，因为当你处于任何模块时，按G键都可以跳转回“图库”模块的缩览图网格——有点像是Lightroom Classic的“基地”。

第 4 步

环绕着缩览图的区域被叫作单元格，每个单元格会显示照片的相关信息，如文件名、文件格式、文件尺寸等——在第4章中将介绍怎样自定义这些信息显示的多少。但这里还有一个你想要了解的快捷键——字母键J。每次你按这个快捷键，就会在三种不同的单元格视图之间依次切换，每种视图都会显示不同的信息组，如图1-35所示。扩展单元格会显示大量的信息，紧凑单元格视图显示的信息稍少一些，以及另一种不显示网格额外信息的视图（适用于向客户展示缩览图的情况）。此外，当你按T键时，可以隐藏中央预览区域下方的深灰色工具栏，再按一次T键即可使工具栏恢复显示。

1.9 联机拍摄（从你的相机直接传输到Lightroom）

联机拍摄是我最喜欢的Lightroom内置功能之一，它可以让你在比相机机背上的小型LCD显示屏更大的计算机屏幕上查看照片，这样会使检查照片锐度和光线更容易。而且，你不必在拍摄后再将照片导入计算机——照片已经在计算机上了。注意：这项功能适用于尼康和佳能相机，索尼现在还不支持直接联机拍摄，但之后可能会进行优化，或者你也可以从联机工具中下载一个Smart Shooter插件，该插件附带Lightroom插件，可以用于索尼相机联机拍摄。

第1步

首先使用相机所带的USB数据线把相机连接到计算机上（不用担心，数据线应该还在数码相机的包装盒内），如果没有，你可以在网上购买。你需要将数据线的一端连到计算机上，另一端连到相机上。我在影棚中使用的联机设置如图1-36所示，全部安装在三脚架上。横杆是Tether Tools坚固的4机位三脚架横杆配件，放置计算机的是Aero联机平台。我通过使用他们的Aero固定夹来确保我的笔记本在移动时不会滑落。尽管图中看不到，但我的三脚架被安装在一套非常结实的三脚架滚轮上，我强烈推荐这套轮子，使整个装备在拍摄过程中容易移动。

图1-36

第2步

现在，在Lightroom“文件”菜单下选择“联机拍摄”—“联机拍摄设置”。弹出如图1-37所示的对话框后，你可以像在导入窗口中一样，输入大量信息（在顶部的“工作阶段名称”字段中键入照片的名称，并且选择你是否希望照片有一个自定义的名称。你还可以选择这些照片在硬盘上的存储位置，以及你是否需要添加任何元数据或关键字——就像平时一样）。

联机拍摄设置

工作阶段

工作阶段名称：外景人像拍摄

按拍摄分类照片

命名

样本：外景人像拍摄-001.DNG

模板：工作阶段名称 - 序列

自定文本：　起始编号：1

目标位置

位置：/用户/pyq/图片　选择...

添加到收藏夹

信息

元数据：Scott Copyright 2021

关键字：人像，闪光灯，外景，人物

其他选项

禁用自动前进

取消　确定

图1-37

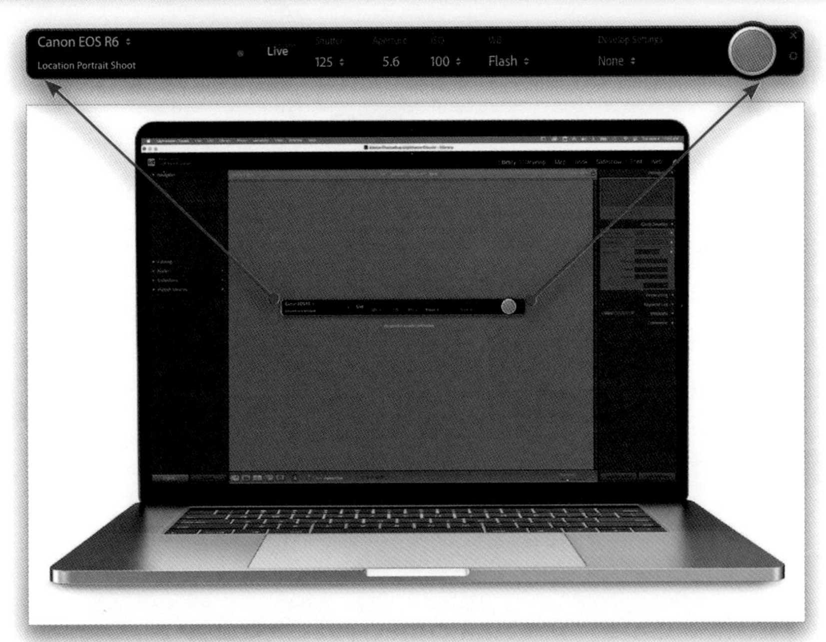

图 1-38

图 1-39

第3步

当你单击“确认”按钮后，会弹出联机拍摄窗口（Adobe称其为“抬头显示器”<Heads Up Display>，简称“HUD”），如图1-38所示。如果Lightroom检测到你的相机，其型号会出现在窗口左侧（如果连接了多台相机，则可以单击相机名称，从下拉菜单中选择使用哪台相机）。如果Lightroom没有检测到相机，它会显示“未检测到相机”，这时你需要确认一下数据线是否正确连接，以及对于你的相机厂商和型号，Lightroom是否支持联机拍摄（你可以去网上查询Adobe最新的支持名单）。

第4步

因此，假设Lightroom能检测到你的相机（确保你的相机处于唤醒状态——如果它为了休眠进入睡眠状态，Lightroom将检测不到它的连接），让我们开始拍摄照片吧。按下相机的快门按钮，你的照片一两秒内便会出现在Lightroom中（RAW格式照片花的时间会久一些，但仍然很快）。联机拍摄的整个想法是在拍摄过程中以更大的尺寸查看你的照片，所以一旦你的第一张照片导入Lightroom中，双击它，使它在屏幕上显示得更大。事实上，在你双击以更大的尺寸查看照片后，你可能想按Shift-Tab组合键来隐藏所有的侧面、顶部和底部面板，使你的照片在屏幕上以更大尺寸显示。我就是这么做的，但我又展开了右侧的面板（如图1-39所示），这样就可以让那些编辑控件唾手可得，以防我在拍摄过程中想调整照片或色彩（你将在第5章开始学习如何做）。提示：如果你想从视图中隐藏浮动的抬头显示器，请按Command-T（PC：Ctrl-T）组合键。

第5步

现在，既然我们已经开启了联机拍摄，还有些非常方便的联机拍摄技巧我想让你知道。让我们从抬头显示器（HUD）开始。在相机品牌和型号的右侧，能看到相机当前的参数设置——快门速度、光圈（f/档位）、ISO和白平衡。如果想改变这些设置中的任一项，你不必去你的相机中调整，你可以在抬头显示器（HUD）中改变它们。只要单击并按住当前的参数设置，就会弹出一个下拉菜单（如图1-40所示，我单击并按住了ISO），你可以选择你想要的参数。

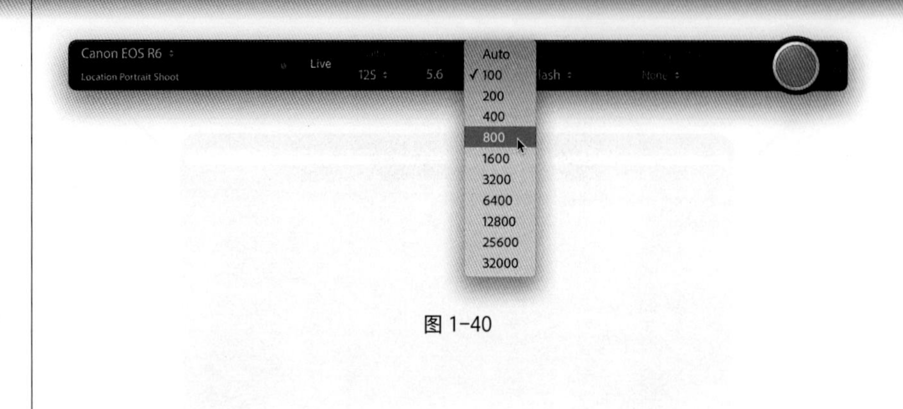

图 1-40

提示：如果你的尼康相机无法联机该怎么做?

如果你的尼康相机联机拍摄时遇到问题，把存储卡从相机中取出来再试一次。佳能相机会自动将你拍摄的内容复制到相机的存储卡中，但是尼康相机不会，而且如果在联机拍摄时相机中有存储卡，相机将不会工作。

第6步

在抬头显示器上，你不仅可以改变参数设置，还可以直接拍摄照片。抬头显示器最右边的那个圆形按钮实际上是一个快门按钮（好吧，Adobe称其为“捕捉”按钮），单击它就会拍摄照片，就像你按下相机上的快门按钮一样（相当好用）。抬头显示器还有一个节省空间的技巧：你可以把它缩减到只显示快门按钮。要做到这一点，按住Option（PC：Alt）键，右上方的小“×”按钮（你通常用来关闭抬头显示器）会变成一个“-”（减号，如图1-41所示）。单击它，你就会得到一个只有快门按钮的最小化浮动窗口。

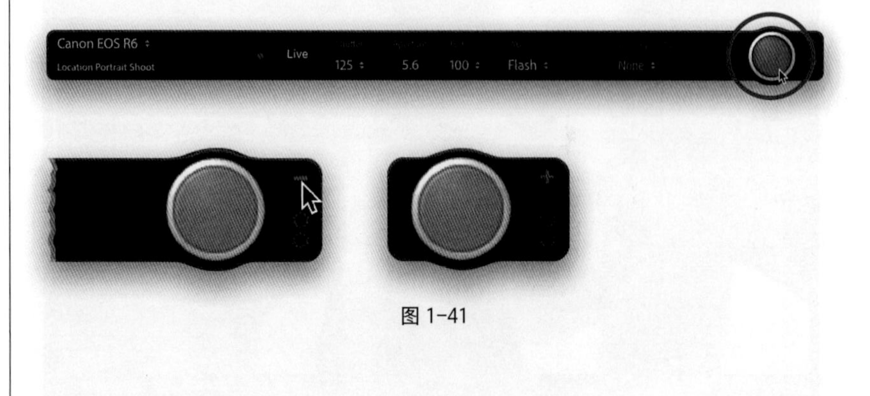

图 1-41

第7步

如果你想在显示器上查看相机捕捉的画面（称为“实时视图”），单击“Live”（实时）按钮（这里用红色圆圈圈出），会出现一个可调整大小的浮动窗口（如图1-42所示），显示你的相机所看到的景象。这个浮动窗口没有相机背面的实时视图模式那样流畅，但如果你使用了三脚架，它的效果会非常好；如果你是手持拍摄，它显示的低帧率会有一点滞后，所以如果你使用实时视图时，它似乎没那么好用，至少你知道这不是你的问题。我认为这是一个随着时间推移会变得更好的功能（当它被推出时，它的界面顶部确实写着“Beta”[测试]，让你知道“这不是最终的版本”，更像是一项正在进行探索的项目。所以，当你读到这里时，它可能已经工作得很好了，但我只是想很真诚地给你提个醒，以防你得到的结果不是很理想）。

图 1-42

第8步

在之前介绍“联机拍摄设置”对话框（在你选择“联机拍摄”后弹出的对话框）时，我漏掉了一个使用起来非常方便的功能，那就是“按拍摄分类照片”复选框。勾选它可以让你在拍摄过程中组织管理联机拍摄的照片，将每张照片分到它们各自的文件夹中。例如，假设你正在进行外景人像拍摄，你要在三个不同的地点拍摄：窗边、楼梯前和游泳池边。你可以通过单击拍摄名称（这在一会儿的工作中会更有用），将这些地点分配到各自的文件夹中。现在，只要勾选“按拍摄分类照片”复选框并单击“确定”就可以了。之后会出现一个命名对话框（如图1-43所示），你可以为你的初始拍摄输入一个描述性的名字（这里我选择了“窗边”）。

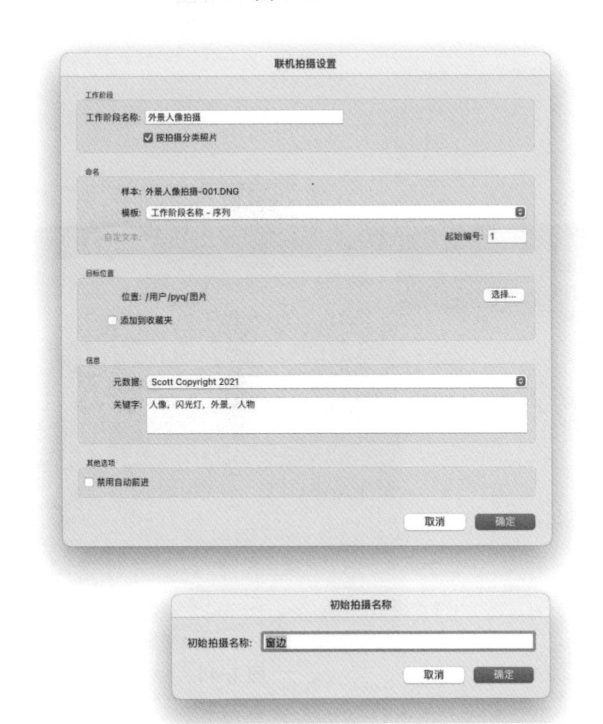

图 1-43

第9步

现在你已经勾选了“按拍摄分类照片”复选框，下面是使用方法。比方说，你刚刚完成了在窗边的拍摄，现在你要移动到楼梯上拍摄。在HUD中，就在显示你的相机名称的地方，可以看到你给第一个（拍摄）地点的命名。单击该名称，就会弹出“初始拍摄名称”对话框（如图1-44所示），让你输入下一个（拍摄）地点的名称（在这里，我命名为“楼梯”）。现在继续你的拍摄。当你完成了在楼梯上的拍摄时，单击HUD中的“楼梯”，将会再次弹出“初始拍摄名称”对话框，这样你就可以为第三个拍摄地点命名（在这里，我命名为“泳池”）。在你完成拍摄后，“外景人像拍摄”主文件夹中将会有3个子文件夹：窗边、楼梯和泳池。作为参考，图1-44展示了“文件夹”面板中的主文件夹和子文件夹。

提示：开启联机拍摄的快捷键

你可以通过按键盘上的F12键直接启动联机拍摄。

图 1-44

第10步

在抬头显示器中还有一个功能，我不想讲得太超前，因为我们还没有在本章中讨论这个的功能，但你可以选择在照片被导入时自动应用任意内置或自定义的修改照片预设。你可以选择自己想要的预设，只需单击并按住“无”（None）——在右侧“修改照片设置”（Develop Settings）的正下方，然后就会出现一个包含所有预设的下拉菜单（如图1-45所示）。现在，如果这句话让你抓耳挠腮，那只是因为，我们还没有接触修改照片预设，但别担心，你很快就会了解它们，而且等你回想起来时，你会觉得“噢噢噢，那真是太酷了！”

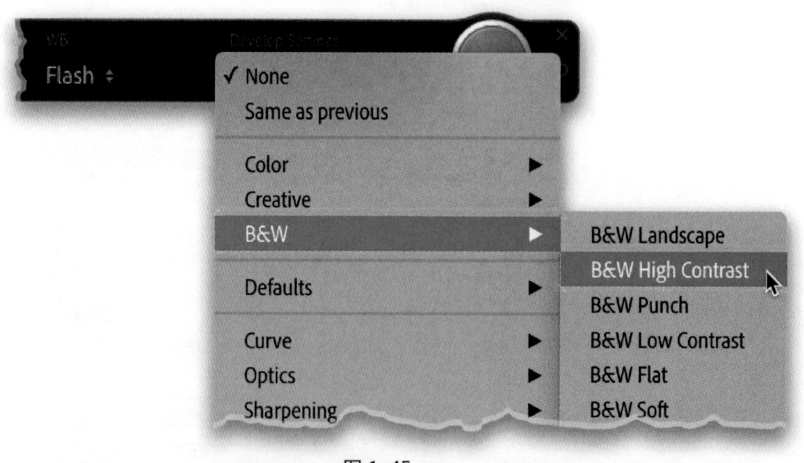

图 1-45

1.10 你对该文件夹所做的修改将会自动写入Lightroom中

这个功能是一种将照片自动导入Lightroom的方式。就好像你新建了一个空文件夹，然后告诉Lightroom："我放在这个文件夹里的任何东西，都要直接自动导入Lightroom"。你甚至可以提前选择你想要的所有导入设置。这对于你来说可能是一个非常有用的功能。

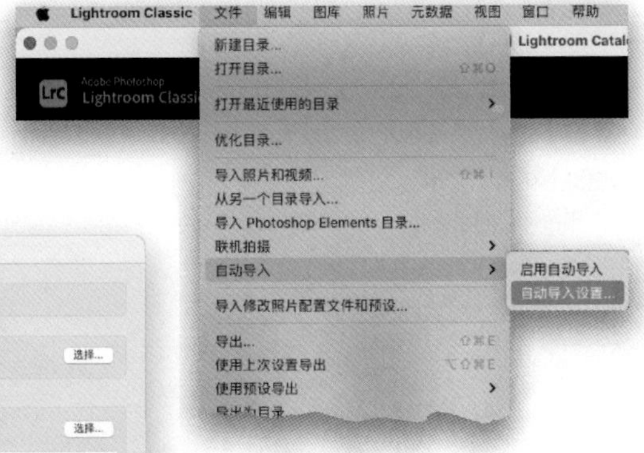

第1步

首先在你的计算机上新建一个空文件夹（我总是把这个文件夹命名为"Watched Folder"[观察文件夹]，这样我就很清楚这个文件夹的用途了）。接下来，在"文件"—"自动导入"（这是该功能的官方名称）菜单下，选择"自动导入设置"（如图1-46所示），弹出"自动导入设置"对话框（如图1-47所示）。在对话框的顶部，你可以选择哪个文件夹作为你的"观察文件夹"（Lightroom会监视你是否将任何照片放入其中——我在这里将其命名为"Watched Folder"[观察文件夹]）。对话框的其余部分是你已经熟悉的相关导入选项（命名和诸如此类的信息）。

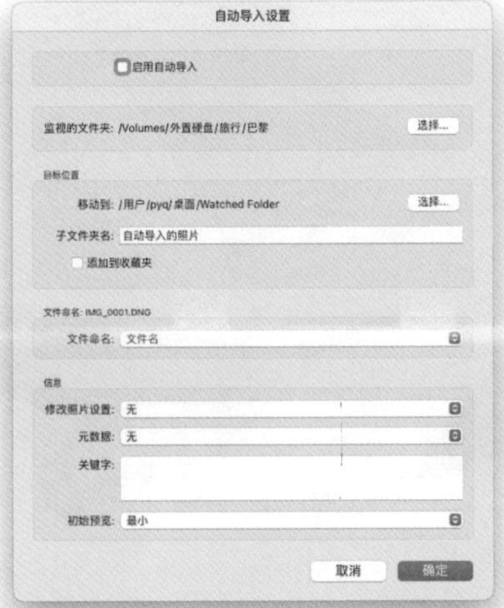

图 1-46

图 1-47

第2步

在"自动导入设置"对话框中做出设置选择后，实际上并没有让Lightroom开始观察那个文件夹——你必须要启用这个功能。你要做的就是回到"文件"—"自动导入"菜单，选择"启用自动导入"（如图1-48所示）。现在，你存储在那个文件夹里的任何东西都会被自动导入Lightroom。

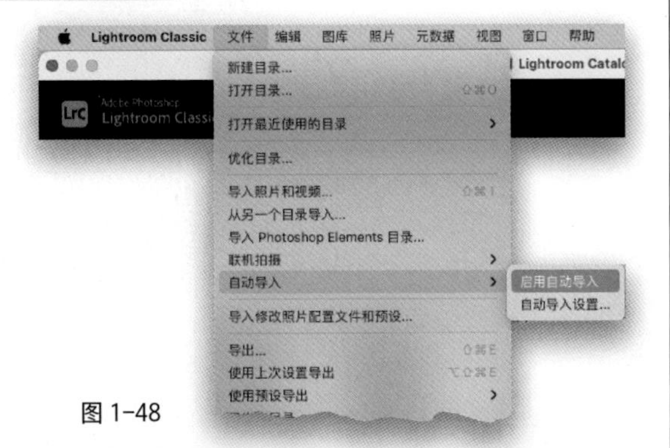

图 1-48

摄影师：斯科特·凯尔比 | 曝光时间：1/2000s | 焦距：600mm | 光圈：f/6.3 | ISO：400

CHAPTER 2

第2章 组织管理照片

- 如何在Lightroom中游刃有余
- 先将你的所有照片转移到移动硬盘
- 你需要第二块硬盘用作备份
- 我强烈推荐云备份
- 事先组织好照片很有用（在你开始使用Lightroom工作前）
- 必知四要点
- 想要愉快的Lightroom使用体验吗？只用一个目录吧
- 目录存储的位置
- 如何在文件夹中创建收藏夹
- 组织管理硬盘上的照片
- 使用旗标而不是星级评定
- 从相机导入时整理照片
- 两种查找最佳照片的方法：筛选和比较视图
- 智能收藏夹——你的照片管理助手
- 使用堆叠功能让照片井井有条
- 添加关键字（搜索关键字）
- 重命名照片
- 使用面部识别功能快速寻人
- 使用快捷搜索查找照片
- Lightroom会按日期整理照片（后台自动执行）
- Lightroom找不到你的原始照片时该怎么做
- 当你看到照片文件夹上有一个问号出现时该怎么做
- 备份你的目录（这非常重要）

2.1 如何在Lightroom中游刃有余

既然你的照片现在已经被导入Lightroom中了，我想给你提供一些关于Lightroom界面功能的使用建议，这将让你在Lightroom中的操作变得更加容易。

第1步

Lightroom有7个模块，如图2-1所示，每个模块的功能各不相同。当导入的照片显示在Lightroom中之后，它们总是会显示在“图库”模块的中央，我们在该模块内可以进行分类和组织的操作。“修改照片”模块让我们进行照片编辑（如改变曝光、调整白平衡、调色等），另外6个模块的作用显而易见，就如它们名字的一样（我就不啰嗦了）。单击Lightroom顶部任务栏中任意一个的模块名称，即可从一个模块切换到另一个模块，或者也可以使用快捷键Command-Option-1选择“图库”、Command-Option-2选择“修改照片”，等等（在PC上，对应的快捷键应该是Ctrl-Alt-1、Ctrl-Alt-2，以此类推）。

图 2-1

第2步

Lightroom界面总共有5个区域：顶部的任务栏、左侧和右侧的面板区域，以及底部的胶片显示窗格、显示照片的中央预览区域。单击面板边缘中央的灰色小三角形，如图2-2所示，可以隐藏任一对应区域的面板（使显示照片的预览区域变得更大）。例如，单击界面顶部中央的灰色小三角形，可以看到任务栏隐藏起来，再次单击，它又会显示。

图 2-2

图 2-3

图 2-4

第3步

自动隐藏和显示是Lightroom中帮助你管理所有面板的功能。其背后的设计理念独具匠心：如果你需要将隐藏的面板再次展开，只需要把鼠标指针移动到面板原来所在位置，面板就会显示出来。调整完成后，鼠标指针离开该位置，面板会自动隐藏起来。这听起来很棒，对吗？但是当鼠标指针移动到屏幕最右端、最左端、顶部或底部时，面板随时都会弹出来。很多人被这种情况折磨疯了（也包括我），这是我从Lightroom用户那里听到关于操作界面最多的抱怨。我曾经收费告诉别人如何关闭这个“功能”。要关闭自动隐藏和显示，请用鼠标右键单击任何面板旁边的灰色小三角形箭头，从弹出的下拉菜单中选择“手动”（如图2-3所示，我单击了左侧面板上的小三角形箭头）。手动操作是以每个面板为基础的，所以你必须分别对4个面板（不包括中央预览区域）进行操作。我强烈推荐该方法。

第4步

既然现在你已经进入了手动模式（而且面板也不会自己“蹦”出来的），你可以根据需要打开和关闭面板——通过单击灰色的小三角形箭头，或者使用键盘快捷键。使用快捷键F5可以关闭/打开顶部任务栏，快捷键F6可以隐藏操作界面下方的胶片显示窗格，快捷键F7可以隐藏左侧面板，快捷键F8可以隐藏右侧面板（在较新的Mac键盘或笔记本电脑上，你可能必须要配合使用快捷键Fn来进行这些操作）。按快捷键Tab可以隐藏左右两边的面板，但我最常用的是Shift-Tab组合键，因为它可以一次性隐藏所有面板，只在操作界面留下你的照片（如图2-4所示）。此外，每个模块的面板都遵循相同的设计理念：左侧面板主要用于选择预设和模板，让你访问收藏夹；右侧面板则包括了所有的调整设置。

2.2 先将你的所有照片转移到移动硬盘

在你开始使用Lightroom之前，事实上，最好在你启动Lightroom之前，为了拥有愉快的Lightroom体验，首先需要一个移动硬盘来保存你所有待处理照片（不要使用计算机自带的硬盘——它可能在不知不觉中就被装满了）。这一步非常重要，它将为你的学习之路上减少很多挫败感（而且这条路上的挫败感总是比你想象的来得更快）。好消息是，移动硬盘现在已经非常便宜了。

图 2-5

进行这步操作

将移动硬盘连接到你的计算机，接下来你需要把所有照片移动到该移动硬盘里，如图2-5所示。没错，是所有的照片，从计算机上已有的照片开始（我在下一页将告诉你怎么做，非常简单）。因此，选取你所有的照片——从旧的CD和DVD，以及其他旧的便携式驱动器里——并将它们全部放在这个移动硬盘上（请确保购买一个内存比较大的硬盘，要比你认为需要的还要大。由于当今相机分辨率惊人的高，照片的大小变得越来越大，所以硬盘很快会被装满，比你想象得要快）。把所有这些来自不同存储设备的照片集中存储到一个地方可能需要一点时间，但这是值得的，因为你知道，也许是第一次，你的所有照片都集中存储在一个地方，这使得你的图库备份更容易。此外，好消息是，人们一次又一次地告诉我，这个将所有照片集中存储的过程，比他们想象的要容易得多，也快得多。所以，这就是这个过程的第一部分：收集你所有的移动硬盘、CD和DVD，让我们把这些存储设备上的所有照片都集中到这个移动硬盘上。现在，让我们看看如何将已经在你计算机上的照片移动到这个硬盘上，而不会使Lightroom失去这些照片的任何踪迹。

图 2-6

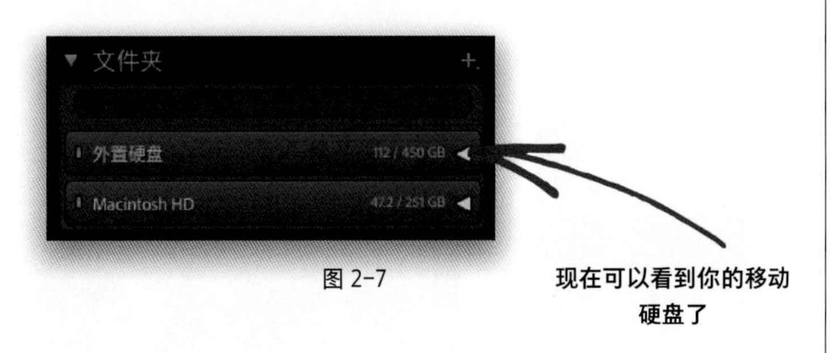

图 2-7

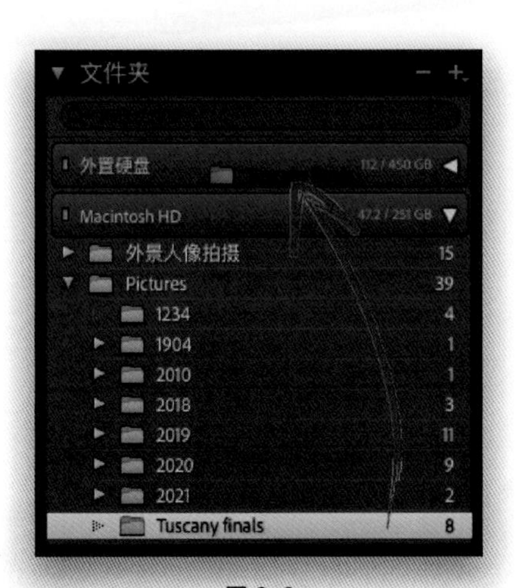

图 2-8

第1步

当你将移动硬盘连接到计算机时，Lightroom尚未识别出它，因为上面还没有照片。因此我们要做的第一件事就是让Lightroom检测到已经连接的移动硬盘。在Lightroom“图库”模块的“文件夹”面板（我很少访问和使用的面板）中，单击右上角的“+”（加号）按钮，然后在弹出的下拉列表中选择“添加文件夹”，如图2-6所示。从你正在运行的操作系统中会弹出一个窗口，你可以选择将哪个新文件夹出现在“文件夹”面板中。选择你的移动硬盘，在其中创建一个命名为“照片库”“我的照片”或其他名字的新文件夹，然后单击“选择”按钮。现在，Lightroom将能识别这个移动硬盘，你会看到它出现在“文件夹”面板顶部的硬盘列表中（如图2-7所示）。

第2步

把你的照片从计算机转移到移动硬盘上，就像把每个文件夹（如果你有嵌套的文件夹，就是把最上层的文件夹）从计算机的硬盘拖曳到移动硬盘上一样简单。在这里，我把托斯卡纳决赛（Tuscany finals）文件夹从我的Macintosh HD（我的计算机的内部硬盘）拖曳到外置硬盘中的照片库文件夹，如图2-8所示。这是在物理空间上为你移动（不是复制，是移动！）照片，但由于你是在Lightroom自己的“文件夹”面板中进行的移动，Lightroom仍然知道这些照片在哪里，所以一切仍然像移动前一样（没有失效的链接或丢失的照片）。你要做大量的拖曳工作，把所有的照片都移动到那个移动硬盘上。如果你从CD、DVD或不同的驱动器上选取了照片，并将它们拖放到移动硬盘上，此时这些照片还没有被添加到Lightroom中。你必须将那些刚刚添加到移动硬盘的新照片导入Lightroom，Lightroom才可以管理这些照片。

2.3 你需要第二块硬盘用作备份

移动硬盘如此便宜是件好事，因为你需要准备两个。为什么是两个呢？因为所有的硬盘最终都可能崩溃或坏掉（有时是它们自己的原因，也有可能是因为我们把它撞倒在地，或者是它们遭受了雷击，或者是狗不小心把它从桌上拉扯下来）。不仅仅硬盘驱动器如此——每一种媒体存储单元都可能在某个时候坏掉（如CD、DVD、便携式驱动器、光驱等所有你想得到的），因此准备一块备份硬盘是很有必要的。

备份硬盘必须是一块完全独立的硬盘

你准备的备份硬盘必须是完全独立于你的主移动硬盘之外的硬盘，如图2-9所示，而不能仅仅是主移动硬盘上的一个分区或一个文件夹。我与那些使用移动硬盘分区执行备份的摄影师交流过，他们没有意识到，当硬盘坏掉时，存放照片的主要文件夹及其他分区的备份文件夹同时会损坏，使得备份与否得到的结果是一样的——你的照片会永远丢失。

图 2-9

移动硬盘应该保存在哪里

你不仅需要两个独立的硬盘，而且，理想的情况是，它们应该被保存在两个不同的地方。例如，我把一个放在家里，另一个放在办公室，如图2-10所示，然后大约每月一次，我把家里的那个硬盘带到办公室，将它们的同步，所以这两块硬盘里有我在过去一个月里添加的所有文件。通过把两块硬盘放置在两个不同的地点，如果发生火灾、非法闯入、洪水或龙卷风，我仍然可以确保在另外一处地点还保存有备份硬盘。这也是你不能把你的计算机用作备份的原因（如果它在洪水或火灾中损坏或被盗该怎么办？），你也不能把备份硬盘就放在你的桌子上，或放在你的主要移动硬盘旁边（出于同样的原因）。

图 2-10

拜托，这有点矫枉过正吧！真的有必要吗，需要三个备份？没错，你还应该准备云备份——问问那些过去几年经历过休斯敦史诗般的洪水或卡特里娜飓风或无数自然灾害的人，他们失去了所有的照片。我们谈论的是你生活的影像历史——不可替代的照片，还有客户的照片和家庭照片，以及你无法估量价值的东西。因此，这第三道保护线也很重要。你不是一定要这样做，但如果你这样做，你肯定会睡得更好，更放心。

2.4 我强烈推荐云备份

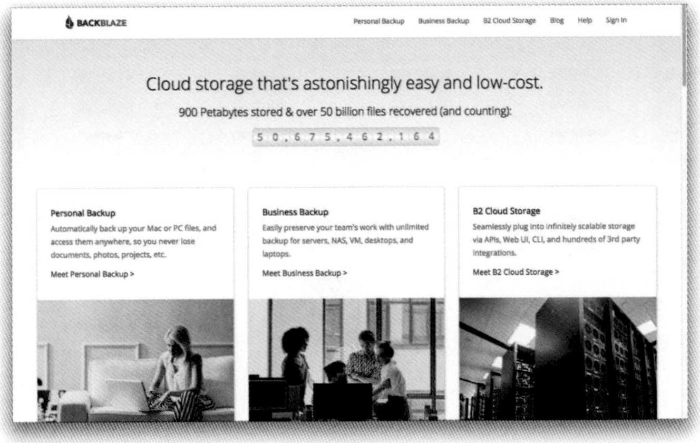

为什么要添加云备份

如果自然灾害（如飓风、洪水等）袭击你所在的地区，你可能会失去你的两个存储照片的硬盘，即使它们在不同的地方。这就是为什么我还建议需要进行云备份（问问那些从飓风灾害中幸存，但却失去一切的人）。我使用Backblaze作为我的云端备份，如图2-11所示，原因很简单——每月只需花一小笔钱就可以获得无限的存储空间！Backblaze可以在后台运行，并自动将你的外部硬盘中的内容备份到云端。

图 2-11

不要查看上传进度

关于Backblaze（或者任何基于云端的备份），你必须把你的整个照片库复制到云盘上——很可能是数千兆字节的照片，而这需要大量的时间。到底需要多少时间呢？我认为，对于大多数人来说，最快也要一个月；但对于认真的摄影师来说，可能需要一个半月到两个月；对于职业摄影师来说，可能需要更长的时间。大多数互联网连接的上传速度是下载速度的几分之一，所以我建议你至少在一个月内都不要查看上传进度，否则你会觉得“才上传了6%！太慢了！”为自己省点麻烦——在Backblaze执行备份照片库的操作后，不必不停地查看上传进度，而是继续你的生活和工作。六个星期后，你可能会发现照片库已经完整地备份在云端，或者也有可能还尚未完成备份。

图 2-12

2.5 事先组织好照片很有用（在你开始使用Lightroom工作前）

我基本上每天都与那些找不到自己照片存放在哪里的摄影师交流。他们很沮丧，觉得自己没有管理好照片，而这一切与Lightroom无关。然而，如果你在开始使用Lightroom之前，先整理好自己的照片（我会分享一个非常简单的方法），这将使你的Lightroom的使用体验变得更加轻松。此外，你不仅知道你的照片在哪里，而且还能告诉别人照片的确切位置，即使你不在计算机前。

第1步

在你的移动硬盘中（见2.2节），新建一个文件夹。这将是你存储所有照片（从你几年前拍摄的老照片到最近新拍的照片）的文件夹，这是开始使用Lightroom前组织管理好照片的关键一步。顺便提一下，我将这个重要的文件夹命名为“Photo Library”（照片库，你可能在将照片移动到移动硬盘时已经创建了这个文件夹），如图2-13所示，但你可以给它取任何你喜欢的名字。不管你叫它什么，只要知道这是你所有照片的新家就好了。当你需要备份你的整个照片库时，你只需要备份这一个文件夹即可。很方便，对吗？

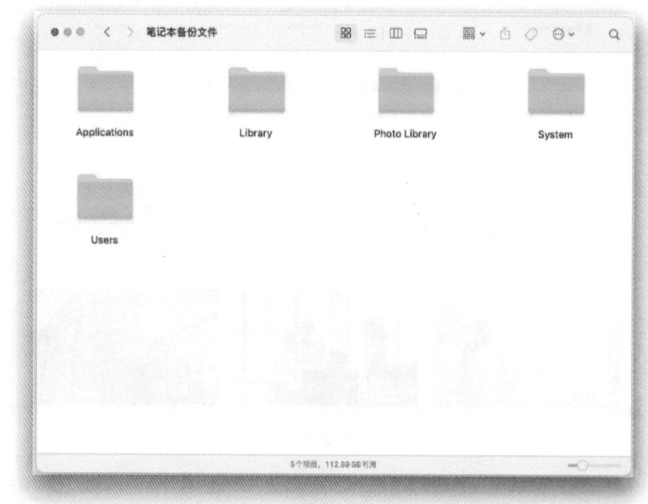

图 2-13

第2步

在这个文件夹中，你会创建更多的子文件夹，并以你的拍摄对象命名。例如，如图2-14所示，我创建了9个子文件夹来分别存放建筑、汽车、航拍、家庭、风光、其他、人像、运动和旅游等主题的照片，每个都是我的照片库文件夹中的独立子文件夹。现在，由于我拍摄了很多不同种类的运动，在我的“Sports”（运动）文件夹中，我还创建了像足球、排球、赛车、篮球、曲棍球等不同种类运动的独立文件夹。最后这步你可以不必做，我是因为拍摄的运动种类繁多，这样可以帮助我不在Lightroom中时也能快速找到目标文件。

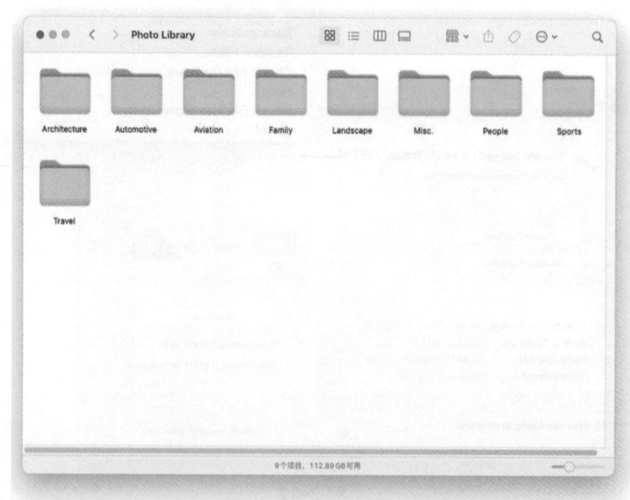

图 2-14

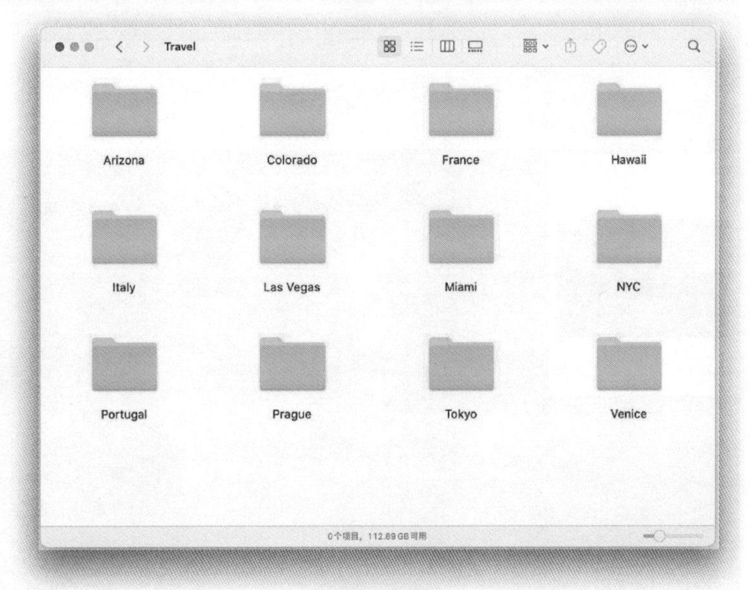

图 2-15

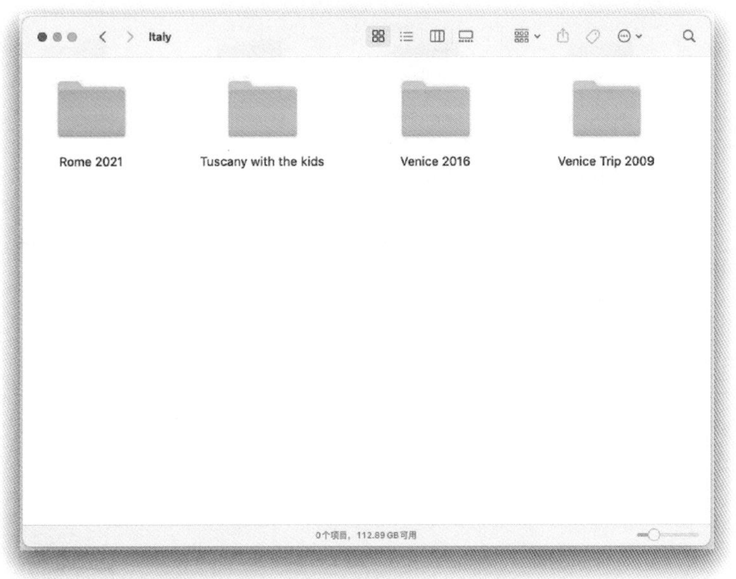

图 2-16

第3步

现在，你要做的是将计算机上存储照片的文件夹拖放到你的移动硬盘（如果你还没有进行这个操作），而且是直接拖放到与相关拍摄对象匹配的文件夹中。因此，如果你的计算机上有一个文件夹存储的是你去夏威夷旅行的照片，可以把该文件夹拖到移动硬盘的“Photo Library”（照片库）—“Travel”（旅行）文件夹中，如图2-15 所示。顺便说一下，最好给存储旅行照片的文件夹取一个简单明了的名字。文件夹的名称越简单、描述性越强，就越好。如果你拍摄了你女儿参加垒球冠军赛的照片，把存储这些照片的文件夹拖到你的“Photo Library”（照片库）—“Sports”（运动）文件夹中，你也可以把它们放在“Family”（家庭）文件夹里。但如果你选择了“Family”（家庭）文件夹，那么从现在开始，你孩子所有运动的照片都应该放在该文件夹里，而不是一些放在“Sports”（运动）文件夹，另一些放在“Family”（家庭）文件夹。整理照片时，存储位置的一致性是很关键的。

第4步

那么，将所有照片从你的硬盘上移到正确的文件夹中需要多长时间？没有你想象的那么久。这样整理照片有什么好处呢？即使不在计算机前，你也能知道你所拍摄的每张照片的确切位置。例如，如果我问你，“你去意大利旅行的照片在哪里？”你就会反应过来它们在你的“Photo Library”（照片库）—“Travel”（旅行）—“Italy”（意大利）文件夹里。如果你去意大利不止一次，也许你会在那里看到4个文件夹——Rome 2021（2021年罗马）、Tuscany with the kids（与孩子们在托斯卡纳）、Venice 2016（2016年威尼斯）和Venice Trip 2009（2009年威尼斯之旅），如图2-16所示。

第5步

按日期整理文件夹是一个陷阱，因为它真的很依赖你的记忆力，靠你自己记住何时做了何事。而Lightroom通过查看照片中嵌入的拍摄信息，可以记录每张照片的确切拍摄时间和日期（甚至是一周中的哪一天），如图2-17所示，如果想看到照片按日期排列，按\（反斜杠）键调出Lightroom网格视图顶部的图库筛选栏，然后单击“元数据”，在第一栏选项中，从下拉菜单中选择日期。现在，分别单击选择任意年份、月份和日期，就可以查看到在某个确切日期拍摄的照片。Lightroom已经自动按日期为你组织好了照片，所以你就不必再亲自整理了。

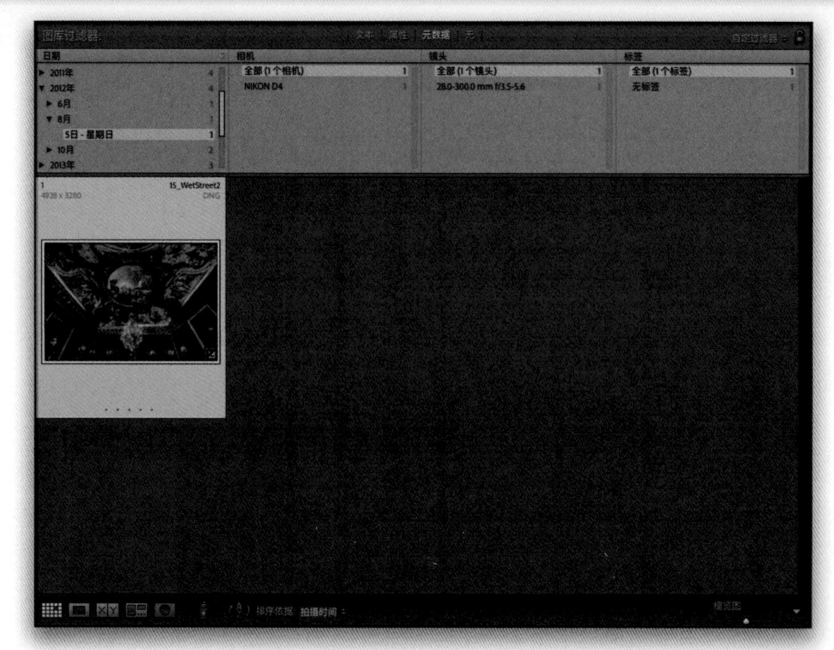

图 2-17

第6步

如果你拍摄了很多风景照片并且将这些照片都存放在“Landscape”（风光）文件夹中，如图2-18所示，只要你为你所有的存储拍摄照片的文件夹取一个简单的、具有描述性的名称，比如“阿卡迪亚国家公园”“罗马”“2016年家庭聚会”等，你接下来的工作就会非常轻松快乐。是的，就是如此简单。只要现在花一点时间（可能不超过几小时）把你所有的照片拖到相应拍摄主题的文件夹里，你将永远受益。

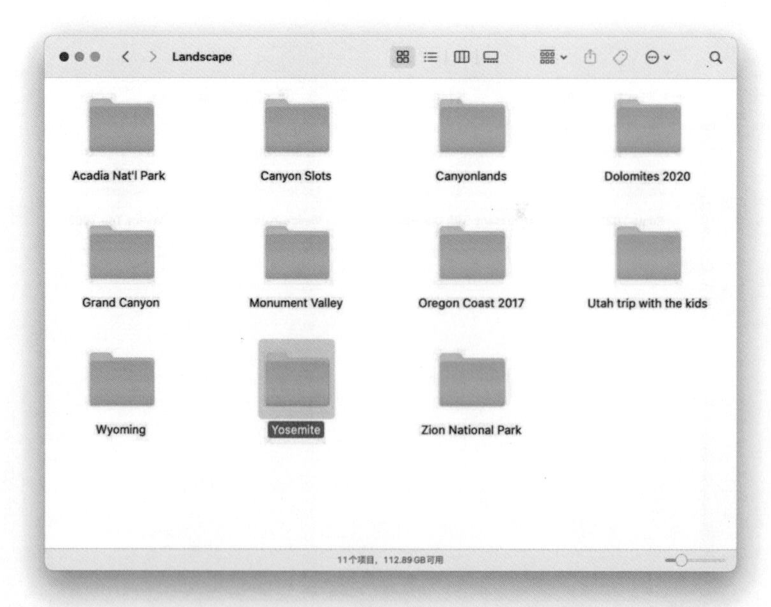

图 2-18

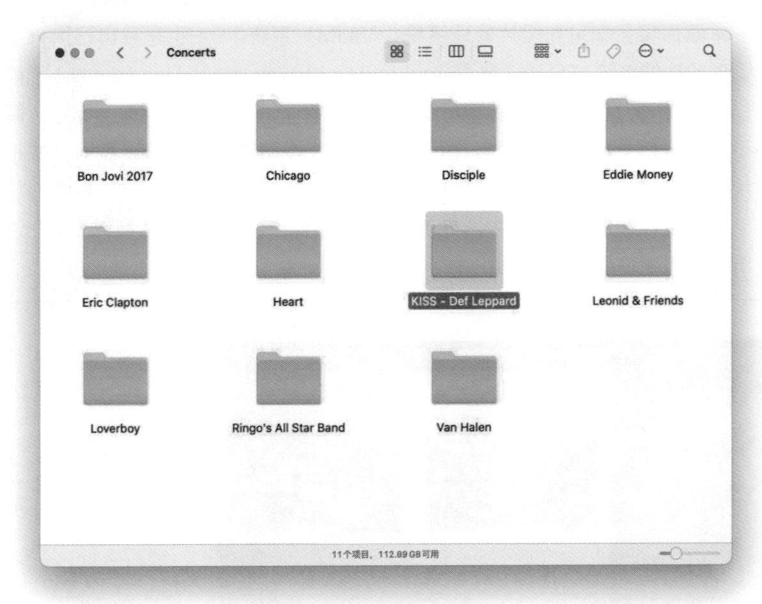

图 2-19

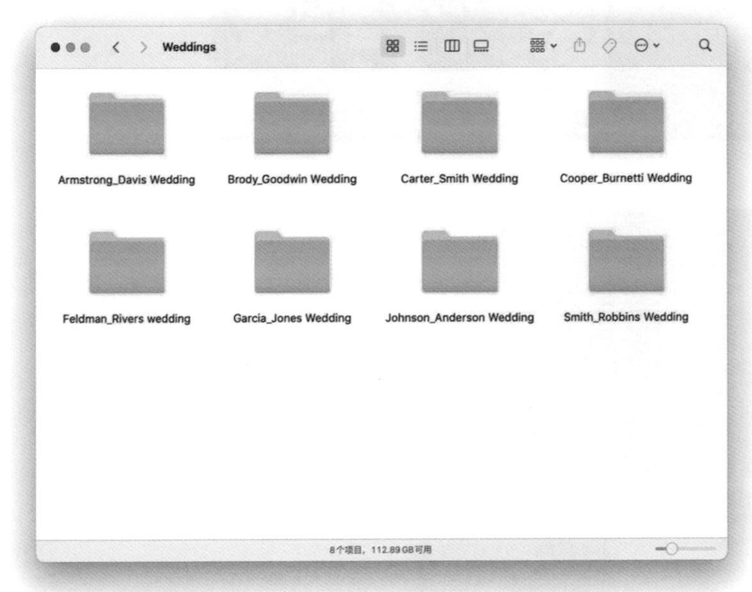

图 2-20

第7步

如果你从相机的存储卡中导入新的照片呢？你要做同样的事情：把照片从存储卡上直接复制到对应拍摄主题的文件夹中，然后在该主题文件夹中，你会为这些照片创建一个新的文件夹，用一个简单的名字描述拍摄的内容。例如，假设你在KISS和Def Leppard乐队的演唱会上拍摄了照片（顺便说一下，这是一场很棒的演出），它们会被存放到你的移动硬盘上，在你的"Photo Library"（照片库）—"Concerts"（演唱会）—"Kiss-Def Leppard"文件夹中，如图2-19所示。

第8步

再说另一个例子。如果你是一个婚礼摄影师，你会创建一个"Weddings"（婚礼）文件夹，如图2-20所示，在该文件里面你会创建一些其他的文件夹，这些文件夹的名字很简单，比如Johnson_Anderson Wedding（约翰逊·安德森婚礼）、Smith_Robbins Wedding（史密斯·罗宾斯婚礼），等等。这样，如果加西亚夫人打电话说："我需要我们婚礼上的另一张照片。"你就会清楚地知道他们的照片在哪里——在你的"Photo Library"（照片库）-"Weddings"（婚礼）-"Garcia_Jones Wedding"（文加西亚·琼斯婚礼）文件夹里！再简单不过了（好吧，实际上在Lightroom中可以更简单，但这是后话，因为你在启动Lightroom之前就做了所有这些组织照片的工作）。这种对照片库的简单组织管理就是秘密所在。

2.6 必知四要点

本章你将会学习到照片管理系统（“SLIM”系统）——也是我自己用来组织管理照片的系统。“SLIM”是“Simplified Lightroom Image Management”（简化Lightroom照片管理）的首字母缩写。首先有个好消息要告诉你，你已经解决了很大一部分问题，因为当你把所有的照片移动到一个移动硬盘上，并把照片按你拍摄的主题分类时，你所做的这些整理工作就是“SLIM”系统的核心，因为我们在Lightroom中要做的跟这些工作相似。但是，还有以下4个注意事项你需要提前了解。

（1）尽量不要使用“文件夹”面板整理照片

我遇到过有些人的Lightroom“文件夹”面板杂乱无章，致使照片永久丢失。这就是我不推荐使用“文件夹”面板工作的原因。使用“文件夹”面板整理照片有些冒险，可能会造成不可逆的损失。“文件夹”面板（就像你的汽车引擎）对于Lightroom的运行是必不可少的，但不要轻易用它去整理照片。

图 2-21

（2）善用“收藏夹”面板

Lightroom的7个模块中都有“收藏夹”面板，而“文件夹”面板只在“图库”模块中出现。“收藏夹”面板是非常安全的，也是具有包容性的，可以保护你不至于乱了阵脚。你可以把同一张照片放入多个收藏夹中（比如你可以把狗狗的照片放在你的狗狗收藏夹中，也可以放在你的家庭收藏夹中，还可以放在你的宠物收藏夹中，都没有问题），而使用“文件夹”面板就做不到了。如果你已经在“文件夹”面板中操作了，不要担心，只需用鼠标右键单击该文件夹并选择创建收藏夹的选项即可，如图2-22所示。真的有这么简单吗？是的。

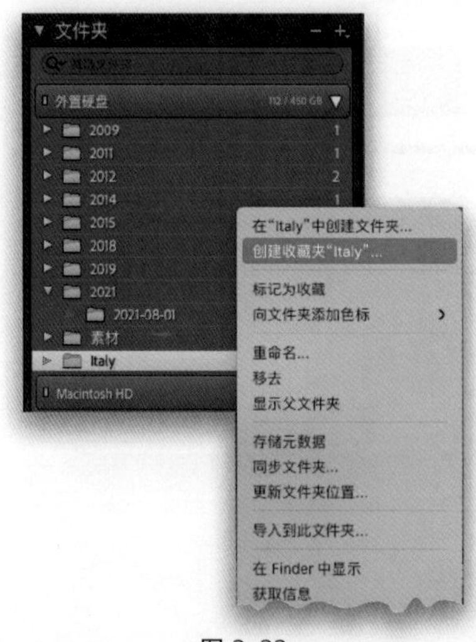

图 2-22

图 2-23

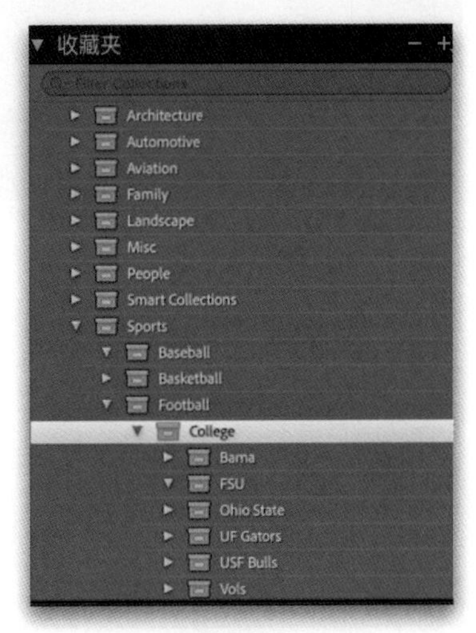

图 2-24

（3）收藏夹也是相册

回想一下胶片时代，我们会把喜欢的照片冲洗出来，然后整理到相册里，对吧？我们在Lightroom中也可以做同样的事情，只是叫法上有区别——将“相册”称作“收藏夹”。我们可以拖曳喜爱的照片到收藏夹里（如图2-23所示），整齐地进行保存，甚至可以把同一张照片放入不同的收藏夹里。简而言之，“收藏夹”的功能很强大！

（4）整理收藏夹集中的收藏夹

如果你有许多相关主题的收藏夹，比如意大利之行、圣弗朗西斯科之行、夏威夷之行、巴黎之行等，你可以把那些相同类型主题的收藏夹整理到收藏夹集里。如此一来，所有旅行相关的收藏夹都归类到了一起（就像硬盘上的文件夹一样）。仔细观察收藏夹集的图标，像不像在文具店里购买的文件筐？你不仅可以在收藏夹集里存放收藏夹，还能存放收藏夹集，如图2-24所示。例如，如果你创建一个运动收藏夹集，你可以将橄榄球收藏夹拖入其中，这样你拍摄的所有橄榄球比赛的照片都会被存放到运动收藏夹集中。如果你拍摄了高中和大学的橄榄球赛或职业联赛，你可以为这些照片创建一个收藏夹集——包括高中橄榄球赛（如掠夺者vs.开拓者、军刀vs.哈士奇）收藏夹和大学橄榄球赛（如巴克利vs.塞米诺尔、沃尔vs.深红潮）收藏夹。收藏夹和收藏夹集也让我们见识到了新的功能，而这些功能只有在“收藏夹”面板中才能使用。例如，如果你想在手机或平板电脑上使用Lightroom（详见第14章），你必须使用收藏夹（你不能对文件夹执行此操作）。未来在Lightroom中的后期处理将会是一个基于收藏夹的工作流程，所以善用收藏夹对于使用Lightroom将会事半功倍。

2.7 想要愉快的Lightroom使用体验吗？只用一个目录吧

你可能会想这节内容出现得是不是太晚了——你可能已经创建了许多目录——不用担心，现在还不晚（接下来我们将学习如何解决这一问题）。如果想要轻松、有条理且不费时地使用Lightroom，那你可以用一个目录去存储所有数据。在不影响运行速度的前提下，一个目录最多可以存储多少图像呢？事实上，我们也不知道它的极限在哪里。曾有Adobe的用户在一个目录中存储了超过600万张照片，而且现在这个用户还在不断地在这个目录中添加新的照片。所以说，只使用一个目录是行得通的。

第1步

如果你是Lightroom的新手，那一切就非常简单了。当你打开Lightroom时，你在屏幕上看到的是你的目录里的照片。不要再重新创建目录，这个就是你的目录，而你也将会用这个目录来进行接下来的操作。但是，如果你现在已经拥有了3个、5个或15个不同的目录呢？你有两个解决方法。第一种方法，将你所有的目录合并到一个现有的目录中（这个操作会使界面更加整洁美观），不过别担心，这样做不会改变目录中的分类、元数据和编辑等任何内容。你可以将其他目录合并到你最喜欢的（或最完整的）目录中。所以，现在开始选择你喜欢的目录吧。

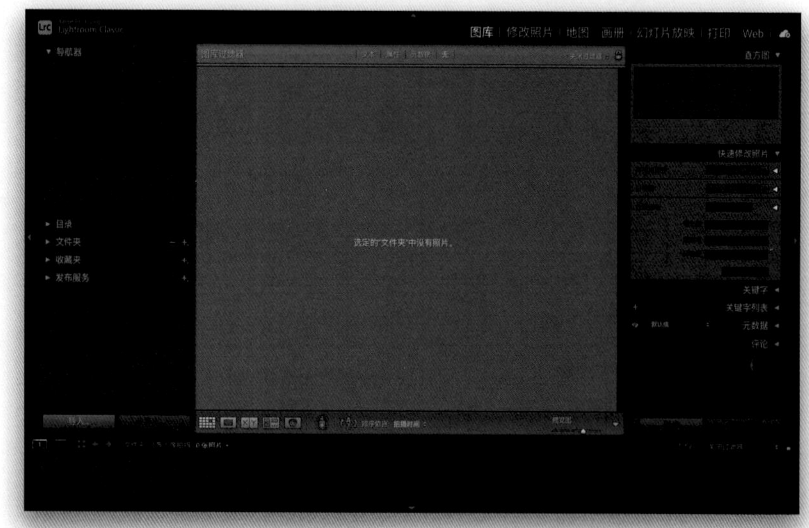

图 2-25

第2步

现在，你需要找到你的其他目录并把它们全部（没错，所有的目录）导入这个目录中。你需要在“文件”菜单下选择“从另一个目录导入”（如图2-26所示），然后再转到你在计算机上存储Lightroom的位置（我猜它是在计算机的“图片”文件夹或者是“我的图片”文件夹中，单击打开就可以找到一个名为“Lightroom”的文件夹）。在找到其中任一目录后，你就可以开始操作了。

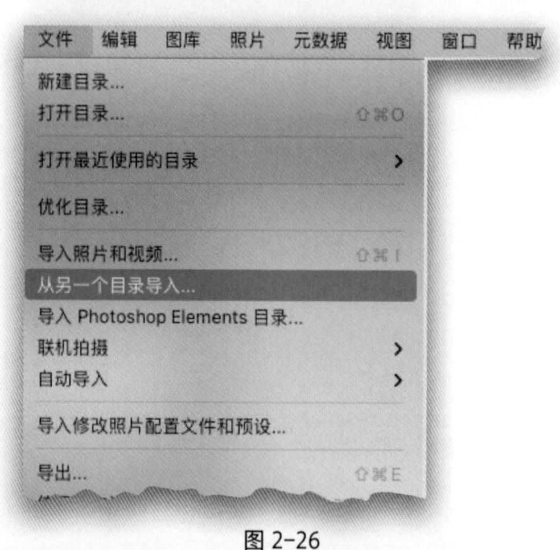

图 2-26

图 2-27

第3步

单击“选择”按钮，你就可以看到如图2-27所示的从选定目录导入对话框，在屏幕中间可以看到其他目录中所有的收藏夹和每个收藏夹中有多少张照片。在当前打开的目录中，如果有相同名称和照片的收藏夹，你只需要导入其中一个即可。此外，你还需要将“文件处理”下拉列表框设置为“将新照片添加到目录而不移动”，如图2-27所示。在这之后，你就只需单击右下角的“导入”按钮，然后只需喝一杯咖啡的工夫，这些收藏夹就全部添加到你当前打开的目录中了。在导入成功后，你需要做两件事情：（1）先按拍摄主题将所有的照片归类到对应的收藏夹中；（2）再将已经合并好的旧目录删除（没必要留着——我已经将所有目录合并到该目录中了）。之后，你也可以对其他的目录进行相同的操作（做完这些，你会发现你花的时间比想象中少得多）。当一切操作完成后，你就已经把所有的照片都存储在一个目录中了，一切都变得十分整洁！

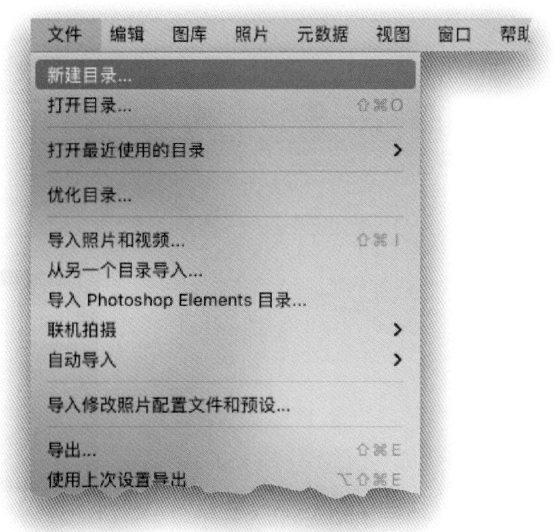

图 2-28

第4步

还有一种方法，假如在那么多目录中都没有你特别喜欢的一个，你就可以新建一个空目录并将所有其他目录导入其中。在“文件”菜单中选择“新建目录”，如图2-28所示，然后就在这一空目录中按照上述方法将其他目录导入即可。两种方法得到的结果都一样——你已经将所有的照片都存储在一个目录中了，以后使用Lightroom就会更加轻松便捷。

2.8 目录存储的位置

尽管我们很希望可以将照片存储在移动硬盘上，但要使Lightroom发挥其最佳性能，最好还是将Lightroom的目录直接存储在计算机上。

第1步

如果想要使Lightroom发挥其最佳性能，你最好还是将Lightroom的目录文件存储在计算机，而非你的移动硬盘上（这只是用来存储照片的）。如果你已经将目录存储在移动硬盘上了，你可以直接将其复制到你的计算机，但我们一定要保证操作正确，以免将文件搞混。首先，我建议你在移动硬盘上创建一个新的空文件夹，并将其命名为目录备份，然后将现在的目录文件复制到该文件夹中，与文件名中包含"Previews"的文件放在一起，如图2-29所示。移动文件的过程中我们做了两件事：（1）创建了备份，以防在操作的过程中出现问题导致数据丢失（一般不会，只是以防万一）；（2）防止Lightroom错误地在你的移动硬盘上启动目录。

第2步

双击打开目录备份文件夹，单击并拖动以下文件到你的计算机：（1）一个扩展名为".lrcat"的文件（实际目录文件）；（2）一个扩展名为".lrdata"的文件（缩览图预览）；（3）你可能还会看到一个文件名中包含"Helper"且扩展名为".lrdata"的文件。这三个文件都会被存储在计算机上的"图片"/"我的图片"—"Lightroom"文件夹，做完这些之后，双击刚刚复制的扩展名为".lrcat"的文件，你就可以使用来自你的计算机上的该目录了，如图2-30所示。

图2-29

图2-30

我们必须远离文件夹——它们太危险了（你可能会很疑惑，这代表你没有看本章2.6节的内容，快翻回该节仔细阅读）。无论如何，我们要在一些不好的事发生前远离文件夹，所以这节会介绍如何从文件夹中创建一个收藏夹。现在，你要知道，我们不会删除任何文件夹，我们只是要用收藏夹代替。这些文件夹里放置着我们的照片文件，其重要性不言而喻，所以一旦我们创建了收藏夹，就不需要再理会这些文件夹了。

2.9 如何在文件夹中创建收藏夹

图 2-31

图 2-32

第1步

以前在文件夹中创建收藏夹是相当复杂的，但Adobe已经让这步操作变得非常简单。你只需在“文件夹”面板中用鼠标右键单击需要创建收藏夹的文件夹，然后从弹出的下拉菜单中选择创建收藏夹的选项即可（如图2-31所示），这就是它的全部操作过程。在“收藏夹”面板中，你就能看到新创建的收藏夹了（按字母顺序排序）。

第2步

如果你的文件夹中包含了其他的子文件夹，那就需要用鼠标右键单击该文件夹，选择创建收藏夹集的选项，如图2-32所示。这样就创建了一个收藏夹集，并且完整地保留了所有的嵌套文件夹，现在你又从中创建了收藏夹。文件还是一样的，只是你从此就可以在收藏夹中工作了，使用收藏夹会让你拥有更加愉快、轻松的Lightroom体验。

提示：

我以前说过（就像本页开头提到一样），就算你现在已经创建了收藏夹，也不要删除任何文件夹，因为它们存储了你的实际照片文件。不用理会也不要去使用它们，你现在是一个有收藏夹的人了，不用再管过去那种老旧的工作方式。

2.10 组织管理硬盘上的照片

接下来，我会介绍一个简单、系统的在移动硬盘上组织照片的方法（之所以说是移动硬盘，是因为我希望你已经将所有的照片都存放到移动硬盘中了，但如果由于某种原因你还没有这样做也没关系，你还是可以使用这一方法，不会受到阻碍）。

第1步

我希望你已经细读了本章前面的内容，只有这样我们才能继续深入学习。还记得你在移动硬盘上创建的主题文件夹吗？现在要模仿相同的操作和设置来使用收藏夹集和收藏夹。我们首先要切换到“收藏夹”面板，单击面板标题右侧的“+”（加号）按钮，然后从弹出的下拉列表中选择“创建收藏夹集”，如图2-33所示。接着我们要为该收藏夹集命名，并将其存储在移动硬盘上，如图2-34所示。

第2步

在创建了第1个收藏夹集之后，你就要开始将适合这个主题的收藏夹拖曳到现有的收藏夹集中。假设你创建的第1个收藏夹集为“Sports”（运动），你就可以将你拍摄的所有运动照片都拖曳到该收藏夹集中。你也可能拍摄了许多其他主题的照片，比如说赛车，那么你就需要在“Sports”（运动）收藏夹集中再创建一个赛车的收藏夹集，最后将赛车的照片放入其中。在我自己的“Sports”（运动）收藏夹集中，我分别创建了橄榄球、棒球、网球、赛车、杂项体育、曲棍球和篮球等收藏夹集。并且，在“Football”（橄榄球）收藏夹集中，我还分别创建了“College”（校园橄榄球）和“NFL”（美国国家橄榄球联盟）的收藏夹集，在“NFL”的收藏夹集中，我还创建了“Bears”（芝加哥熊队）、“Bucs”（匹兹堡海盗）等收藏夹集，如图2-35所示。

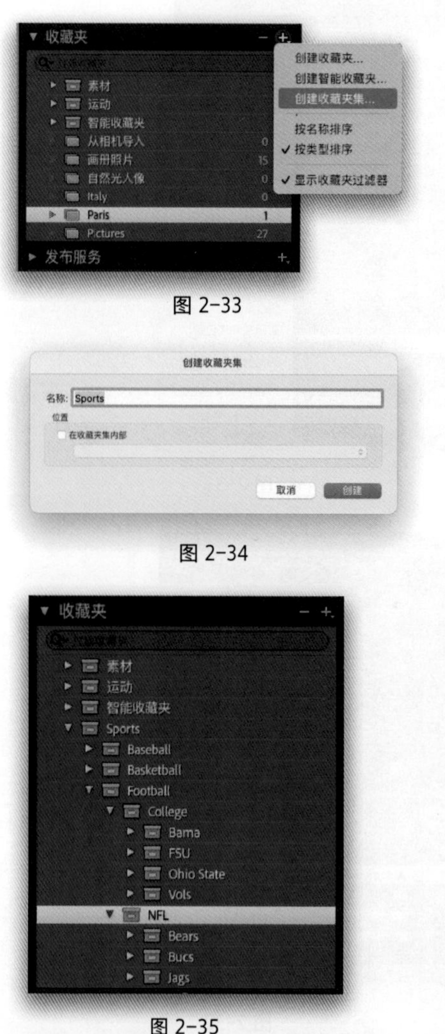

图 2-33

图 2-34

图 2-35

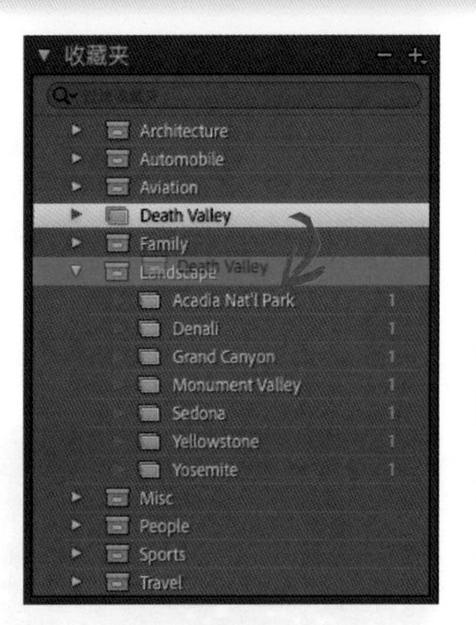

图 2-36

邮

电

图 2-37

第3步

现在，你需要为移动硬盘上的每个主题文件夹创建一个收藏夹集，然后将在文件夹中创建的，以及在“收藏夹”面板中创建的任意收藏夹等放入相应主题的收藏夹集中（如图2-36所示，我将“Death Valley”[死亡谷]收藏夹拖放到“Landscape”[风景]收藏夹集中）。因此，高中橄榄球比赛的照片是在“Sports”（运动）主题的收藏夹集里；你儿子毕业时的照片是属于“Family”（家庭）主题收藏夹集的；某次你拍摄的花卉特写镜头是属于“Misc”（其他）主题收藏夹集的（如果你拍摄了许多花的照片，你也可以创建一个花卉主题的收藏夹集）。如果你不确定要将孩子们橄榄球比赛的照片放在“Sports”[运动]收藏夹集还是“Family”[家庭]收藏夹集，你也可以将照片分别添加到两个收藏夹集中。这就是收藏夹的美妙之处——照片可以放在多个收藏夹中。

提示：删除收藏夹

如果你要删除收藏夹或者收藏夹集，用鼠标右键单击它就会弹出下拉菜单，选择删除选项，Lightroom就会提醒你收藏的照片仍保留在你的目录中（这是一件好事）。

第4步

如图2-37所示，上图展示了移动硬盘上的一些主题文件夹，下图则展示了在Lightroom“收藏夹”面板中为一些主题文件夹创建的收藏夹集，单击收藏夹集左侧的三角形图标，即可显示该收藏夹集中包含的所有收藏夹。

2.11 使用旗标而不是星级评定

我在摄影后期研习班授课时，发现很多学员会对1~5星评级系统感到疑惑，他们通常会问我："老师您觉得这张照片是2星还是3星？"谁在乎呢？你又不会向别人展示2星或3星评级的照片，对吗？为什么要浪费时间给照片评级？它要么会是你这次拍得最好的照片（你会在网络上分享），要么会是虚焦、可能被删除的照片（你应该忽视）。设置旗标能让用户快速、准确地分辨出哪些照片拍得好，哪些拍得不好。接下来我将为大家讲解如何利用旗标整理照片。

第1步

挑选照片时，我们会瞬间把最佳的镜头挑出来，同时也会剔除掉失焦、误拍和曝光不足的照片，这类不好的照片除了占用存储空间之外没有任何意义。旗标就好比"照片管理器"（对于正在筛选的照片），能标注出拍得不错的照片和需要删除的照片，非常方便快捷。首先，请双击照片进行放大处理，按住Shift-Tab组合键隐藏所有面板，或者直接按快捷键F放大照片全屏显示。然后快速浏览照片，如果照片拍得不错，可以按快捷键P将其标注为选取。如果隐藏了所有面板，则标记为选取图标会出现在照片底部（如图2-38所示）。全屏浏览照片的模式下，只能看到一面小白旗出现在屏幕中。

图 2-38

第2步

简而言之，看到不错的摄影作品，按下P键；反之，按右方向键（→）切换至下一张。但若浏览到非常糟糕的照片（如图2-39中拍摄主体不巧闭眼且失焦的照片），那么可以直接按X键标注为排除。为照片标注选取或排除的标记后，若对照片的审视态度有所改变，可以直接按U键取消标记照片。

图 2-39

提示：为选取的照片启用自动前进功能

如果你启用了"照片"菜单下的"自动前进"，那么为照片标记选取之后，系统会自动切换至下一张照片。

图 2-40

图 2-41

第3步

当我们正式进入Lightroom工作时（从下一页开始），我们将会着手对那些被选用的照片进行一些处理，但此时你只需处理那些标记为排除的照片（任何时候都能删除这类照片，但是如果早点删除，无用的照片就不会加载到屏幕上，也不会占用太多的存储空间）。想要同时删除被标记为排除的照片，请切换到网格视图（G），然后单击窗口顶部的“照片”菜单，在弹出菜单底部选择“删除排除的照片”，如图2-40所示。在网格视图的页面上会显示即将被删除的照片（可以在这一刻再三斟酌是否决定删除照片），同时会弹出对话框询问是否要从Lightroom中删除照片，或是删除磁盘上的照片，如图2-40所示。我一般会把标记为排除的照片从磁盘上删除，让它们彻底远离我的生活。

第4步

那么，我们会不会用到星级评分？当然会，但仅限于一种情况——5星评级（如图2-41所示，我按键盘上的数字键5将这张照片评为5星）。我们会讨论这么做的原因（以及这种评级方式是多么方便），但是我们不会用到1星、2星、3星或4星评级，只会使用5星。如果对星级评定不感兴趣，可以利用不同的颜色标签对照片分类。但是，星级评定和颜色标签的修改数据不会连带传输到移动设备上的Lightroom中，所以在我为照片评定等级时一般会忽略这两种方式。然而，在某些情况下我确实会用到颜色标签。例如，在为专业模特拍摄时，一般会配有化妆师、时装设计师和发型师，我会让他们用彩色标签来标记他们认为出彩的摄影作品。这样我便可以快速找到他们中意的照片，然后再通过电子邮件或信息的形式给他们发送过去。

2.12 从相机导入时整理照片

我们将在本节学习从相机里导入照片时该如何整理照片，我也将为大家介绍我的照片整理方法。坦白地说，该方法的关键在于一致性。

第1步

第1步当然是将照片从相机存储卡导入Lightroom。成功导入照片至Lightroom之后，照片会出现在网格视图内，等待下一步的一系列操作，如整理、编辑等。但开始着手下一步之前，如果你还没有为导入的照片创建收藏夹或收藏夹集（见1.4节），你需要先转到“收藏夹”面板，单击面板顶部右侧的“+”按钮，在弹出菜单内选择“创建收藏夹集”，然后为新建的收藏夹集添加描述性名称。如图2-42所示的照片都是在伦敦拍摄的，因此我将收藏夹集命名为“London”（伦敦）。在此之前，我创建了名为“Travel”（旅行）的收藏夹集，收录着旅行时拍摄的作品。所以，我勾选了“在收藏夹集内部”复选框，然后在弹出菜单里选择“Travel”（旅行），最后单击“创建”按钮，如图2-43所示。

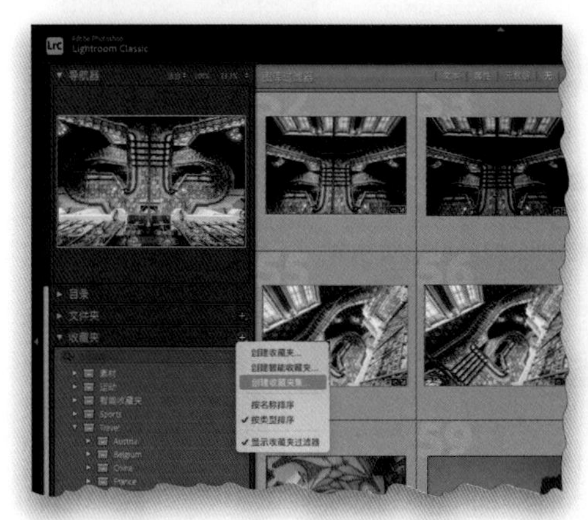

图 2-42

图 2-43

第2步

现在，你有一个名为“London”（伦敦）的空收藏夹集，在“编辑”菜单中选择“全选”（或者使用Command-A[PC:Ctrl-A]组合键），选中“London”（伦敦）收藏夹集内的所有照片。再回到“收藏夹”面板，单击“+”按钮，但这次需要从弹出的下拉菜单中选择“创建收藏夹”。出现“创建收藏夹”对话框之后，为该收藏夹命名为“Full Shoot”（所有照片），如图2-44所示。

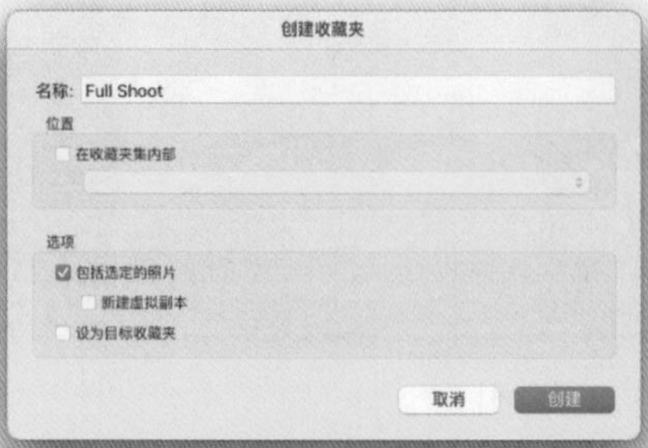

图 2-44

图 2-45

第3步

在"位置"区域勾选"在收藏夹集内部"复选框，并在弹出的下拉菜单中选择"London"（伦敦）收藏夹集（该菜单会显示所有收藏夹集）。在"选项"区域，"包括选定的照片"复选框会自动被勾选，如果没有，请手动将其勾选（否则系统会忽略你刚刚选中要添加到新收藏夹的照片）。现在你可以单击"创建"按钮，如图2-45所示，系统会将新建的"Full Shoot"（所有照片）收藏夹存储在"London"（伦敦）收藏夹集内。好了，到目前为止，一切都很顺利。现在变得更有趣了。

图 2-46

第4步

从这一步开始，我会使用2.11节介绍的设置旗标的方法从拍摄的作品中找出最佳照片。我先双击照片将其在屏幕上放大显示（在Lightroom中叫作放大镜视图），按Shift-Tab组合键隐藏所有面板之后即可开始浏览照片，如图2-46所示。如果浏览到出彩的照片，我会按P键；如果看到不喜欢的照片，我会按右方向键（→）切换至下一张照片继续查看。如果浏览到很难看的照片时可以直接按X键标记为排除。如果在这个过程中弄混了，我会按U键取消标记。我在进行这步操作时非常迅速，因为在下一步还有机会仔细挑选照片。但是现在，当照片出现在屏幕上时，我会快速做出决定——是选取还是跳过。你会惊喜地发现，使用这种方法可以很快地完成整个筛选过程。好吧，我们还没完成操作，但我们已经进行得非常顺利了。

第5步

标记了选取或排除之后，就可以删除标记排除的照片。切换到网格视图（G），在“目录”面板（按Shift-Tab组合键展开面板）中，单击“上次导入”。然后在“照片”菜单中选择“删除排除的照片”。面板上就只会显示标记为排除的照片，并且这时会弹出对话框询问是否确定从Lightroom中删除照片，如果确定删除，单击相应的删除按钮即可。你也可以选择从磁盘删除照片，如图2-47所示。

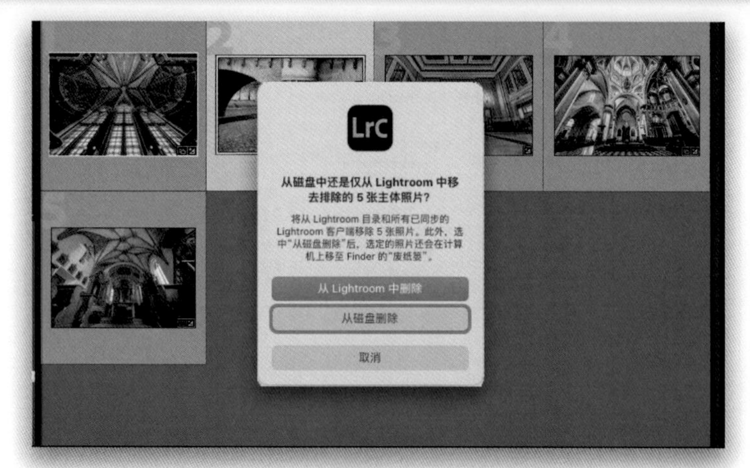

图 2-47

第6步

现在将目光移至标记为选取的照片。请单击“London”（伦敦）收藏夹集中的“Full Shoot”（所有照片）收藏夹，并确保底部的胶片显示窗格可见。如图2-48所示，在靠近胶片显示窗格右上方的位置，你会看到“筛选器”的字样，筛选器的右侧是3个灰色的小旗标。如果只查看标记为选取的照片，请双击第1个小旗标（白色的），屏幕上就只会显示你精心挑选的照片。顺便说一下，你只需在首次使用时像刚才介绍的那样双击旗标，如果你感到好奇，单击位于中间的图标只会显示你没有标记旗标的照片。

图 2-48

提示：使用其他选取筛选器

你还可以选择从中心预览区域顶部显示的“图库过滤器”栏中查看留用、排除或未标记的照片（如果面板上未显示，只需在键盘上按\[反斜杠]键即可）。单击“属性”之后，弹出一个选项栏，如图2-49所示。单击白色的小旗标，即可显示你所选取的照片。

图 2-49

图 2-50

第7步

既然只可见选取了的照片，按Command-A（PC：Ctrl-A）组合键选中所有当前可见照片（选取的照片），并将其移动至收藏夹内。按Command-N（PC：Ctrl-N）组合键创建收藏夹（按下后会弹出“创建收藏夹”对话框），知道这个快捷键是很不错的，因为你在之后的操作中会需要多次新建收藏夹。弹出“创建收藏夹”对话框后，将收藏夹命名为“Picks”（选取），当然，你需要将该收藏夹放入“London”（伦敦）收藏夹集中，因为该收藏夹中的照片是在伦敦拍摄的照片中挑选出来的，因此从弹出的收藏夹集下拉菜单中选择“London”（伦敦；如果系统尚未自动选中该收藏夹集），勾选“包括选定的照片”复选框之后（我们总是保持该复选框被勾选的状态），单击“创建”。完成这一步操作后，在“Travel”（旅行）收藏夹集内的“London”（伦敦）收藏夹集中会出现“Full Shoot”（所有照片）和“Picks”（选取）这两个收藏夹，如图2-50所示。

图 2-51

第8步

“Picks”（选取）收藏夹中的一些非常出彩照片，是日后会邮件发送给客户，或者需要打印，抑或是需要添加到作品集中的照片。因此，我们需要完善排序过程，以便从这组收藏夹中挑选出最好看的照片。标记为选取后，所有挑选出的照片已经在“Picks”（选取）收藏夹中。因此，我们可以选中“Picks”（选取）收藏夹中的所有照片并按字母键U取消所有照片的旗标（如图2-51所示），然后再次挑选照片，并将范围缩小到最好中的最好（我们选取的照片）。但是，当我们进入智能收藏夹时，使用5星评级会比较方便，此时那些旗标反而帮助不大（稍后将对此进行详细介绍）。

第9步

我们可以利用5星评级的方法从优秀的照片中选出最出色的照片（在之后的操作中你会很庆幸这么做了）。现在，我们可以开始照片优中选优的工作了（以下称出彩的照片为“精选”）。要挑选出这些照片需要花费我们一些时间。优中选优时，我们可能会变得挑剔和纠结，所以这个过程会很费时。不用快速浏览照片（没必要这么做，因为从“Picks”[选取]收藏夹挑选的优秀照片的最终数量比照片总数少得多）。在你的“Picks”（选取）收藏夹中，双击第1张照片（左上角的第1个缩览图）使其变大（将其放入放大镜视图），按Shift-Tab组合键便可以开始挑选能评到5星的照片了，如图2-52所示。

图 2-52

第10步

浏览拍摄的作品时，看到拍得不错的照片（可以进行编辑的照片、可以上传网络的照片、可以发送给客户的照片等）可以按数字键5，这样就可以看到屏幕上出现5颗星星，即为5星评级（全屏模式下，“将星级设置为5”的提示会出现在屏幕底部，可以看到5颗星星亮起），如图5-53所示。

图 2-53

图 2-54

第11步

斟酌好哪些标记为选取的照片应该被评为5星之后，便可以将其放入第3个也是最后一个收藏夹内，但首先需要只显示5星照片而隐藏其余照片。在胶片显示窗格中，在小旗标的右侧能看到5颗灰色的星星。从左向右单击以突出显示所有星星（如图2-54所示），从而筛选掉其他照片，只使5星照片可见。和前面的操作一样：选中全部，按住Command-N（PC：Ctrl-N）组合键新建收藏夹，将其命名为“Selects”（精选）并保存在“London”（伦敦）收藏夹集中。

图 2-55

第12步

现在“London”（伦敦）收藏夹集中有3个单独的收藏夹：“Full Shoot”（所有照片）、“Picks”（选取）、“Selects”（精选）。因为“Selects”（精选）收藏夹里的照片是最出彩的，所以可以只对该收藏夹里的照片做后期修饰，如图2-55所示。但如果需要其他额外的照片（作相簿或幻灯片用途），可以在“Picks”（选取）收藏夹里再挑选一些好的照片进行编辑。好了，掌握了这个方法之后，该如何处理人像照片呢？可以将照片移动至以拍摄对象命名的人像照片收藏夹集中，并在这个收藏夹集中下设3个收藏夹：“Full Shoot”（所有照片）、“Picks”（选取）和“Selects”（精选）。风光主题的照片该如何处理？同样的，将照片移至以拍摄地点命名的风景收藏夹集内，并下设3个收藏夹：“Full Shoot”（所有照片）、“Picks”（选取）和“Selects”（精选）。什么主题并不重要，但如果每种主题的照片都按照同样的方式分类管理，后期工作的效率肯定会有所提升（并且能快速地找到你需要的照片）。

2.13 两种查找最佳照片的方法：筛选和比较视图

许多相似的照片（如人像照片）混杂在一起时，挑选照片便成了件苦差事，但Lightroom提供了两种可以简化照片挑选过程的工具，即筛选视图和比较视图。

第1步

面对许多相似的人像照片（比如姿势相同）时，我会用筛选视图从该组照片里挑选出最佳照片。选中相似的照片之后（先选中一张，然后按住Command[PC：Ctrl]键并单击选中其他照片——我在此处选中了6张照片）再进入筛选视图（如图2-56所示），按下键盘上的字母键N。虽然从一组相似的照片里选出最好看的很难，从中选出你最不喜欢的却容易得多。这就是筛选视图的功能——排除照片。找出你最不喜欢的照片，将鼠标指针移动到该照片上，该照片的右下角会出现"×"图标，如图2-56所示。

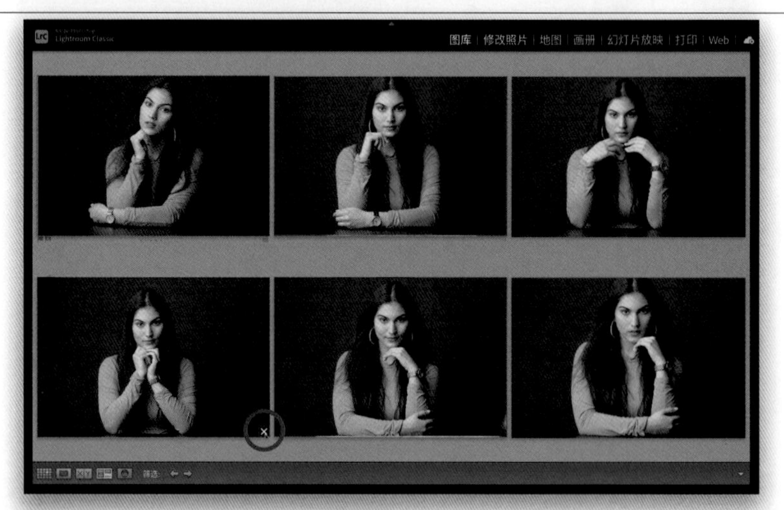

图2-56

第2步

单击"×"图标，则可以将这张照片从浏览面板中移除。Lightroom不会真正地删除照片，也不会将其从收藏夹移出，只会暂时从屏幕上移除该照片（现在屏幕上只剩5张照片，如图2-57所示）。然后对你不喜欢的其他照片做重复操作：单击照片右下角的"×"图标，将其从屏幕上移除。

图2-57

图 2-58

第3步

如图2-58所示，屏幕上只留下了3张照片，如果这3张照片你都喜欢，可以将它们都评为5星照片，或者你也可以继续挑选，直到剩下最后一张照片，这张就是成功通过5轮筛选的照片。请按键盘上的数字键5将其标记为“Selects”（精选）收藏夹的5星照片。比较视图是另一种筛选照片的方法。该方法是让照片两两进行比较，而非将一堆照片排列在屏幕上。按Shift-Tab组合键隐藏所有面板，然后选择要进行比较的一组照片，再按快捷键C进入比较视图。屏幕左侧会出现一张照片，称为“选择”照片，另一张在右侧，称为“候选”照片，如图2-59所示。

图 2-59

第4步

最后，“选择”这一侧的照片是你挑选出的喜欢的照片，但现在需决定你更喜欢这两张中的哪一张。相比右侧的照片（“候选”照片），如果你更喜欢左侧的照片（“选择”照片），请按键盘上的右方向键（→）键切换至下一张照片。左侧的照片会保持不变，右侧的照片会被下一张候选照片代替。如果你更喜欢右侧的“候选”照片，请单击工具栏中的互换按钮（如图2-59中的红色圆圈所示），则候选照片会移动到左侧，成为“选择”照片，新照片会代替成为“候选”照片。注意：如果隐藏了工具栏，请按T键取消隐藏。如果选择7张照片进行比较，当比较到最后一张照片时，由于没有了“候选”照片，它便会停留在候选界面中。如果你认为“选择”界面的照片很好看，那这就是你最喜欢的照片。如果你更喜欢右侧的“候选”照片，请单击互换按钮，再单击工具栏中的“完成”按钮进入放大镜视图，最后按数字键5将照片标记为“Select”（精选）。

2.14 智能收藏夹——你的照片管理助手

如果有一名助手能帮你整理照片，听起来是不是很棒呢？例如，“请帮我收集过去60天标记为5星的照片，但只要那些用佳能R6相机拍摄的并且带有GPS数据的横画幅照片，然后自动将它们放入收藏夹中。”其实这就是智能收藏夹的作用——智能收藏夹会根据你的一系列标准收集照片，并自动把符合条件的照片放入收藏夹中。听起来是不是很像助理或是神奇的照片管家，下面我们进行详细介绍。

第1步

要了解智能收藏夹的强大功能，你需要创建一个收录了过去三年所有5星横画幅照片的收藏夹，这样我们就可以制作一个收录了你喜爱的摄影作品的日历，作为送给家人和朋友的礼物（一份不错礼物）。在“收藏夹”面板中，单击面板标题右侧的“+”（加号）按钮，然后从弹出的下拉菜单中选择“创建智能收藏夹”。该操作会打开“创建智能收藏夹”对话框。在对话框顶部的“名称”文本框中为智能收藏夹命名，然后在匹配下拉列表框内选择“全部”，如图2-60所示。这样一来，照片需要满足我们添加的条件才能被放入智能收藏夹中。

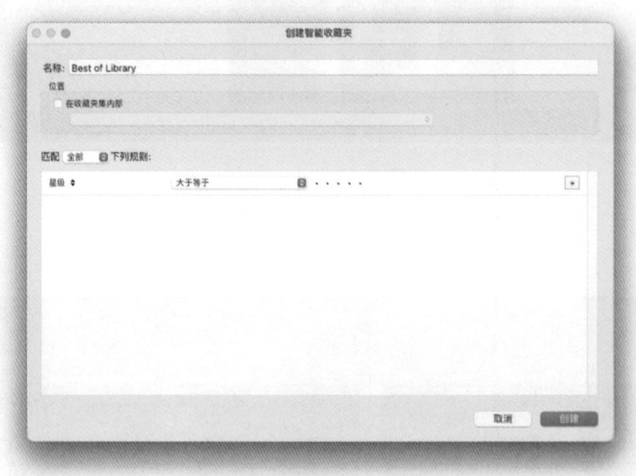

图 2-60

第2步

在“匹配”下拉列表框下方，将“星级”（这是第1个下拉菜单的默认值）右侧选项设置为“是”，则能看到右侧显示出5颗星星。单击第5颗星，将星级调到5。如果此时单击“创建”按钮，所有5星照片将会被收录到一个新的收藏夹。我们可以再为该收藏夹添加一个条件，使其只收录近三年的5星照片。单击那些小星星最右侧的“+”（加号）按钮，即可添加一个新的筛选标准。从第1个下拉列表框中选择“拍摄日期”，然后在右侧下拉列表框中选择“介于”，并在文本字段中输入“2019-01-01”至“2021-12-31”，如图2-61所示。

图 2-61

图 2-62

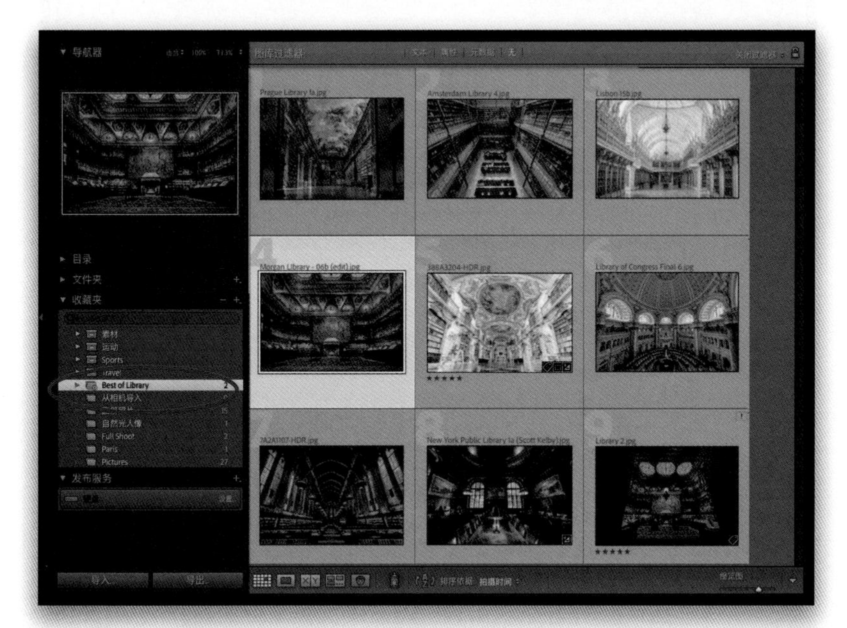

图 2-63

第3步

根据日期的格式，我们需要将照片设置为横向显示，所以还要添加另外一个条件。单击对话框中第二行条件右端的“+”按钮，然后从第三行第一个下拉菜单中选择“长宽比”，在下一个下拉菜单中选择“是”，然后再在右侧的下拉菜单中选择“横向”。现在，如果单击“创建”按钮，新建的收藏夹中将出现2019-2021这三年所有5星的横幅照片。让我们再添加最后一个条件——只收录含关键字“Library”的照片（如图2-62所示）。

第4步

单击“创建”按钮之后，Lightroom会浏览整个图库，并将符合你条件的照片添加到智能收藏夹（位于“收藏夹”面板中，其图标右下角有个小齿轮，可以让你快速分辨出哪些是标准收藏夹，哪些是智能收藏夹），如图2-63所示。你导入的任意新照片（或者编辑的现有照片），只要符合你自己订立的标准或条件，就能被自动添加到智能收藏夹。以下几点需要注意：如果决定要更改、添加或删除智能收藏夹的任何条件，双击智能收藏夹即可打开“编辑智能收藏夹”对话框；此外，智能收藏夹的筛选条件不一定要非常多、非常细，例如，在智能收藏夹对话框中可以只有一行条件，所以不要认为我们总是要为智能收藏夹订立很多、很细致的搜索条件。

提示：添加子条件

如果想创建更智能的智能收藏夹，可长按Option（PC：Alt）键，直至条件行末尾的“+”按钮变为“#”（数字符号）按钮。单击“#”按钮会新增一个子条件行，子条件行可以提供更多创建智能收藏夹的高级选项。

2.15 使用堆叠功能让照片井井有条

想让收藏夹不那么杂乱，可以使用Lightroom的堆叠功能，即用一个缩览图来代表一连串非常相似的照片。比如当用HDR拍摄时，拍摄了7张照片（看起来略有不同），但只需要1张照片就可以代表所有7张照片（因为拍摄的都是完全相同的场景，仅仅是明亮度略有不同）。虽然也可以手动操作，但你可能会更喜欢自动堆叠照片的功能。

第1步

这里，我们导入了一组飞行表演的照片，你会发现这些照片看起来都非常相似（我将缩览图调得很小，但仍有部分照片未能完全显示在屏幕上）。为了避免看到大量相似照片所产生的混乱感，我们打算将相似的照片放到一个堆叠内并只用一个缩览图表示（剩下的照片堆叠在该缩览图后），缩览图上会显示堆叠照片的数量。首先选中一组相似照片中的第一张（如图2-64高亮区域所示），然后按住Shift键并单击本组照片的最后一张（如图2-64所示），选中本组中的所有照片（如果你喜欢，也可以在胶片显示窗格内进行照片选择）。

图 2-64

第2步

现在，请按住Command-G（PC：Ctrl-G）组合键，将所有选中的照片放入到一个堆叠中（这个快捷键很容易记，字母键G代表单词Group，即“组”）。如果现在查看网格视图，你就会发现只有一个飞机照片的缩览图——其他照片堆叠在该缩览图后。这样操作不会删除或者移走同组中的其他照片——它们只是被堆叠在这个缩览图后面。我们可以看到缩览图左上角的白色小方框里显示数字12（如图2-65红色圆圈所示），从而得知该缩览图后堆叠了11张相似的照片。

图 2-65

图 2-66

第3步

我将相同飞机的照片分成了一组，并按Command-G（PC：Ctrl-G）组合键堆叠照片，现在我只需要关注8个缩览图，这些缩览图代表了在第1步中的所有照片，如图2-66所示。这才叫避免混乱！你在这看到的视图称为堆叠视图。如果要查看堆叠中的所有照片，请单击缩览图并按快捷键S，或者单击每个堆叠视图左上角的数字，还可以单击缩览图两侧的细长条。（若想将照片折叠起来，只需要重复以上任何一种操作即可。）如果想将某张照片添加到已经存在的堆叠中，只需要将目标照片拖曳至对应的堆叠中。如果不想堆叠照片，请用鼠标右键单击缩览图左上角的堆叠图标，然后从弹出菜单中选择“取消堆叠”。

提示：选择堆叠封面照片

创建堆叠时，选中的第1张照片会成为缩览图封面。若要选择其他照片作为缩览图封面，请展开堆叠，将鼠标指针悬停在选择的照片上，然后单击左上角的堆叠编号即可，这样可以将其移动到堆叠的最前方，成为新的封面照片。

第4步

手动堆叠需要花费一定的时间，这就是为什么我喜欢让Lightroom根据拍摄时间自动完成堆叠。单击“照片”菜单下的“堆叠”，选择“按拍摄时间自动堆叠”。这会打开一个对话框，如图2-67所示，对话框中的滑块会根据你希望的堆叠时间间隔来自动创建堆叠，向左拖曳滑块时间间隔更短，向右拖曳滑块时间间隔更长。单击“堆叠”按钮时，看似没有任何反应，这是因为堆叠已展开。要查看整齐的堆叠，请返回“堆叠”菜单，选择“折叠全部堆叠”。

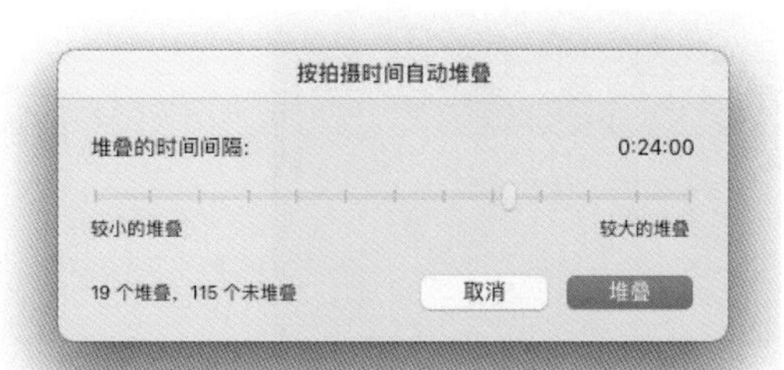

图 2-67

2.16 添加关键字（搜索关键字）

对许多记者、商业摄影师及出售照片的人等来说，他们日常工作的一部分内容是给照片添加关键字（搜索关键字）。对于其他人来说，这样做就很浪费时间，尤其那些平时做事就很有条理的人，因为他们就算没有关键字也可以轻松地找到所需的照片（我自己就不常使用关键字）。但对于做事没有组织性、计划性的人，以及前面提到的那些人（或者是那些单纯很喜欢关键字的人）来说，为照片添加关键字是很有必要的。接下来我们将学习如何添加关键字。

第1步

先说一下，我将从介绍关键字的基础知识开始本节的内容，因为大多数用户不必如此快地就掌握关键字的知识。但是，如果你是一名商业摄影师或者从事图库代理工作，那么你就需要给照片添加关键字了。幸运的是，Lightroom 使得这个过程不再那么痛苦。添加关键字的方法有几种，无论选择哪种方法都有自己的理由。我们先从右侧面板区域中的“关键字”面板开始。当你单击照片时，如图2-68所示，“关键字”面板顶端附近就会列出分配给各个图像的关键字（如图2-69所示）。顺便提一下，我们平时其实不会说“分配”，一般都说成“标记”了关键字，比如“这张照片已经被标记关键字‘NFC’了”。

图 2-68

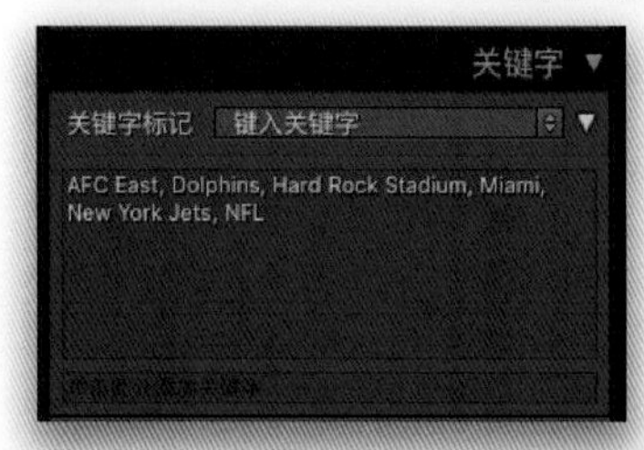

图 2-69

第2步

导入照片时，我会给它们标记一些通用的关键字。关键字字段下方有一个文本框，显示“单击此处添加关键字”。若要添加其他关键字，单击该文本框，你就可以键入要添加的关键字了（如果要添加多个关键字，在它们之间加一个逗号），最后按Return（PC：Enter）键即可。这样我就给第1步中选定的照片添加了关键字“Catching Pass”（接球传球），如图2-70所示，非常简单。

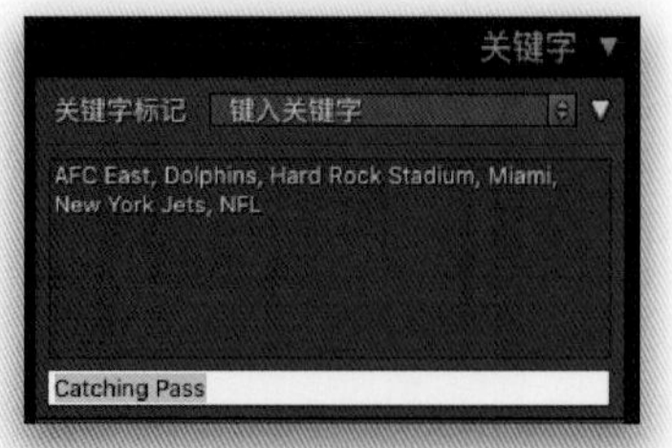

图 2-70

图 2-71

图 2-72

第3步

如果你想一次性给多张照片（比如在庆典活动上拍摄的71张照片）添加相同的关键字，你需要先选择这71张照片（单击第一张，再按住Shift键，然后向下滚动鼠标滚轮到最后一张并单击，则选中了这两张照片及它们之间的所有照片），然后在“关键字”面板中的“单击此处添加关键字”文本框中添加关键字。例如，我键入了“Rushing”（冲球），Lightroom便将该关键字标记到选中的71张照片上，如图2-71所示。因此，如果我需要一次性给大量照片标记相同关键字，“关键字”面板将会是我的首选。

提示：选择关键字

我有一个选择关键字的技巧，问问自己：“如果几个月后我想要找到这些照片，我最可能在搜索栏中键入什么关键字？”然后，我会用这些想到的词作为照片的关键字。相信我，这样做会比你想象的有用得多。

第4步

假设你只想在某些照片中添加一些特定的关键字，比如将某个队员的名字标记到他的照片中，你可以按住Ctrl键并单击选中该运动员的所有照片，然后使用“关键字”面板标记关键字，那么这个关键字就只会标记到这些选中的照片中，如图2-72所示。

提示：创建关键字集

如果你有一些经常使用的关键字，可以将它们保存为关键字集，这样只需单击一下即可标记关键字。要创建一个字集，只需在“关键字标记”文本字段中键入关键字，再从面板底部的“关键字集”下拉列表框中选择“将当前设置存储为新预设”，关键字就会和嵌入字集一样被添加到列表中。

第5步

“关键字列表”面板中列出了我们已经创建或嵌入在导入照片中的所有关键字。每个关键字右边的数字代表用该关键字标记了多少张照片。如果把鼠标指针悬停在该列表中的关键字上，在其最右端会出现一个白色的小箭头。单击这个箭头将只显示标记了该关键字的照片（如图2-73所示，我单击“Entrance”[入场]关键字的箭头，屏幕上就只会显示出用该关键字标记过的照片）。

提示：拖曳和删除关键字

把“关键字列表”面板内的关键字拖曳到照片上就可以标记照片，反之，也可以把照片拖曳到关键字上。要删除照片的关键字，只要在“关键字”面板中把它们从“关键字标记”字段内删除即可。要想彻底删除关键字（将其从所有照片和“关键字列表”面板内删除），需要在“关键字列表”面板中单击关键字，然后再单击该面板标题左侧的“-”（减号）按钮。

图2-73

第6步

时间一久，关键字列表就会变得非常长。因此，要想保持该列表有条理，可以创建具有子关键字的关键字（如图2-74所示）。这样做除了可以缩短关键字列表的长度之外，我们还可以更好地整理照片。例如，单击“关键字列表”面板内的父关键字“NFC”（美国国家橄榄球联合会），则会显示出用“49ers”（旧金山49人队）、“Bears”（芝加哥熊队）等关键字标记过的照片。但是，如果单击“49ers”（旧金山49人队），则只会显示出用“49ers”（旧金山49人队）标记的照片，这可以节省大量的时间。下一步我将介绍如何进行操作。

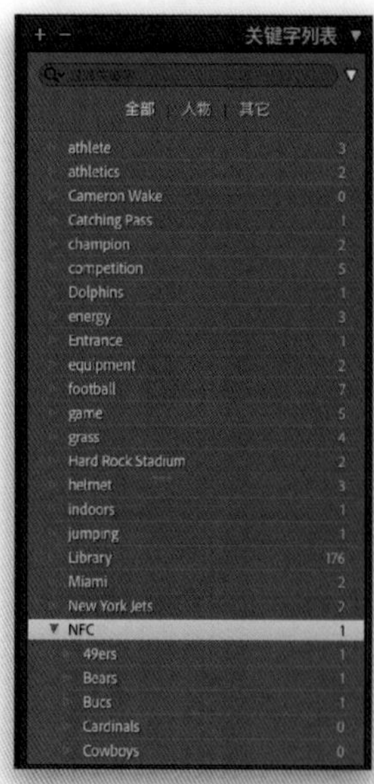

图2-74

图 2-75

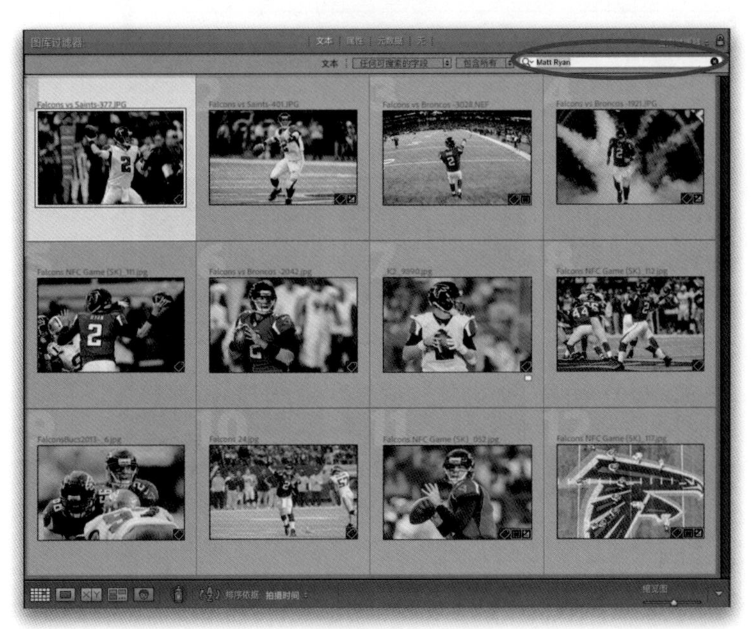

图 2-76

第7步

要将一个关键字设为父关键字，只需把其他关键字直接拖放到该关键字中即可。如果还没有添加想要作为子关键字的关键字，则可以这样做：鼠标右键单击想要设为父关键字的关键字，之后从弹出的下拉菜单中选择“在‘NFC’中创建关键字标记”，再在打开的对话框内输入子关键字的名称（如图2-75所示），单击“创建”按钮，这个新的关键字就会显示在父关键字下方。如果要隐藏子关键字，请单击父关键字左侧的三角形图标。

提示：绘制关键字

添加关键字的另一种方法是使用喷涂工具绘制关键字。单击预览区域下方工具栏中的喷涂工具，然后从右侧弹出的下拉列表框中选择“关键字”，就会显示一个文本栏，键入与照片相关的关键字，然后单击那些你想要标记的照片，关键字就可以添加到那些你想要标记的照片上了。你会在屏幕上看到一条照片被标记了关键字的确认信息。

第8步

用关键字标记了照片后，除了“关键字”和“关键字列表”面板，你还可以在“图库筛选器”中使用关键字搜索照片。例如，如果你要查找某一队员的照片，只需按Command-F（PC：Ctrl-F）组合键，此时会在缩览图网格的右上角显示文本搜索栏，输入队员名字，标记了他名字的照片就会出现在下面的网格视图中，如图2-76所示。关键字的作用就是搜索照片。你可以添加一些常用的关键字，也可以添加更为具体的关键字。

2.17 重命名照片

如果你在从相机存储卡导入照片的过程中没有重命名照片，那么现在用描述性名称（无论是收藏夹、收藏夹集还是照片，我们都应该用一个描述性的名称为其命名）为它们重命名就显得非常重要了（比如方便搜索照片）。如果这些照片仍然是数码相机默认的名称，如“_AKOU6284.jpg”，那么你用关键字来搜索找到照片的机会就相当渺茫了。本节将介绍如何重命名照片，并使搜索照片的过程变得更简单。

第1步

按Command-A（PC：Ctrl-A）组合键选择该收藏夹内的所有照片。转到“图库”模块，选择“重命名照片”，或者按键盘上的F2键，打开“重命名照片”对话框，如图2-77所示。该对话框提供与导入窗口相同的文件命名预设，你可以选择想要使用的文件名预设。我总是使用“自定名称-序列编号”预设，输入自定义名称（就像我在这里做的一样，我将把所有照片的名字改为“Dave On Set”[Dave的现场照]），然后该预设将会自动从你想要的数字开始给照片编号（一般来说，我都会选择从1开始编号）。

图 2-77

第2步

输入自定义名称后，单击“确定”按钮，所有照片立即被重新命名（Dave On Set-1.jpg，Dave On Set-2.jpg等），如图2-78所示。整个过程虽然只需要几秒钟时间，但对照片搜索操作所产生的影响却是巨大的，不仅会影响照片在Lightroom内的搜索，还会影响照片在Lightroom之外的文件夹、电子邮件等之中的搜索。此外，当我们把照片发送给客户审核时，也更方便他们查找照片。

图 2-78

2.18 使用面部识别功能快速寻人

Lightroom的面部识别功能为拍摄主体贴上标签，帮助你轻松地找到照片里的人。这一功能虽说很强大，但也会有令人哭笑不得的时候。启用面部识别功能之后，Lightroom可能会将马铃薯似的东西认成人，也可能会把一块肥皂或者是一盘鸡蛋当成人，但有时Lightroom也能够准确地识别出照片中的人物。所以这一功能时而好用，时而不那么好用。我们可以用面部识别功能给照片中的家人贴上姓名标签，这样一来便可以用标签关键字搜索照片。

第1步

首先提醒大家：虽然我们说Lightroom面部标识功能是“自动”的，但许多的初始工作需要手动完成，所以应该说是“半自动”更贴切。起初，系统只能识别照片中出现的人脸，但无法得知这是谁，所以需要有人告诉它这是谁，以方便其日后辨别，这一步需要你来完成。因此，如果有一个大小合适的目录，并希望将整个目录设置为面部标识，你可能需要预留一个早上的时间对其进行初始设置。要开始启用面部识别功能，请切换到“图库”模块，然后单击工具栏中的人物图标（如图2-79中红色圆圈所示），或者从“视图”菜单中选择“人物”，还可以按快捷键O快速跳转。

图 2-79

第2步

第一次启动面部识别时，屏幕上会告知你Lightroom需要花点时间浏览目录并识别每张照片中的人物面孔（幸运的是，此操作只在后台进行，不会妨碍其他操作），如图2-80所示。你可以选择立刻开始，在后台编制你的整个目录，或者在单击“人物”图标之后再开始识别照片中的人物。选择任一选项，然后开始人脸搜索。

图 2-80

第3步

当Lightroom识别到面孔时，未命名人物的缩览图下方会出现一个问号（？），这表示目前无法得知这是谁的面孔（这是正常的，因为Lightroom还不知道谁是谁）。如果Lightroom在照片背景里识别到失焦的面孔，我一般不会对这类面孔做标记，只会将它从人物视图中删除。若想删除不需要标记的面孔，可以把鼠标指针移到缩览图上，单击缩览图左下角显示的“×”图标（如图2-81中红色圆圈所示）。注意：该操作只会将其从“人物”视图里移除，这些照片仍然在Lightroom中。

图 2-81

第4步

下一步就是要让Lightroom知道这些人物都是谁，你只需简单地为照片标记上人名即可（这也是一种特殊的关键字，可以用来查找照片）。要为这些照片加上人名，只需用鼠标单击缩览图下方的问号，便会弹出文本框，再输入人物的名字（就像我在这里所做的，我在某张照片下输入她的名字Sue）。现在，按Return（PC：Enter）键确认命名。在你为人脸标记名字后，该照片就会移动到“已命名的人物”区域（如图2-82所示，Sue目前是唯一一个被命名了的）。如果在“未命名的人物”区域看到与“已命名的人物”区域的面孔相匹配的图像，可以将其拖曳到“已命名的人物”区域的缩览图上。

图 2-82

图 2-83

图 2-84

图 2-85

第5步

Lightroom识别出同一人的面孔后，会自动地将这些照片堆叠在一起，让照片看起来更加井然有序。如图2-83所示，仔细看未命名人物区域第1行左数第5个缩览图——这里有9张照片拥有相似的面孔（缩览图左上角有个数字“9”）。要想查看堆叠照片里的所有面孔，只需单击缩览图，再按S键即可展开堆叠，而只需再按一次S键便可收起堆叠。若想快速浏览所有堆叠照片，只需长按S键，而一旦松开S键便可再次收起堆叠。一旦你开始用名字标记人脸，几分钟后你就会注意到Lightroom开始“抓取”照片并为识别出人脸的照片显示一个人名，人名后带有一个问号，例如，“Anna？”如果这张照片确实是Anna，单击✔图标（如图2-84所示），该照片会移动到“已命名的人物”区域；如果这张照片不是Anna，单击⊘图标！一旦标记了某个人，Lightroom几分钟后便能找出其他照片中相同的面孔并为其做标记。

第6步

至此，我们了解到Lightroom的这一功能可以识别所有面孔，并能为相同的人物分组，但我们还得处理那些没有命名的人物照片。命名这一步需要你来完成，或者也可以将未命名的人物照片拖曳到“已命名的人物”区域中与之相匹配的缩览图上。当你拖曳照片经过已命名的照片缩览图时，你会看到一个绿色的“+”（加号）图标，如图2-85所示，这表示你正在为这张人物照片直接添加人名标签。

第7步

如果双击“已命名的人物”区域的已标记照片，会转到“已确认”区域，在这一区域可以确认该照片与人名是否对应。在界面下方的“相似”区域会出现与该人长相相似但又不确定是否是同一人的照片，如果将鼠标指针移动到缩览图上，在人名后面会出现一个“？”如图2-86所示。这种情况有可能会经常发生，如果你确认该照片中的人物是Anna，请单击✔图标，该照片会移动到“已确认”区域。如果不是Anna，请单击⊘图标，或者单击人名字段，为其添加一个正确的名字。

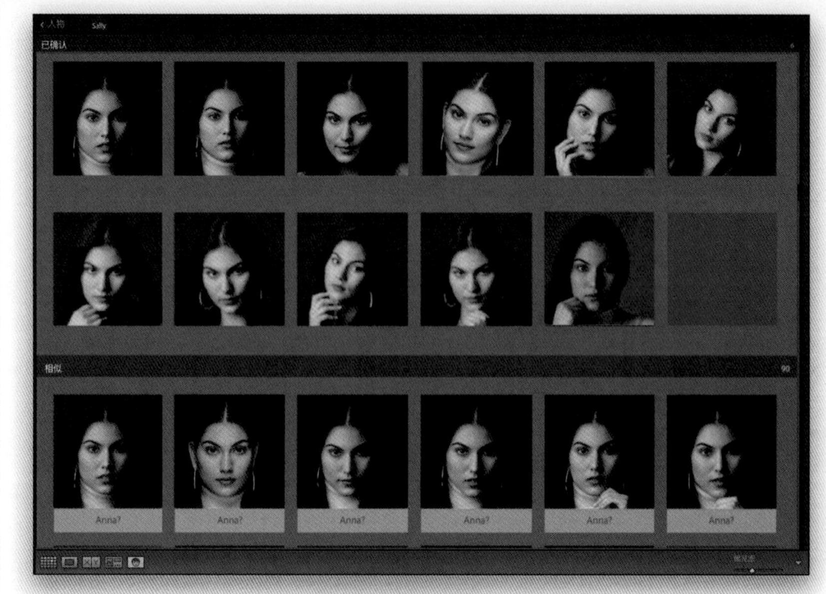

图 2-86

第8步

如果你双击未标记的照片会出现什么情况呢？照片会在放大镜视图窗口中打开，并且会在Lightroom认为是人脸的区域显示一个矩形选框（如图2-87所示）。如果你清楚地知道照片中的人都是谁，单击姓名文本框并为照片标记上正确的人名。另外，如果Lightroom未能识别照片中的人脸，你可以在人脸周围单击鼠标右键并拖曳出一个选区。如果Lightroom选中的区域并非人脸，请单击矩形选框，然后单击其右上角的“×”。如果要关闭放大镜视图并返回人物视图，请按快捷键O，然后单击窗口左上角的“人物”字样。

图 2-87

图 2-88

第9步

一旦人物关键字得以应用，我们就可以通过这些关键字快速搜索到已标识的照片。进入“关键字列表”面板，单击“人物”选项卡（顶部），关键字列表中就只会显示人名（如图2-88所示）。如果你将鼠标指针移动到任一人物关键字上，关键字右侧会显示一个向右的箭头。单击该箭头，Lightroom会显示所有标记为该关键字的照片。你还可以使用标准的文本搜索方式进行搜索，即按Command-F（PC：Ctrl-F）组合键，输入需要搜索的人名，你要找的那些照片就会显示在屏幕上。

2.19 使用快捷搜索查找照片

为了使照片搜索更加简便，我们为照片添加了描述性名称（我们可以在导入照片的时候为其命名，也可以在之后的操作中命名），这样，用名字搜索照片易如反掌（当然，我们不仅可以利用名称搜索，还可以通过其他途径搜索，如相机生产商、相机型号、镜头等）。

第1步

在开始搜索照片之前，你需要让Lightroom知道你想搜索什么东西。如果要搜索某个收藏夹，可以进入“收藏夹”面板单击目标收藏夹。如果要搜索整个照片目录，可以在胶片显示窗格的左上角找到正在查看的照片的路径。单击该路径，在快捷菜单中选中“所有照片”，如图2-89所示。（此处其他选项可用于搜索快捷收藏夹的照片、上次导入的照片，抑或是最近创建的文件夹或收藏夹内的照片。如果你正在同步照片，你还能看到一些同步选项。）

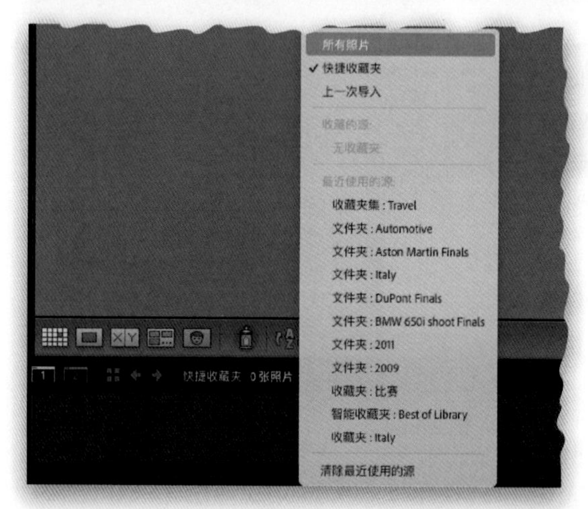

图 2-89

第2步

确定搜索位置之后，可以按Command-F（PC：Ctrl-F）组合键快速完成搜索。这一组合键可以显示“图库”模块网格视图顶部的图库过滤器栏，然后可以在搜索框内输入文字进行搜索。默认情况下，Lightroom会对照片名称、关键字、嵌入的EXIF数据等进行搜索。如果搜索到了与之匹配的照片，会显示这些照片（我搜索了“Austria”，如图2-90所示）。你还可以利用搜索框左侧的两个下拉列表框缩小搜索范围。例如，从第1个弹出菜单中选择“搜索范围”，设置搜索限制为“题注”或“关键字”。

图 2-90

图 2-91

第3步

另一种搜索方法是按属性搜索，因此请单击图库过滤器中的“属性”，会显示出如图2-91所示的界面。我们在本章之前使用过属性选项来缩小所显示的照片范围，只显示标记为选取的照片（单击白色选取旗标），所以你可能已经熟悉它们。但是这里要注意：对于星级，如果单击第4颗星，Lightroom会过滤掉4星以下的照片，只显示评为4星及其以上星级的照片。如果想只查看4星级的照片则请单击并按住星级右侧的“≥”（大于等于）按钮，并从弹出的下拉列表中选择“星级等于”，如图2-91所示。你还可以在“图库过滤器”中通过星级左侧的编辑图标，根据编辑状态来查看照片。

图 2-92

第4步

除了按文字和属性搜索外，还可以通过嵌入的元数据搜索照片（根据镜头类型、ISO设置、所用光圈或其他设置搜索照片）。单击图库过滤器中的元数据，系统会弹出一些选项列，我们可以按日期、相机生产厂商和型号、镜头或标签进行搜索（如图2-92所示，我通过镜头进行搜索，找到了用12-24mm的镜头拍摄的一张照片。我们将在下一节仔细查看这些搜索选项）。

2.20 Lightroom 会按日期整理照片（后台自动执行）

我之前提到过，你不需要将照片按日期整理，因为Lightroom能根据相机嵌入的时间、日期、月份和年份信息在后台自动整理照片。本节会介绍按日期整理图库的方法。

第1步

在“图库”模块中，预览区域顶部是图库过滤器（如果被隐藏了，可以按键盘上的\键取消隐藏），它将根据Lightroom当前工作的位置进行搜索（因此，如果当前使用的是收藏夹，它会显示收藏夹的详细信息）。转到“目录”面板（在左侧面板区靠近顶部的位置）并单击“所有照片”，如图2-93所示，可以查看整个目录的照片，而不只是单个收藏夹里的照片。图库过滤器有4个选项卡，单击“元数据”后会显示4个数据列。左数第1列是按日期排序的目录，它能从Lightroom中照片拍摄时间最早的年份开始排序。

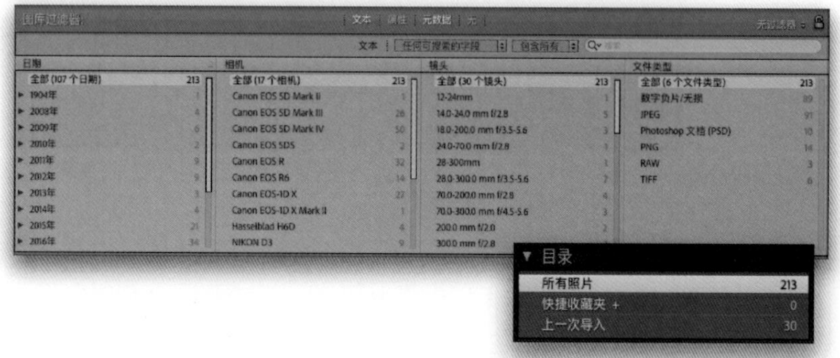

图 2-93

第2步

如果想查看某一年拍摄的照片，你可以单击相应年份左侧的小箭头（比如这里我查看了2021年的照片），然后就会显示出该年照片的拍摄月份以及在相应月份拍摄了多少张照片。单击月份左侧的小箭头，会显示出当月所有的拍摄日期以及当天拍摄的照片数量（如果你记得照片的拍摄日期会很有帮助）。单击某一个日期，当天拍摄的照片会以网格视图的形式显示在元数据信息下方，如图2-94所示。

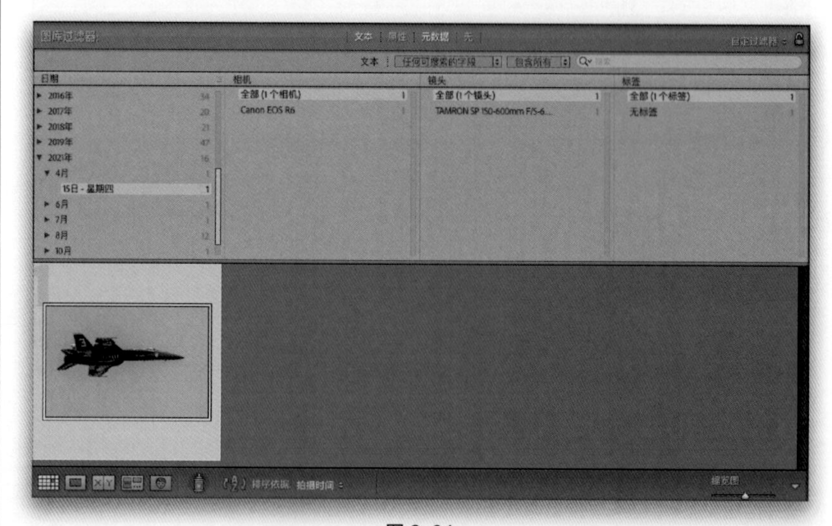

图 2-94

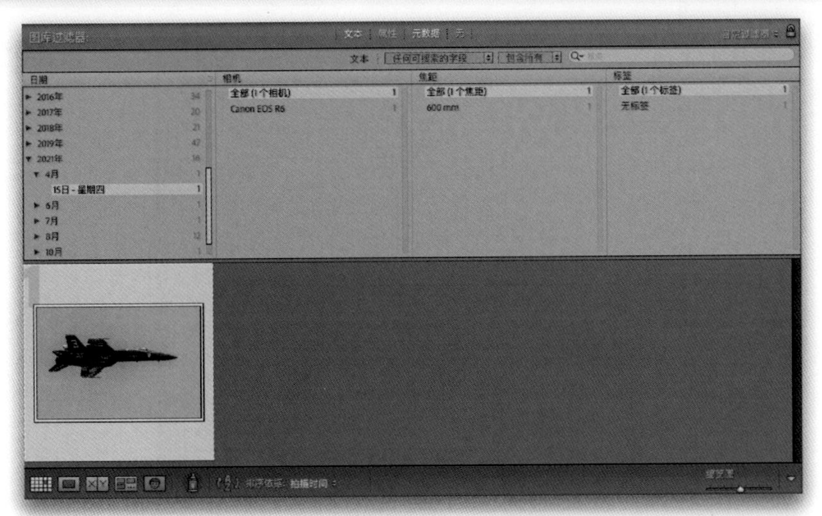

图 2-95

第3步

不知你是否注意到右侧的另外3列可以显示这些照片更详细的元数据信息。例如，我将日期选定为2021年4月15日星期四，在第2、3列中显示的数据可以让我知道当天拍摄所用的是哪个相机和镜头。因此我也可以根据相机和镜头型号筛选出某一天拍摄的照片。如果你记得要找的照片出自哪个镜头（也许你还记得你当天使用的是广角镜头、移轴镜头或是微距镜头），那么照片搜索会变得更加简便。这个功能很酷，可以在后台帮你追踪照片的全部信息，如图2-95所示。

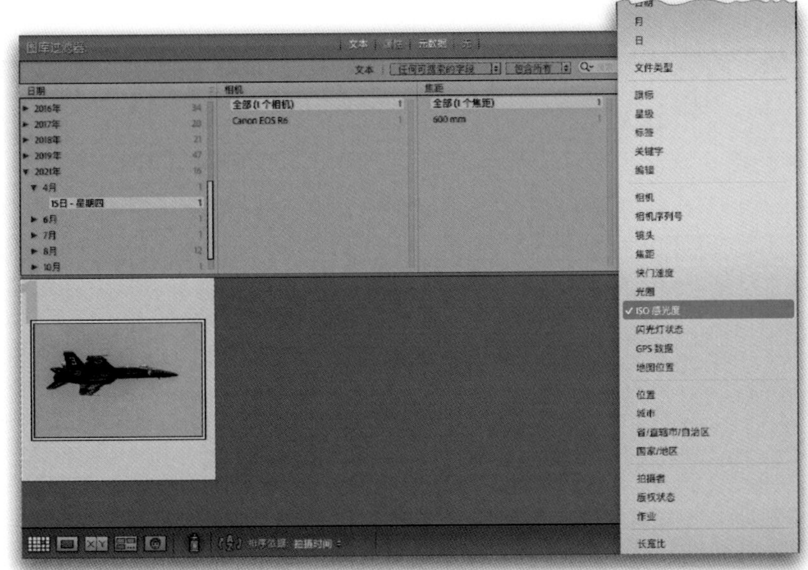

图 2-96

第4步

默认情况下，最后一列是“标签”列，从这一列可以得知照片的标签颜色。但如果单击“标签”，便可以选择其他搜索属性，如图2-96所示。你可以根据自己喜欢的标准更改这4个过滤项。（例如，你可以从第2列筛选具体月份、从第3列筛选具体的日期，来以日期搜索照片，而不是像前面所讲的那样在“日期”列中进行筛选。）

提示：设置多重条件搜索

如果你按住Command（PC：Ctrl）键，并在图库过滤器顶部逐个单击前3个搜索选项，它们的效果是叠加的（一个接一个地弹出）。要做到这一点，只需按住Command（PC：Ctrl）键并单击你想要添加的搜索条件。例如，你可以先单击“文本”，然后输入你想查找的字词（这里我输入了“Blue Angels”），接着通过添加搜索条件缩小搜索范围（我单击了白色选取旗标，因此现在只会看到被标记为选取的Blue Angels照片），最后，你还可以按住Command（PC：Ctrl）键并单击“元数据”，这样你就能进一步将搜索范围缩小到具体的拍摄日期（这里，我选择了2021年4月15日，星期四），如图2-97所示。现在，你只会在屏幕上看见在该天拍摄且被标记为选取的照片。朋友们，这是一个非常强大的搜索功能。

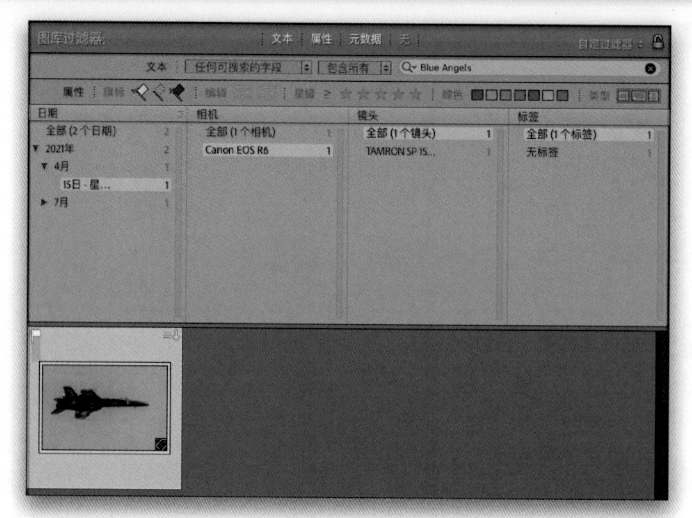

图 2-97

2.21 Lightroom 找不到你的原始照片时该怎么做

使用Lightroom时，难免会遇到这个问题：将照片移动至“修改照片”模块时，看到“无法找到该文件”的报错。如果返回网格视图页面，你能看到缩览图右上角有个感叹号，这就表示Lightroom找不到原始照片。这意味着你移动了照片，而Lightroom不知道你将照片移动到了何处。要解决这个问题，只需告诉Lightroom你将照片移动到了哪里即可。

图 2-98

第1步

如图2-98所示，缩览图上出现了感叹号图标，这是由于Lightroom无法找到原始的高分辨率照片（这里只有显示出的低分辨率缩览图）。如果在“修改照片”模块里编辑这张照片，照片顶部区域会出现“无法找到文件”的警告。通常有两种原因：（1）照片被移动了，因此Lightroom无法得知照片的新路径（移动照片没问题，你可以把照片移动到任何你想要存放的地方）；（2）或者原始照片存储在移动硬盘，但该移动硬盘没有成功连接到计算机，所以Lightroom无法找到照片的具体路径。无论是什么原因，我们都能解决这一问题，但首先得弄清是哪种原因导致的。

图 2-99

第2步

要查找丢失照片的原路径，可以单击感叹号图标，之后会弹出无法找到原始文件的对话框（如图2-99所示），对话框中会显示照片的原路径（据此可以查看照片是否存储在移动硬盘、闪存驱动器等设备上，还可以得知照片移动之前的存储位置）。

第3步

单击“查找”按钮，当弹出查找对话框后（如图2-100所示），导航到那张照片现在所处的位置。（我知道你可能会想：“我压根没移动它呀！”但文件总不会自己跑进你的硬盘里吧。你可能只是忘了移动过它而已，这种情况才是最棘手的。）找到照片后，单击该照片再单击“选择”按钮，Lightroom就会重新链接这张照片。如果移动了整个文件夹，则一定要选中查找邻近的丢失照片复选框。这样一来，当找到一张丢失的照片之后，Lightroom将立即自动重新链接那个文件夹中所有丢失的照片。照片成功链接之后，便可以在“修改照片”模块进行编辑了。

图2-100

提示：保持所有照片正常链接

如果要确保所有照片都链接到实际文件（即不会在照片缩览图上看到小感叹号图标），则请转到“图库”模块，单击“图库”菜单，选择“查找所有缺失的照片”（如图2-101所示），所有断开链接的照片会以网格视图的形式显示在屏幕上，这时就可以使用我们刚学到的方法重新链接它们。

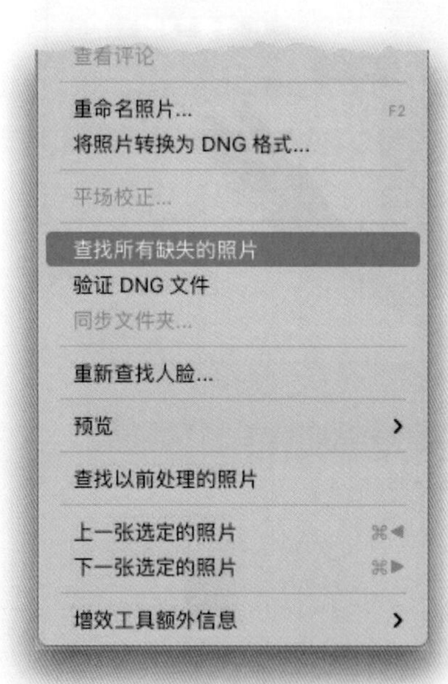

图2-101

2.22 当你看到照片文件夹上有一个问号出现时该怎么做

在Lightroom的“文件夹”面板中，文件夹图标上出现一个问号代表当你将照片文件夹从计算机移动到移动硬盘上时，Lightroom无法再找到其位置。这不是什么大问题，你只需要告诉Lightroom你把照片移到了哪里，它便会自动重新链接照片。

图 2-102

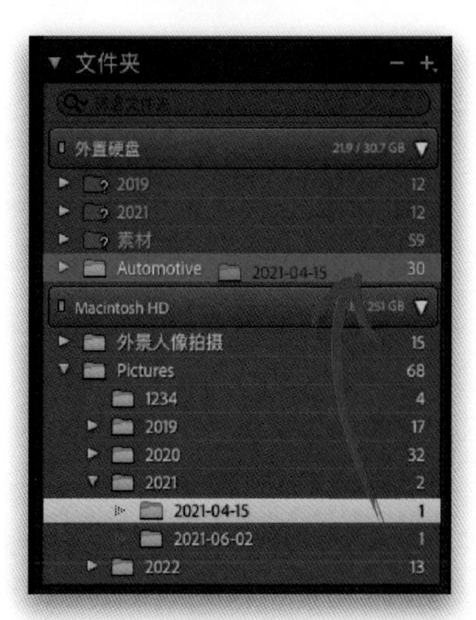

图 2-103

如何让Lightroom知道你把照片文件夹移动到了哪里

将照片从计算机移动到移动硬盘后，如果再查看“图库”模块的“文件夹”面板，你将看到一堆带有问号标记的灰色文件夹，这意味着Lightroom不知道那些先前的照片现在在哪里。如果要进行修复，只需让Lightroom知道照片移动后的位置——用鼠标右键单击带有问号标记的文件夹，然后从弹出菜单中选择“查找丢失的文件夹”（如图2-102所示），在弹出的“打开”对话框中浏览移动硬盘，找到丢失的文件夹，然后单击“选择”按钮即可。

致老用户

如果喜欢使用“文件夹”面板，你不必转到“访达”（PC：文件管理器）窗口将计算机上的文件夹拖动到移动硬盘，只需在“文件夹”面板中操作即可。使用“文件夹”面板进行移动操作时，Lightroom一直知道文件夹位置，所以你无须重新链接路径。注意：如果你在计算机上连接了一个全新的移动硬盘，Lightroom将无法识别它（该移动硬盘不会出现在“文件夹”面板中），你需要单击“文件夹”面板标题右侧的“+”（加号）按钮，导航到新的移动硬盘，并在移动硬盘上新建一个空文件夹。现在，该移动硬盘出现在了“文件夹”面板中，你还可以将其他文件夹直接拖放到该移动硬盘上，如图2-103所示。

2.23 备份你的目录（这非常重要）

Lightroom的目录文件存储着收藏夹的整理信息、“修改照片”模块的编辑信息、版权信息、关键字等，可想而知目录文件有多重要。如果突然有一天，打开目录时发现目录文件损坏的警示，而且没有对目录文件做任何的备份，那将只能是无奈地从头再来。好消息是Lightroom可以备份目录文件，甚至会要求你这样做，这一功能很人性化。

第1步

退出Lightroom时，会弹出“备份目录”对话框的提醒，给用户为重要目录文件做备份的机会（Lightroom的目录文件里存储着照片的修改信息、整理信息、元数据、精选标记等），如图2-104所示。Lightroom界面顶部设有“编辑”菜单，可以在此设置“备份目录”对话框弹出的频次，你可以选择一天备份一次或者是一个月备份一次（我会根据如果目录崩溃后会损失的工作量设置备份的频次，而且必须进行备份）。默认情况下，Lightroom会将此备份存储在名为“Backups”（备份）的文件夹中，该文件夹位于常规目录所在的“Lightroom”文件夹中。只要你的计算机硬盘没有崩溃，或者计算机没有被盗，这些目录文件就很安全。

图 2-104

第2步

这也是为什么我建议将备份保存到移动硬盘或云盘上。如果发生不可预测的情况，你需要在其他地方存储备份。要更改备份目录的存储位置，请在“备份目录”对话框中单击备份文件夹右侧的“选择”按钮。我将对话框中的两个复选框保持勾选状态，确保备份过程中不会出错并优化备份目录，如图2-105所示。

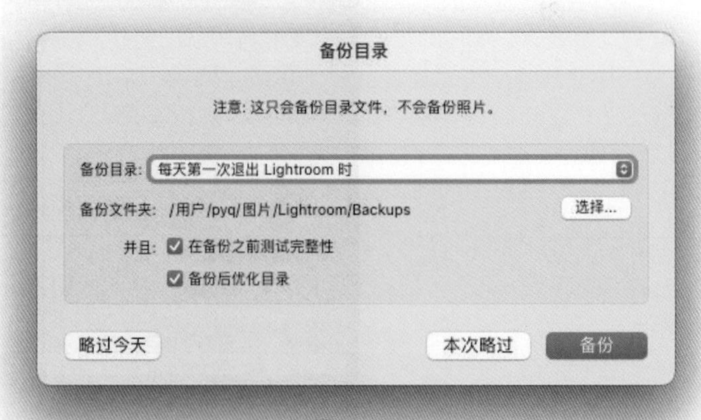

图 2-105

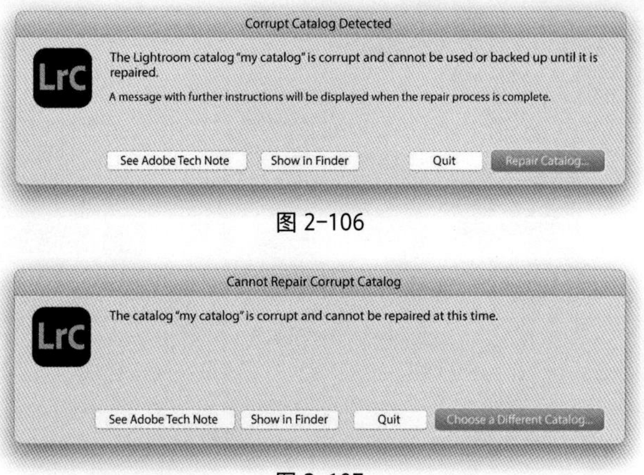

图 2-106

图 2-107

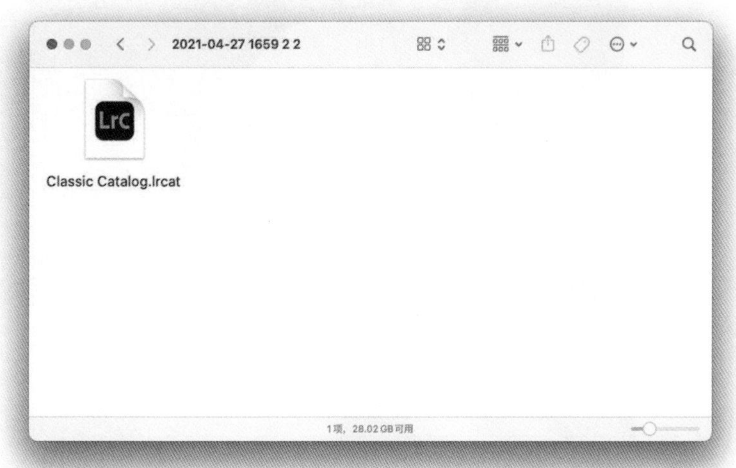

图 2-108

第3步

如果运行Lightroom时弹出目录文件损坏崩溃的警告，并且在目录备份文件恢复之前无法操作，如图2-106所示，这时该怎么做呢？那么你需要单击“修复目录”（Repair Catalog）按钮开始修复，运气好的话可以修复你的目录中存在的任何问题，并进行备份和操作。但是，如果由于某种原因，目录文件无法被成功修复（如图2-107中对话框所示），我们应该执行B计划。

第4步

B计划能恢复最新的目录备份副本。具体方法如下：在“无法修复你的目录”的第2个警告对话框中，如图2-107所示，单击“选择不同的目录”（Choose a Different Catalog）按钮，会出现目录选择器对话框（顺便说一下，我不确定这个名字是否合适），再单击“创建新目录”。这一步是为了可以访问Lightroom的菜单（如果不打开目录，将无法进入这些菜单），可以为新目录命名。打开新目录后，转到Lightroom的“文件”菜单，选择“打开目录”选项。从对话框导航到备份文件夹（第2步应该选择新目录保存的位置），最后可以看到文件夹里按日期和时间列出的所有备份。打开最近备份的文件夹（如图2-108所示），双击扩展名为“.lrcat”的文件（这是备份文件），单击打开按钮，目录文件备份完成。

提示：你可能完全不需要备份

如果你对整个计算机进行了自动备份（我使用Backblaze进行每日完整备份，详细内容参见2.4节），则你可能不需要此Lightroom备份目录，因为你的计算机硬盘上就会有目录备份文件。

摄影师：斯科特·凯尔比 | 曝光时间：1/800s | 焦距：135mm | 光圈：ƒ/2.8 | ISO：100

第3章 导入与组织照片的高级功能

- 使用图像叠加功能调整合适的照片排版效果
- 创建自定义文件命名模板
- 创建自定义元数据（版权）模板
- 使用背景光变暗、关闭背景光和其他视图模式
- 使用参考线和网格叠加
- 何时使用快捷收藏夹
- 使用目标收藏夹
- 嵌入版权信息、标题及其他元数据
- 合并笔记本电脑和台式机上的Lightroom照片
- 灾难情况应急处理

3.1 使用图像叠加功能调整合适的照片排版效果

这是一个让你用过就会爱上它的功能，因为你可以直观地看到艺术作品与联机拍摄的照片叠加时的效果，这样你就可以在某个具体的项目拍摄（比如杂志封面、小册子封面、内页排版、婚礼影集等）中选出最合适的照片，使其符合你的设计理念。这个功能非常省时，而且操作十分简单，只需要在Photoshop中处理一下照片即可。

第1步

如果想将封面（或其他艺术作品）在Lightroom里叠加处理，你需要在Photoshop中打开它的多图层版本，再将整个文件的背景处理成透明，只保留文字和照片可见。在图3-1所示的封面模板中，封面文件有一个不透明的灰色背景（当然，如果在Photoshop中把一张照片拖曳到这里，就会覆盖该灰色背景）。我们需要先处理这个照片文件，以便在Lightroom中使用，这意味着：（1）保证所有图层完好无损；（2）去除不透明的灰色背景。

图 3-1

第2步

为Lightroom处理照片做准备工作是一件相当简单的事情：（1）前往背景图层（在这个例子中，是不透明的灰色图层），将背景图层拖曳到“图层”面板底部的垃圾桶图标处，将其删除；（2）现在，你需要做的事情就是前往“文件”菜单，选择“存储为”，当“存储为”对话框出现后，在“格式”下拉列表中选择“PNG”格式（如图3-2所示）。PNG格式可以保证各图层维持原状，并且由于你已经删除了原先不透明的灰色背景图层，所以背景已变成透明的，如图3-2所示。顺便说一下，在“存储为”对话框中，软件会告知你必须以副本的形式来保存PNG格式的文件，对于我们来说，这挺好的，不必为此担心。

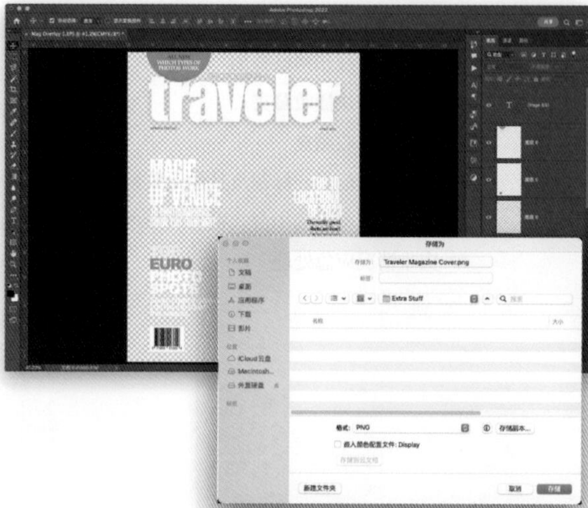

图 3-2

图 3-3

第3步

前面两步需要在Photoshop中操作，现在回到Lightroom，进入“图库”模块。在“视图”菜单的“放大叠加”选项中，选择“选取布局图像”，如图3-3所示。然后找到刚才在Photoshop中处理过的多图层PNG格式文件，并选择它。

图 3-4

第4步

选择“选取布局图像”之后，你的封面会出现在当前软件中显示的照片之上，如图3-4所示。若想隐藏封面，请前往“视图”菜单中的“放大叠加”选项，你会看到“布局图像”前面有一个“√”，这是为了让你知道封面现在是可见的。选择“布局图像”，则可将其从视图中隐藏，若想再次看到它，只需再次选择，或者按Command-Option-O（PC：Ctrl-Alt-O）组合键来显示/隐藏它。记住，如果之前没有删除背景图层，现在你看到的就是灰色背景和上面的一堆文字（此时照片被隐藏了）。这就是为什么我们在前期操作中要将背景图层删除，并且将文件存储为PNG格式。

第5步

现在，图像叠加功能已经启用，你可以使用键盘上的左、右方向键尝试在封面（或者其他任何文件）上使用不同的照片。如图3-5所示，屏幕上显示的是使用了另一张照片的封面效果。接下来我会关闭界面左侧的面板——你并不需要使用它们，将其隐藏（按F7键）可以让你在选择最佳封面照片的过程中得到更干净、整洁的视觉效果。

图 3-5

第6步

如果你想重新安排封面照片的位置，你只需按住Command（PC：Ctrl）键，此时鼠标指针变成抓手形状（如图3-6中红色圆圈所示）。现在，只需按住并拖动封面，就能使其上、下、左、右移动。有点奇怪的是，封面中的照片并不移动，实际移动的是封面。你需要花一点时间来适应，但是很快就会习惯。这里，我拖动封面，将贡多拉（威尼斯的一种水上交通工具）放在封面右侧，这样左侧就能显示出更多建筑物。我并不是不喜欢第5步贡多拉位于画面中央时的封面效果，在这里我只是想演示一下如何移动封面上照片的位置。

图 3-6

图 3-7

第7步

你还可以控制叠加图像的不透明度（现在我切换到另一张照片）。当你按住Command（PC：Ctrl）键时，叠加图像的位置便出现两个小控件。左边的是“不透明度”，你只需要长按鼠标左键并在“不透明度”字样上向左拖动就可以降低参数值（如图3-7所示，我将封面照片的不透明度降到45%）；若想重新增加不透明度，向右拖动即可。

图 3-8

第8步

我们再次按右方向键切换到另一张照片。另一个控件在我看来更加重要，那就是“亚光纸”控件。在上一步中，你会看到封面周围的区域是不透明的。如果降低了“亚光纸”参数值，就可以通过变得略微透明的背景看到没有出现在叠加区域的照片的其余部分。如图3-8所示，叠加图像四周的不透明度被降低了，你可以看见船夫完整的身体，以及最右侧向下通往贡多拉的台阶。如果想让照片中的人物在封面上显示得更多一些，可以重新调整封面照片的位置。这个控件非常简单、实用，而且操作方式和“不透明度”控件相同——按住Command（PC：Ctrl）键，长按鼠标左键并在“亚光纸”字样上向右拖动即可。

3.2 创建自定义文件命名模板

有数千张照片时，我们要把它们组织得井井有条以便查找。因为数码相机会反复生成一系列文件名相同的照片，所以我们需要在导入期间用独特的名字重新命名照片。一种比较流行的方法是在重命名时把拍摄日期包含到文件名中。遗憾的是，在Lightroom的导入命名预设中，只有一种包含了日期，而且它让你保留相机的原始文件名。幸运的是，你可以按照你想要的方式创建自己的自定义文件命名模板。以下是具体操作步骤。

第1步

单击“图库”模块窗口左下方的“导入”按钮（或者使用Command-Shift-I[PC：Ctrl-Shift-I]组合键）。当导入窗口打开后，单击顶部中央的“复制”，在右侧显示“文件命名”面板。在该面板内勾选“重命名文件”复选框，之后单击模板下拉列表选择“编辑”（如图3-9所示），从而打开“文件名模板编辑器”对话框（如图3-10所示）。

图 3-9

第2步

如图3-10所示，在该对话框的顶部有一个“预设”下拉列表，从中可以选择任一种内置的命名预设。例如，如果选择“自定名称-序列编号”，则其下方的字段显示了两个蓝色标记（这是Adobe对它们的称呼；在PC上，命名信息将出现在大括号“{ }”内），构成了预设。第1个标记代表自定文本（要输入你的自定义文本，双击蓝色的“自定文本”标记使其突出显示，你就可以输入你喜欢的任意名称），第2个代表“序列编号”。要删除任意一个标记，请单击它，之后按键盘上的Delete（PC：Backsapce）键。如果想要从零开始（就像我要做的那样），请删除这两个标记，再从下方的下拉列表内选择你想要的选项，它会自动为你插入标记（不需要再单击“插入”按钮）。

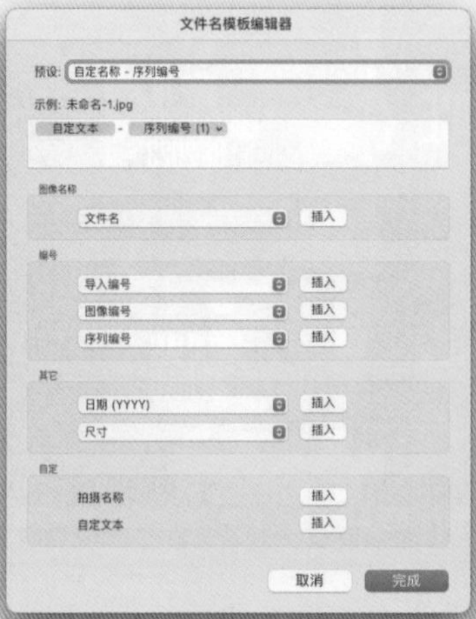

图 3-10

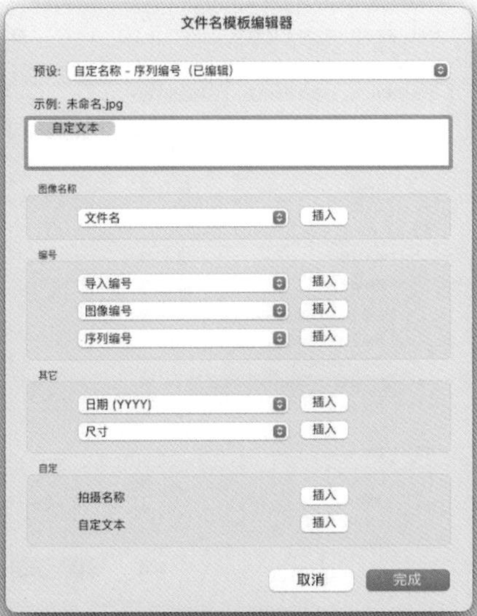

图 3-11

第3步

下面我将向你演示如何从头开始配置在摄影师中流行使用的文件命名方案（但这只是一个例子，你以后可以创建适合自己的命名模板）。我们先添加一个“自定文本”标记（稍后当我们进行导入时，可以为导入的照片自定义其名称），因此在对话框底部，单击“自定文本”右侧的“插入”按钮添加“自定文本”标记（如图3-11所示）。顺便说一句，如果你看一下标记出现的正上方，“示例”文本框中会显示你正在创建的文件名的预览。这时，自定义名称只是“未命名.jpg”（这里能显示实际文件的扩展名，如果是JPG、CR3 、NEF或RAW文件，将自动显示为对应的扩展名）。

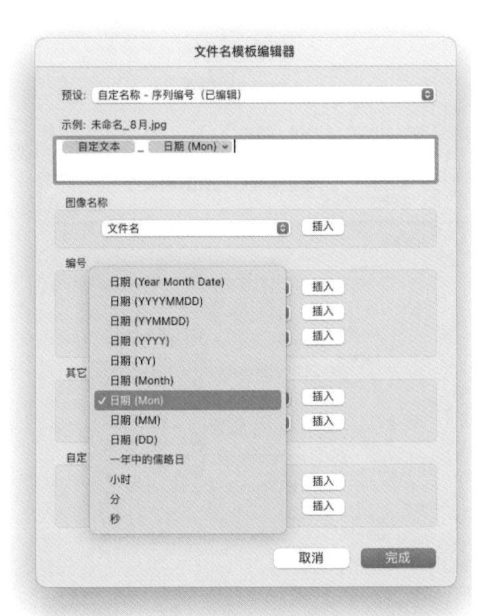

图 3-12

第4步

现在，让我们添加照片拍摄的月份（日期是从拍摄时嵌入照片的元数据中读取得到的），但是如果只是添加月份，则字母之间不会留出空格，所以月份名称会与自定义名称紧紧地挨在一起。幸运的是，我们可以添加连字符或下划线做视觉分离，让格式看起来更整齐。切换到英文输入法，按住Shift键，然后按连字符（破折号）键，就会在自定义名称后添加下划线。现在，当我们在自定义名称之后添加月份时，我们会有一些视觉上的分离感。转到“其它”区域，然后从“日期”弹出菜单中选择“日期（Mon）”，如图3-12所示，月份将显示为“8月”（括号中的字母显示日期将采用的格式。例如，选择“日期[MM]”，月份将显示为“08”）。

第5步

现在让我们添加年份信息（顺便提一下，Lightroom可以自动根据日期追踪所有照片——可以进入“图库过滤器”工具栏的顶部的“元数据”选项卡，选择第1列的“日期”[见2.20节]。所以，我们便不需要在文件名上添加日期，该步骤只是为了帮助我们学习如何使用文件名模板编辑器）。我们还可以在年份和月份之间添加下划线，这样可以分隔开年份和月份。但为了在视觉上做出改变，我们可以添加一个破折号，然后再选择年份。在这种情况下，我使用了4位数的年份选项（如图3-13所示），并添加在破折号之后。

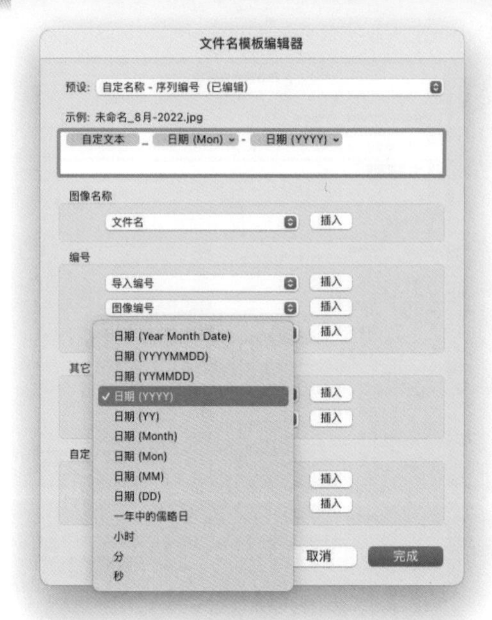

图 3-13

第6步

最后，我们让Lightroom自动为这些照片按顺序编号。请转到“编号”部分，从下方的第3个下拉列表内选择导入“序列编号”（如图3-14所示），在这里，我添加了破折号，然后选择了“序列编号（001）”标记，它将自动向文件名末尾添加3位数的编号（在命名字段上方可以看到其示例）。

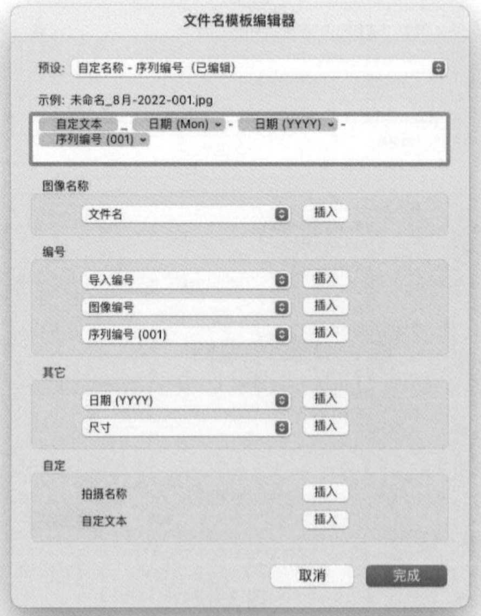

图 3-14

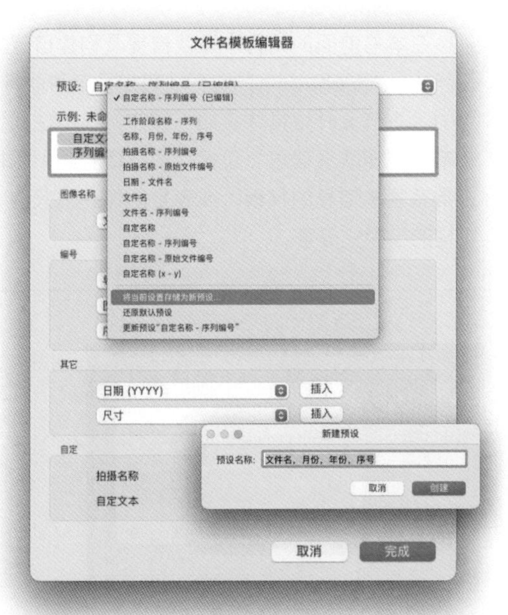

图 3-15

图 3-16

第7步

文件命名示例符合我们的要求后，请转到“预设”下拉列表，选择“将当前设置存储为新预设”，如图3-15所示。我们可以在弹出的对话框内命名预设，输入一个描述性的名称（这样我们在下次想应用它时就知道其执行的操作），再单击“创建”按钮，然后单击文件名模板编辑器对话框中的“完成”按钮。现在，当转到“导入”对话框时，选中“重命名文件”复选框，单击“模板”下拉列表，你会看到“自定模板”作为一种预设选项显示在其中。

第8步

当我们从“模板”下拉列表选择这个新命名模板之后，单击其下方的“自定文本”字段（我们前面添加的“自定文本”字段现在该发挥作用了，输入描述性的名称，在这个例子中，我输入了“云”，如图3-16所示）。这个自定文本将显示在下划线之前，以免名称中的所有字符都紧挨在一起。输入自定文本之后，如果观察一下“文件重命名”面板底部的样本，就可以预览到照片重命名样式。当你设置好“在导入时应用”和“目标位置”面板之后，就可以单击“导入”按钮完成导入。

3.3 创建自定义元数据（版权）模板

在本书前面的内容中，我曾提及构建自定义的元数据模板，这样就可以在照片导入Lightroom的时候，轻松且自动地将自己的版权和联系信息嵌入照片中。本节会介绍具体该如何操作。请记住我们可以创建多个模板，除了一个带有完整联系信息（包括你的电话号码）的模板，你可能还会想创建一个只带有基本信息的模板，或者是创建一个只用于导出照片以发送给图库代理机构的模板，等等。

第1步

我们可以在导入窗口内创建元数据模板。按Command-Shift-I（PC：Ctrl-Shift-I）组合键，打开导入窗口，在“导入时应用”面板的“元数据”下拉列表内选择“新建”（如图3-17所示）。

图 3-17

第2步

此时会出现一个空白的“新建元数据预设”对话框。首先，单击该对话框底部的“全部不选”按钮，如图3-18所示（这样在Lightroom内查看该元数据时就不会有空白字段，而只显示出有数据的字段）。

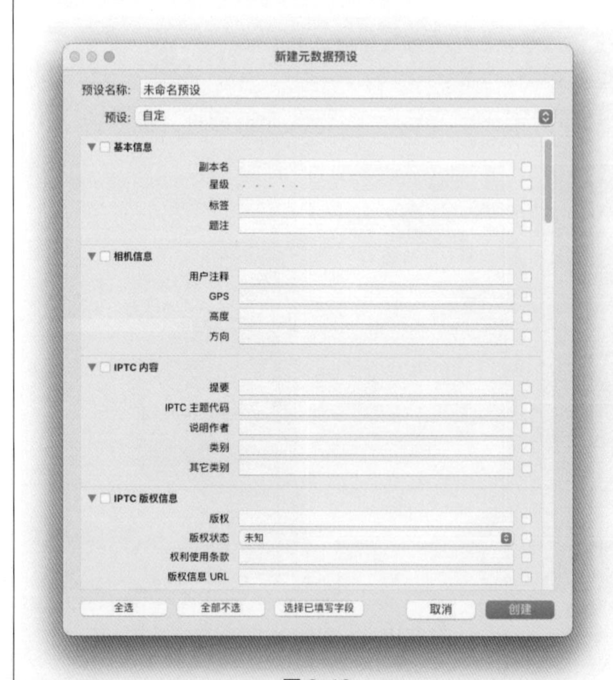

图 3-18

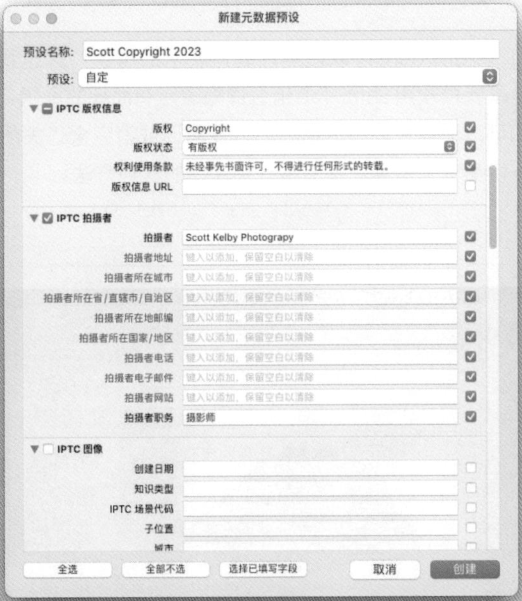

图 3-19

第3步

在“IPTC 版权信息”区域中输入版权信息（如图3-19 所示）。接下来转到“IPTC 拍摄者”区域，输入联系信息（毕竟，如果有人访问了你的网站，下载了一些图像，你可能希望他们能够与你联系，安排照片的使用许可事宜）。如果你觉得前一步中添加的版权信息URL（Web地址）中包含了足够的联系信息，则可以跳过这一步（毕竟，整个元数据预设是为了帮助潜在客户意识到你的作品具有版权保护，告诉他们如何与你联系）。输入需要嵌入照片内的所有元数据信息之后，请转到该对话框顶部的“预设名称”——我选择“Scott Copyright 2023”，之后单击“创建”按钮，如图3-19所示。

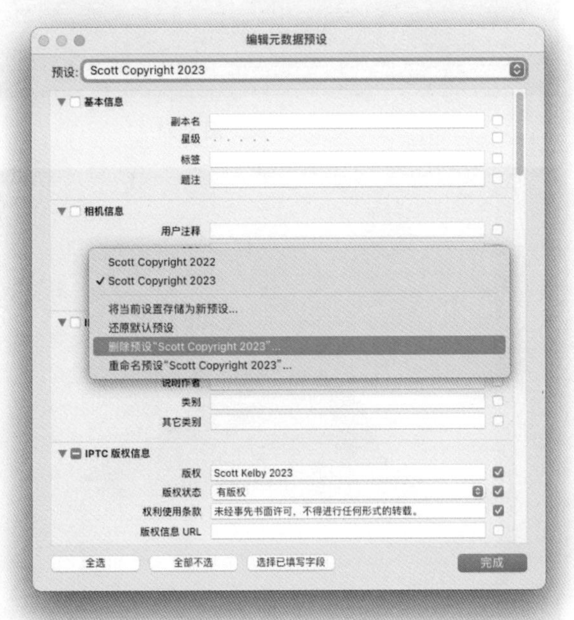

图 3-20

第4步

创建一个元数据模板十分简单，删除它也不难。回到“在导入时应用”面板，从“元数据”下拉列表内选择“编辑预设”，这将打开“编辑元数据预设”对话框（它看起来很像“新建元数据预设”对话框）。从顶部的“预设”下拉列表内选择想要删除的预设。当所有元数据显示在该对话框内之后，再次回到“预设”下拉列表，这次选择删除预设选项，如图3-20所示。这时会弹出一个警告对话框，询问是否确认删除该预设。单击“删除”按钮，它就会永远消失了。

3.4 使用背景光变暗、关闭背景光和其他视图模式

Lightroom可以使照片成为展示的焦点，这让我对Lightroom爱不释手，也是我喜欢用Shift-Tab组合键隐藏所有面板的原因。在隐藏了这些面板之后，你可以使照片周围的所有内容变暗，或者完全“关闭灯光”，这样照片之外的一切都变为黑色。本节将介绍具体的实现方法。

第1步

按键盘上的L键，进入背景光变暗模式。在这种模式下，中央预览区域内照片之外的所有内容完全变暗（有点像调暗了灯光），而且在照片周围会出现一个细细的白色边框（如图3-21所示）。这种变暗模式最酷的一点就是面板区域、任务栏和胶片显示窗格等都能进行正常操作——我们仍可以调整、修改照片等，就像“灯”全开着时一样。

图 3-21

第2步

下一个视图模式是关闭背景光（再次按L键进入关闭背景光模式），这种模式使照片真正成为展示的焦点，因为其他所有内容都完全变为黑色，屏幕上除了照片之外不再显示其他任何内容（要回到常规的打开背景光模式，再次按L键即可）。要让照片在屏幕上以尽可能大的尺寸显示，可在进入关闭背景光模式之前按Shift-Tab组合键隐藏两侧、顶部和底部的所有面板，这样就可以看到如图3-22所示的放大视图。不按Shift-Tab组合键时，看到的照片尺寸将像图3-21所示那样小，在它周围有大面积的黑色空间。

图 3-22

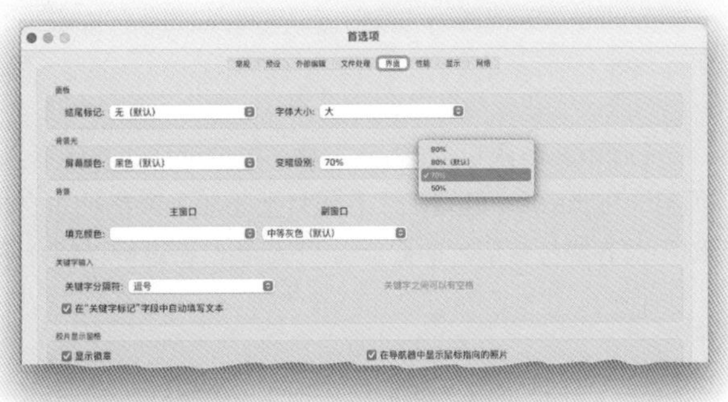

图 3-23

图 3-24

图 3-25

提示：控制关闭背景光模式

控制Lightroom关闭背景光模式的方式可能多得超出我们的想象：请转到Lightroom的“首选项”（在Mac的“Lightroom Classic”菜单下，或者PC的“编辑”菜单下），单击“界面”选项卡就可以看到一些下拉列表，它们可以控制关闭背景光模式下的变暗级别和屏幕颜色，如图3-23所示。

第3步

如果想在Lightroom窗口内观察照片网格，而不看到其他杂乱对象，请按键盘上的Shift-Tab组合键，再按住Command-Shift-F（PC：Ctrl-Shift-F）组合键，使Lightroom窗口填满屏幕，并隐藏屏幕顶部的标题栏和菜单栏。如果想使照片网格填满整个屏幕，按T键将工具栏隐藏；如果顶部还显示了图库过滤器栏，也可以按\键隐藏，如图3-24所示，从顶部到底部照片显示在灰色背景上。如果你想让照片的背景色更换为黑色，并且将文件名也隐藏起来，按两次L键进入关闭背景光模式（如图3-25所示）。再按一下L键可以重新回到打开背景光视图，按Shift-F组合键可回到正常视图。

3.5 使用参考线和网格叠加

Lightroom跟Photoshop一样，提供可移动并且不会被打印出来的参考线。而且，Lightroom还增加了在照片上添加可调整尺寸的非打印网格的功能（有助于对齐或拉直照片的局部）。下面我们将进行详细介绍。

第1步

在“视图”菜单的“放大叠加”下选择“参考线”后，屏幕中央将会出现一条水平参考线和一条垂直参考线。如果想整体移动两条线，可按住Command（PC：Ctrl）键，然后直接在两条线交会处的黑圆圈上进行拖动。你的鼠标指针会从缩放工具（放大镜）变为抓手工具（如图3-26所示），你可以将这两条参考线拖动到任意位置。如果想移动水平线或垂直线，请按住Command（PC：Ctrl）键，然后将鼠标指针移动到任意一条参考线上，此时鼠标指针将会变成双向箭头。只需单击并拖动参考线到你期望的位置即可。若想清除参考线，请按Command-Option-O（PC：Ctrl-Alt-O）组合键。

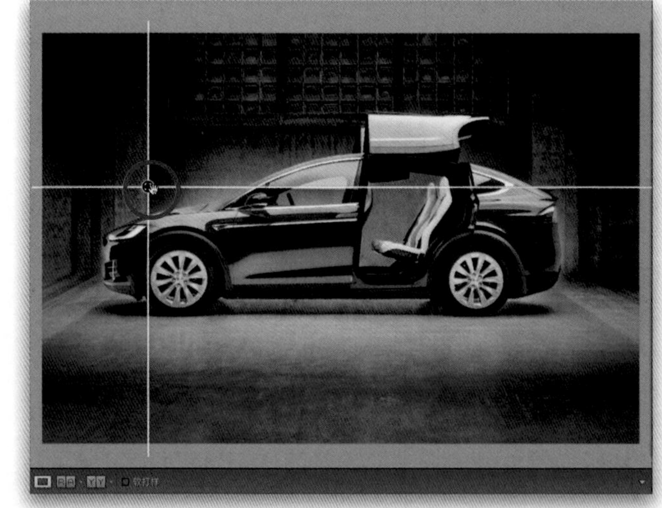

图3-26

第2步

网格的使用方法与参考线相似。进入“视图”菜单，在“放大叠加”下选择“网格”，照片上将会显示网格。如果按住Command（PC：Ctrl）键，屏幕上方会出现一个控制条。使用鼠标左键，在“不透明度”字样上直接单击并左右拖动，就可以改变网格的清晰度（如图3-27所示）。按住鼠标左键，在“大小”字样上单击并拖动，可以修改网格方块的大小——向左拖动使方块变小，向右拖动使其变大。若想清除网格，按Command-Option-O（PC：Ctrl-Alt-O）组合键即可。注意：可以同时拥有多个叠加，所以可以同时使参考线和网格可见。

图3-27

3.6 何时使用快捷收藏夹

假设你在与潜在客户进行会面，该客户可能会邀请你为他们的产品拍摄照片。使用快捷收藏夹功能，你可以快速地把多年来拍摄的各种产品照片放到一个临时的收藏夹中，并在会议上以幻灯片的形式向客户展示（甚至都不需要额外创建一个幻灯片）。当完成展示后，你可以选择留用这个收藏夹，或者删除它。这只是这个非常实用的功能的一种应用方式。

第1步

由于某些原因，你可能会想把一些照片临时收藏在一起，而我使用快捷收藏夹就是为了临时将一些处于不同收藏夹中的照片整合到一个收藏夹中。我们将使用本节开头介绍的例子，我们要浏览产品照片的收藏夹并从中挑选出我们个人最喜欢的照片，将它们移动到快捷收藏夹中，用幻灯片播放。因此，从查看产品照片收藏夹开始，当看到一张喜欢的照片时，按字母键 B 将它添加到快捷收藏夹中即可（屏幕上会显示出一条消息，提示照片已被添加到快捷收藏夹，如图3-28所示）。

图 3-28

第2步

现在，我转到另一个包含产品照片的收藏夹，每当看到喜欢的照片时，就按字母键 B 将它添加到快捷收藏夹。还有一种方法，当把鼠标指针移动到缩览图上时，单击缩览图右上角显示的小圆圈，它变为灰色且周围有一圈黑色的粗线时即代表该照片已被添加到快捷收藏夹。（注意：按 Command-J[PC：Ctrl-J] 组合键可以隐藏这个灰点，即在单击顶部的“网格视图”选项卡之后，取消选中“快捷收藏夹标记”复选框，如图3-29所示。）使用这种方法，你可以快速浏览10～15个收藏夹，并快速标记你想要添加到快捷收藏夹中的照片。

图 3-29

第3步

要查看放到快捷收藏夹内的照片，请转到“目录”面板（位于左侧面板区域内），单击“快捷收藏夹”（如图3-30所示）。现在只能看见被收藏进快捷收藏夹的照片。要把照片从快捷收藏夹中删除，只需单击照片，再按键盘上的Delete（PC：Backspace）键即可（只是把它从这个临时快捷藏夹中移去，原始照片不会被删除）。你也可以单击任意照片，再按B键即可从你的快捷收藏夹中删除该照片。

提示：如何保存快捷收藏夹

如果你想要将快捷收藏夹保存为常规收藏夹，请转到“目录”面板，用鼠标右键单击“快捷收藏夹”，从弹出菜单中选择“存储快捷收藏夹”，在弹出的对话框中可以为新收藏夹命名。

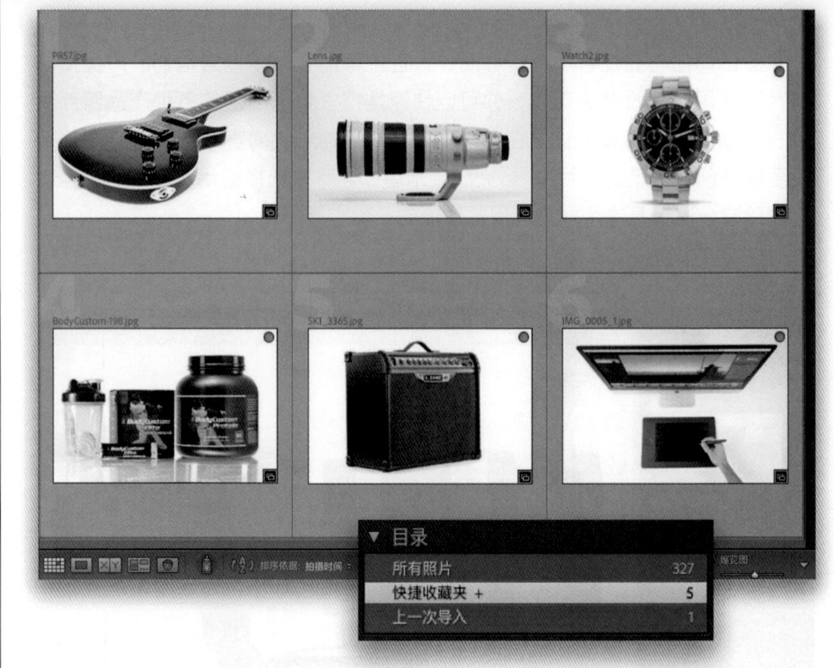

图 3-30

第4步

现在来自不同收藏夹的照片已被放入快捷收藏夹中，这时可以按Command-Return（PC：Ctrl-Enter）组合键启动Lightroom的即兴幻灯片放映功能。该功能使用Lightroom幻灯片放映模块中的当前设置，全屏放映快捷收藏夹中的照片，如图3-31所示。要停止幻灯片放映，只需按Esc键即可。幻灯片放映结束，你可以自行决定是否要删除这个快捷收藏夹。正如我在本节开头介绍的，你可以将该快捷收藏夹存储为一个真正的收藏夹，或者可以删除快捷收藏夹内的照片，只需直接用鼠标右键单击“快捷收藏夹”（在“目录”面板内），选择“清除快捷收藏夹”即可。现在你可以用快捷收藏夹做别的事情了。

图 3-31

我们刚才讨论了快捷收藏夹，以及如何将照片临时放入其中进行幻灯片放映。然而你可能会发现一项更有用的功能，就是用目标收藏夹来替代快捷收藏夹。我们使用相同的键盘快捷键，但是并不将照片发送到快捷收藏夹，而是一个现有的收藏夹。但是，我们为什么要这样做呢？读完本节，你就会明白为什么这个功能如此便捷了。

3.7 使用目标收藏夹

图 3-32

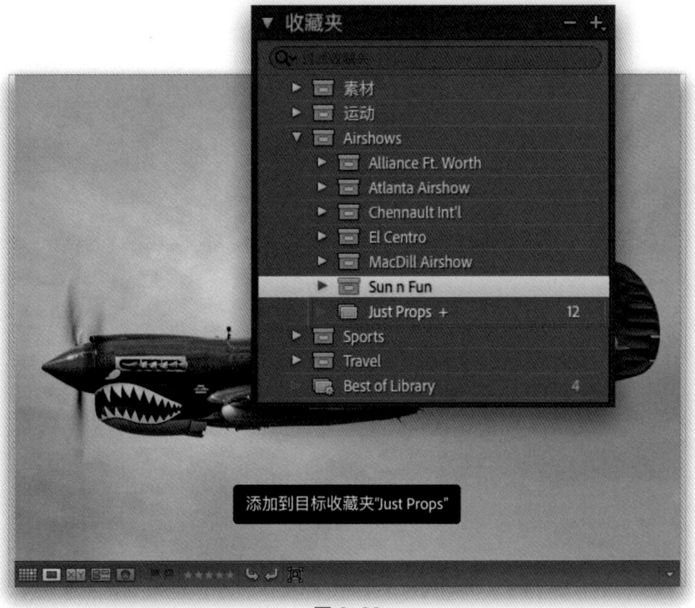

图 3-33

第1步

假设你喜欢拍摄航展（好吧，是我喜欢，所以我们继续往下看吧），你会发现，如果把所有螺旋桨飞机的照片都放在一起，查找起来是很方便的。如果你也认同我的看法，那么就创建一个新的收藏夹并将其命名为"Just Props"（螺旋桨飞机），待该收藏夹出现在面板中后，用鼠标右键单击它，在弹出菜单中选择"设为目标收藏夹"，如图3-32所示。这将在收藏夹名称末尾添加一个"+"标志，使人一眼就能认出它是目标收藏夹，如图3-32所示。注意：目标收藏夹中无法创建智能收藏夹。

第2步

创建目标收藏夹后，添加照片就很简单了。当看到你喜欢的螺旋桨飞机照片时，无论它在哪个收藏夹中，只需按键盘上的字母键B，照片就会被添加到"Just Props"（螺旋桨飞机）目标收藏夹。例如，我们现在看到的是在"Sun'n Fun"航空航天博览会上拍摄的一张照片，它在我的"Sun n Fun"收藏夹集中，但由于这是一架螺旋桨飞机，因此我单击该照片并按B键将其添加到"Just Props"（螺旋桨飞机）目标收藏夹中。屏幕上会出现添加到目标收藏夹"Just Props"（螺旋桨飞机）的确认信息，此时已经添加完毕了，如图3-33所示。但这并没有将照片从"Sun n Fun"收藏夹集中移除，只是将它也添加到了"Just Props"（螺旋桨飞机）目标收藏夹中。

第3步

现在，单击“Just Props”（螺旋桨飞机）目标收藏夹，就能看到来自“Sun n Fun”收藏夹集的飞机照片，还有从其他收藏夹添加的螺旋桨飞机照片，如图3-34所示。这是一个快速创建自定义目标收藏夹（由其他收藏夹里的照片组成）的简单方法（我告诉过你这很方便，不是吗？）

图 3-34

第4步

如果你经常创建这类目标收藏夹，这里有一个节省时间的方法：当你要创建一个新的收藏夹时，在创建收藏夹对话框中勾选“设为目标收藏夹”复选框，如图3-35所示，这个新收藏夹就成了新的目标收藏夹。顺便提一下，只能拥有一个目标收藏夹，所以当你选择将不同的收藏夹创建为目标收藏夹后，之前选择的收藏夹将不再是目标收藏夹（该收藏夹依然存在，但是，按键盘上的字母键B，照片将不会被发送到该收藏夹，而是被发送到最新被指定的目标收藏夹中）。另外，如果你想再次创建一个快捷收藏夹（使用快捷键B），你只需用鼠标右键单击目标收藏夹，并在弹出菜单中选择“设为目标收藏夹”来关闭目标收藏夹。

图 3-35

3.8 嵌入版权信息、标题及其他元数据

数码相机会自动在照片内嵌入各种信息，包括拍摄所用相机的制造商和型号、使用的镜头类型以及是否触发闪光灯等。在 Lightroom 中，我们可以基于这些嵌入的信息（被称作 EXIF 数据）搜索照片。除此之外，我们还可以把自己的信息嵌入文件中，例如版权信息或照片标题。

图 3-36

图 3-37

第1步

要查看照片中嵌入的信息（称作元数据），请转到“图库”模块右侧面板区域内的“元数据”面板。在默认情况下，它会显示嵌入在照片内的各种信息，因此可以看到嵌入的相机信息（称作 EXIF 数据——如拍摄照片所使用的相机制造商和型号，以及镜头种类等），以及照片尺寸、在 Lightroom 内添加的所有评级和标签等，但这只是其中的一部分信息。要查看相机嵌入在照片内的所有信息，请从该面板标题左侧的下拉列表内选择“EXIF”，如图 3-36 所示。如果需要查看所有元数据字段（包括添加标题和版权信息的字段），请选择“EXIF 和 IPTC”。

提示：获取更多信息或进行快速搜索

在网格视图内，如果元数据信息的右侧出现了一个小箭头，代表可以查看更多的照片信息或进行快速搜索。例如，向下滚动浏览 EXIF 元数据（相机嵌入的信息），把鼠标指针悬停在 ISO 感光度右侧的箭头上方几秒，就会显示出一条消息说明该箭头的作用（如图 3-37 所示，单击该箭头将显示出目录内以 ISO320 拍摄的所有照片）。

第2步

虽然我们不能修改相机嵌入的EXIF数据，但可以在一些字段内添加自己的信息。例如，你想要添加标题（也许你要向新闻机构或图片通讯社上传照片），从“元数据”面板顶部的弹出菜单中选择“默认值”，然后单击“题注”文本框，再开始输入文字，如图3-38所示。输入完成后，只需要按Return（PC：Enter）键即可完成标题添加。你也可以在“元数据”面板内添加星级评级或标签（但我通常不在这里添加）。如果你只想看到可以编辑的字段，而隐藏那些不能编辑的字段，请单击面板顶部弹出菜单左侧的图标（带铅笔的眼睛图标，如图3-38中红色圆圈所示）切换到“仅编辑”模式。

提示：自定义和排列元数据默认面板

要选择你在这个面板中能看到的内容，单击面板底部的“自定义”按钮，然后勾选或取消勾选相应的复选框。单击该对话框底部的“排列”按钮，然后可以单击并拖动来改变这些内容的显示顺序，如图3-39所示。

第3步

如果已经创建了版权元数据预设（见3.3节），而在导入这些照片时没有应用它，则可以在“元数据”面板的预设下拉列表中应用它。如果还没有创建版权模板，则可以在“元数据”面板底部的版权部分添加版权信息（一定要在“版权状态”下拉列表内选择“有版权”，如图3-40所示）。顺便提一下，你还可以一次性为多张照片添加版权信息。首先，按住Command（PC：Ctrl）键并单击选择需要添加该版权信息的所有照片，然后单击靠近面板顶部的“选取照片”，再在“元数据”面板内添加信息时就会立即给被选中的所有照片添加这些信息。

图 3-38

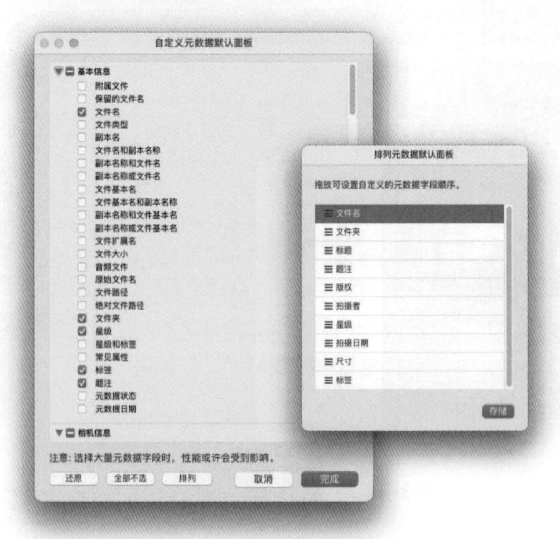

图 3-39

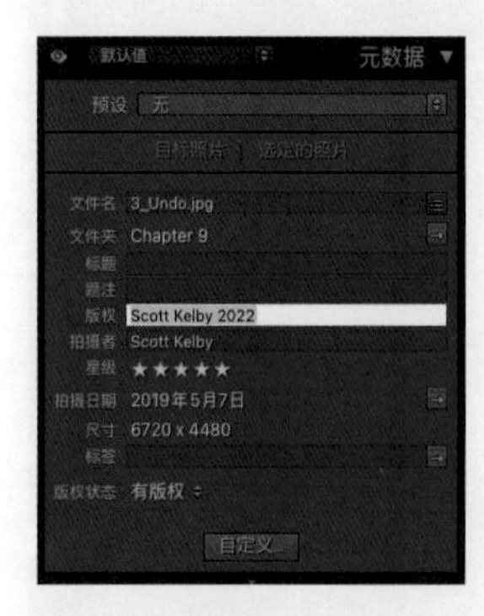

图 3-40

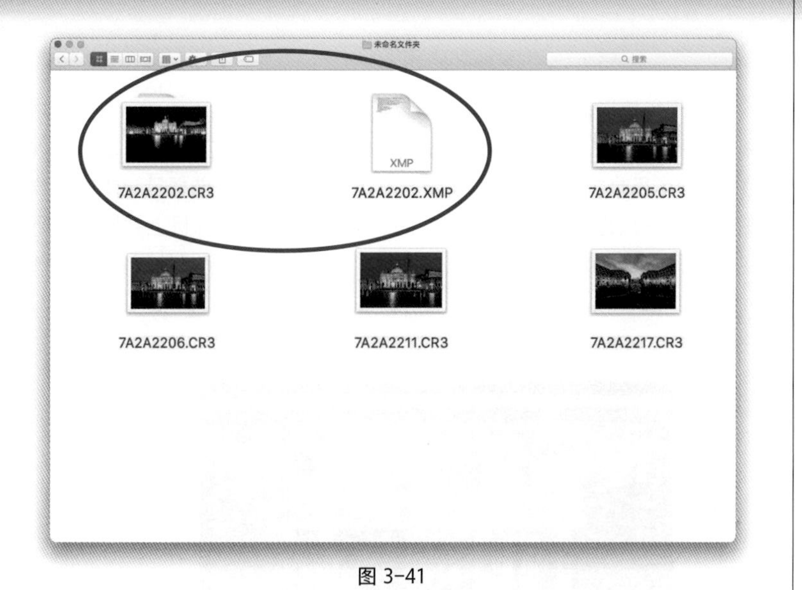

图 3-41

第4步

这里所添加的元数据会存储在Lightroom的数据库内，在Lightroom内把照片导出为JPEG、PSD或TIFF格式时，该元数据（以及所有颜色校正和图像编辑）才被嵌入文件中。然而，在处理RAW格式的照片时则有所不同。如果你打算把原始RAW格式文件传给客户或同事，或者想在其他应用程序中处理它，那么你将无法看到在Lightroom内添加的元数据（包括版权信息、关键字甚至对照片所做的颜色校正编辑），因为不能直接在RAW格式照片内嵌入信息。要解决这个问题，你需要将在Lightroom内添加的这些信息写入一个单独的文件内，即XMP附属文件。但是，XMP附属文件不是自动创建的，要在向他人发送RAW格式文件之前按Command-S（PC：Ctrl-S）组合键进行创建。随后你就会发现RAW格式文件旁边出现了一个文件名相同的XMP附属文件，该文件的扩展名是“.xmp”（如图3-41所示）。如果要移动或者把RAW格式文件发送给同事或客户时，一定要同时对这两个文件进行操作。

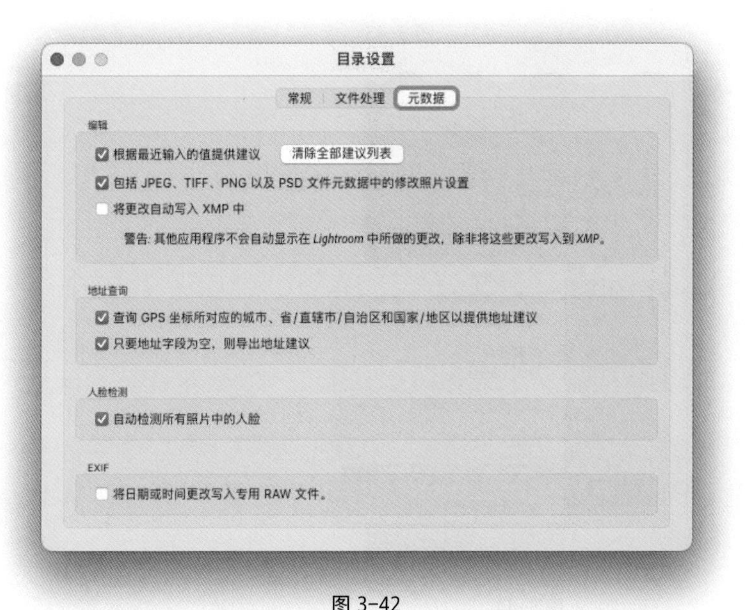

图 3-42

第5步

如果在导入时把RAW格式文件转换为DNG格式文件，那么按Command-S（PC：Ctrl-S）组合键即可把信息嵌入单个DNG格式文件内（DNG格式的一大优势），因此不会产生单独的XMP附属文件。实际上Lightroom有一个目录首选项（在“Lightroom Classic”菜单[PC：编辑”菜单]选择中“目录设置”，然后单击“元数据”选项卡，如图3-42所示），它可以自动把对RAW格式文件所做的所有修改写入XMP附属文件。但缺点就是处理速度较慢，每次修改RAW格式文件时，Lightroom就必须把修改写入XMP附属文件，因此我总是不勾选“将更改自动写入XMP中”复选框。

3.9 合并笔记本电脑和台式机上的Lightroom照片

在现场拍摄期间，如果你是在笔记本电脑上运行Lightroom，那么之后可能要将照片本身及其全部的编辑、关键字、元数据添加到工作室计算机上的Lightroom目录中。该操作并不难，基本上来说就是先选择笔记本电脑要导出的目录，然后把它创建的这个文件夹传送到工作室计算机上并导入，所有辛苦的工作由Lightroom完成，我们只需要对Lightroom怎样处理做出选择即可。

第1步

现在我们已经导入了照片，将其整理至收藏夹集并对部分照片进行了编辑——我们基本在笔记本电脑上做完了该做的事情，如图3-43所示。

图 3-43

第2步

在你回到家后，打开笔记本电脑，转到“收藏夹”面板，用鼠标右键单击之前创建的收藏夹集——打算与工作室的台式计算机合并的收藏夹集（注意：如果在文件夹而非收藏夹中工作，则唯一的不同就是我们需要转到“文件夹”面板，并用鼠标右键单击该文件夹）。从弹出菜单中选择“将此收藏夹集导出为目录”，如图3-44所示。

图 3-44

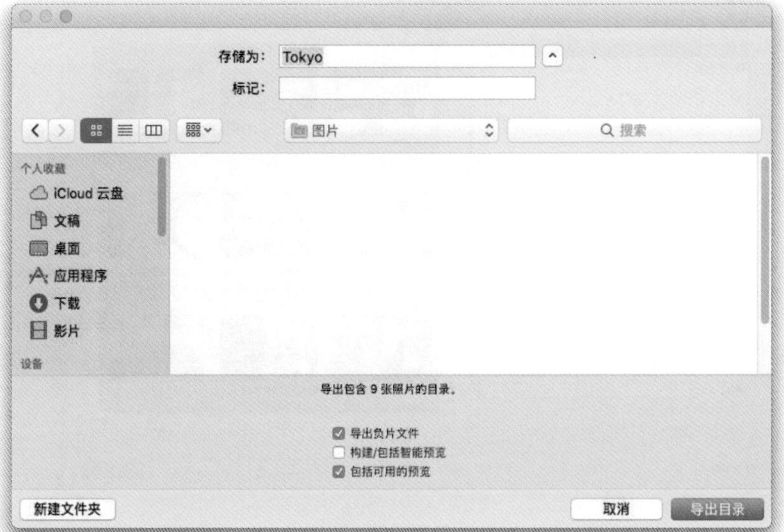

图 3-45

第3步

选择此选项后，会弹出如图3-45 所示的对话框。首先，让我们选择保存此导出目录的位置。由于需要将这些照片从笔记本电脑传输到台式计算机，因此我建议使用移动硬盘或具有足够可用空间的USB 闪存驱动器来保存导出的目录、预览和原始照片。然后，为导出的收藏夹命名，选择要将其保存到的移动硬盘，勾选“导出负片文件”复选框（对话框底部），这样不仅可以保存对照片进行的编辑，还可以将照片存储到移动硬盘。确保同时勾选了“包括可用的预览”复选框（这样以后在导入的时候就无须等待渲染），如果需要，我们还可以勾选“构建/包括智能预览”复选框。

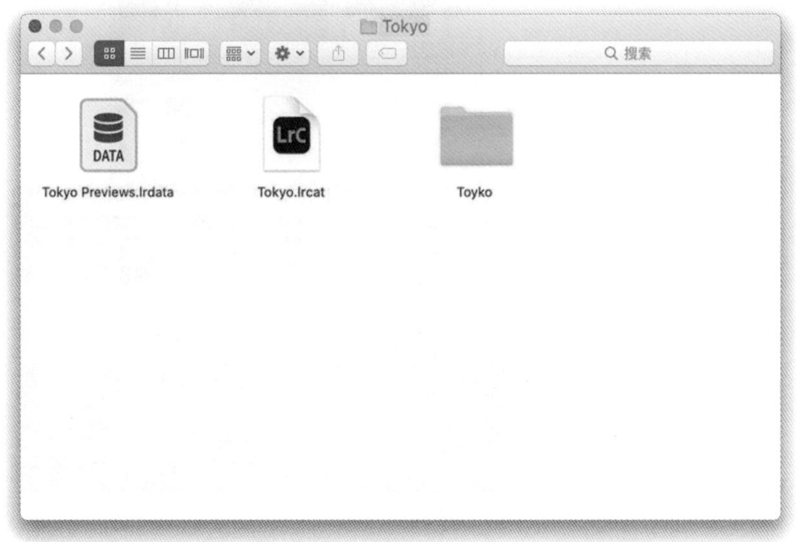

图 3-46

第4步

单击“导出目录”按钮会导出收藏夹（通常不会花很长时间，但文件夹内的照片越多，花费的时间就越长）。导出结束后，我们可以看到移动硬盘（或USB 闪存驱动器）上的新文件夹。如果查看该文件夹，会看到3或4个文件（取决于是否选择了导出智能预览），即:（1）一个包含实际照片的文件夹；（2）一个预览文件；（3）如果选择导出智能预览文件，还会有一个智能预览的文件；（4）一个目录文件（文件扩展名为“.lrcat”，如图3-46所示）。

第5步

在台式计算机上，进入Lightroom的“文件”菜单，选择“从另一个目录导入”。导航到在移动硬盘上创建的文件夹，在该文件夹中单击文件扩展名为“.lrcat”的文件（即要导入的目录文件，如图3-47所示），然后单击“选择”按钮，会弹出“从目录‘（目录名称）’导入”对话框（如图3-47所示）。如果想要查看导入图像的缩览图，可以勾选左下角的“显示预览”复选框，则对话框的右侧会显示缩览图，如图3-47所示。如果不想导入某一张或多张照片，可以不勾选其缩览图左上角的复选框。

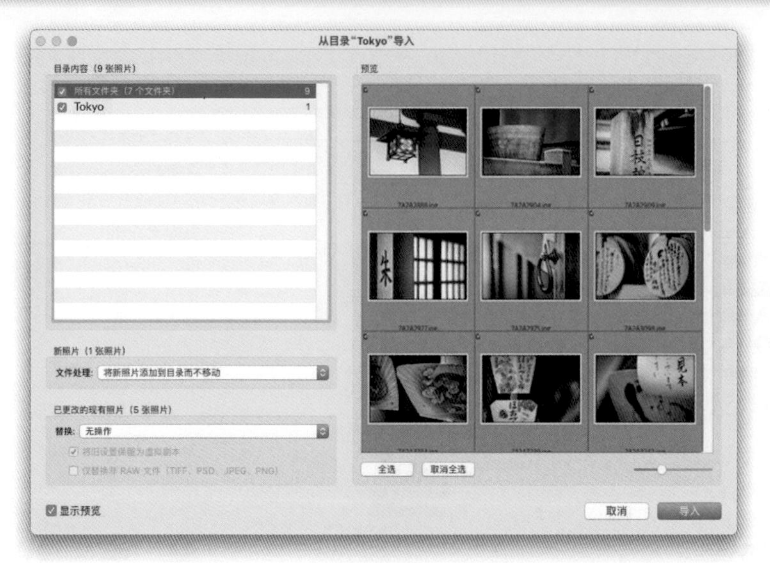

图 3-47

第6步

到目前为止，我们只导入了预览和在笔记本电脑上对照片进行的编辑，还没有将照片从移动硬盘或USB闪存驱动器上的文件夹移动到台式计算机的存储设备（我希望是移动硬盘——见第1章）。要想移动原始照片，可在左侧的“新照片”区域，从“文件处理”弹出下拉列表中选择“将新照片复制到新位置并导入”，如图3-48所示。选择该选项后会在下方显示一个按钮，可以选择图像复制到的新路径。本例中，照片会存储在台式计算机的移动硬盘的“旅行”文件夹内。因此，导航至“旅行”文件夹并单击“选择”按钮。现在，单击“导入”，则从移动硬盘中导出的收藏夹将添加到台式计算机的目录中，所有编辑、预览、元数据等都将保持不变，原始照片的副本将复制到移动硬盘上。

图 3-48

3.10 灾难情况应急处理

Lightroom的目录出现重大问题的可能性微乎其微（毕竟我用Lightroom这么多年，未曾遇见过此事），即使目录不幸损坏了，Lightroom也会自动对其展开修复（非常方便实用）。相对而言，硬盘和计算机崩溃或被偷（而且没有对目录进行备份）的可能性会相对更高。以下是针对潜在风险的提前预警措施介绍。

第1步

打开Lightroom时，如果出现这一警告对话框（如图3-49所示，Lightroom目录已受损，在修复之前将无法使用或备份），你可以单击“修复目录”（Repair Catalog）按钮，让Lightroom自行修复。Lightroom能成功修复损坏的目录的可能性较大，但如果修复失败，我们会看到如图3-50所示的警告对话框，告知我们目录已损坏，且无法修复。在这种情况下，我们就可以用到目录备份了（相关内容参见第2章）。

Corrupt Catalog Detected
Lrc
The Lightroom catalog “my catalog” is corrupt and cannot be used or backed up until it is repaired.
A message with further instructions will be displayed when the repair process is complete.
See Adobe Tech Note
Show in Finder
Quit
Repair Catalog...

图 3-49

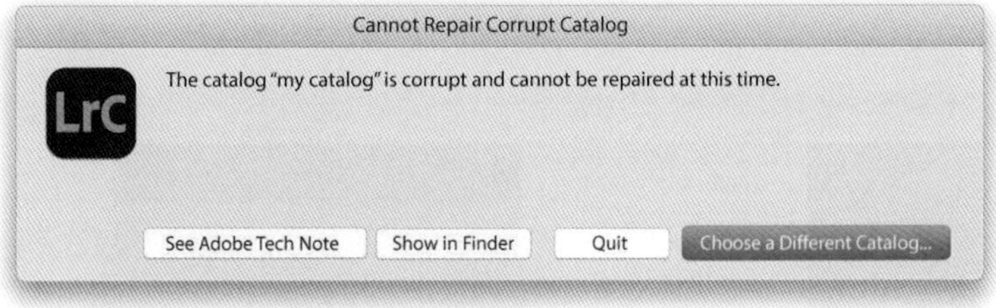

Cannot Repair Corrupt Catalog
Lrc
The catalog “my catalog” is corrupt and cannot be repaired at this time.
See Adobe Tech Note
Show in Finder
Quit
Choose a Different Catalog...

图 3-50

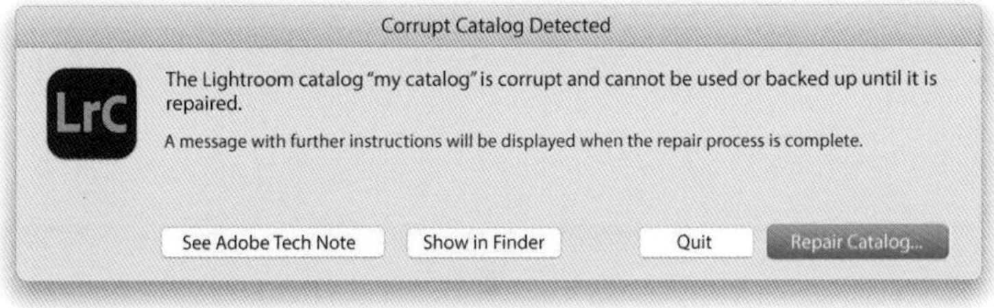

第2步

只要你备份过目录，现在就可以还原目录备份，重新开始工作了。（要知道，如果你最后一次备份你的目录是在三周前，则从那以后你在Lightroom中的所有数据也许都会丢失。所以经常备份目录文件是很有必要的，尤其在为客户工作时，备份就显得更为重要了。）好在存储备份目录不难。首先，进入我们的备份硬盘（请记住，我们的备份目录应该存储在一个独立的硬盘上，这样一来，如果你的计算机崩溃了，硬盘上的备份目录不至于损坏），然后找到存储Lightroom备份目录的文件夹（备份目录是根据日期存储的，所以可以双击最早的日期，如图3-51所示），这样即可看到文件夹内的备份目录。

备份
搜索
2022-01-10 2317
2022-02-11 2418
2022-02-24 4324

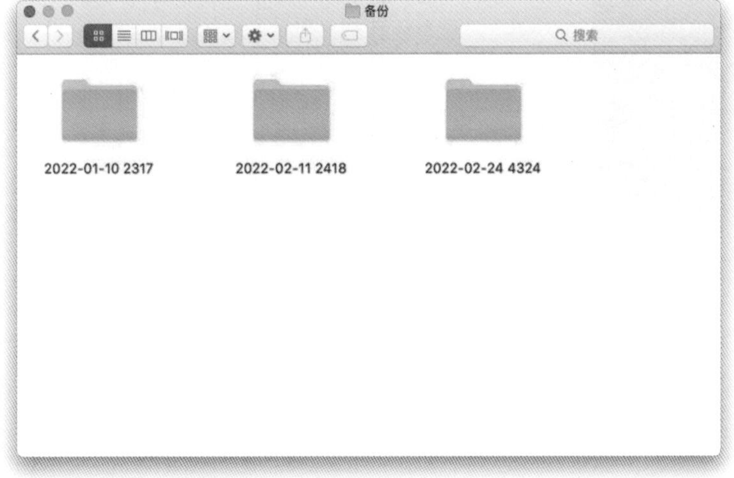

图 3-51

第3步

接下来，寻找计算机上损坏的Lightroom目录（Mac：在Lightroom文件夹的“照片”文件夹中；PC：在“我的图片”文件夹中），删除损坏的目录文件（Mac：将其拖入垃圾箱；PC：将其拖入回收站）。现在，将目录备份文件拖放到计算机上原本损坏的目录文件所在的文件夹中，如图3-52所示。

提示：搜索目录

如果不记得Lightroom目录文件的存储路径，别担心，Lightroom能准确地记录目录文件的具体路径。转到“Lightroom Classic”（PC：编辑）菜单，选择“目录设置”，单击“常规”选项卡后，目录文件的存储路径会显示在目录文件名的上方。单击“显示”按钮，即可跳转至存储目录的文件夹。

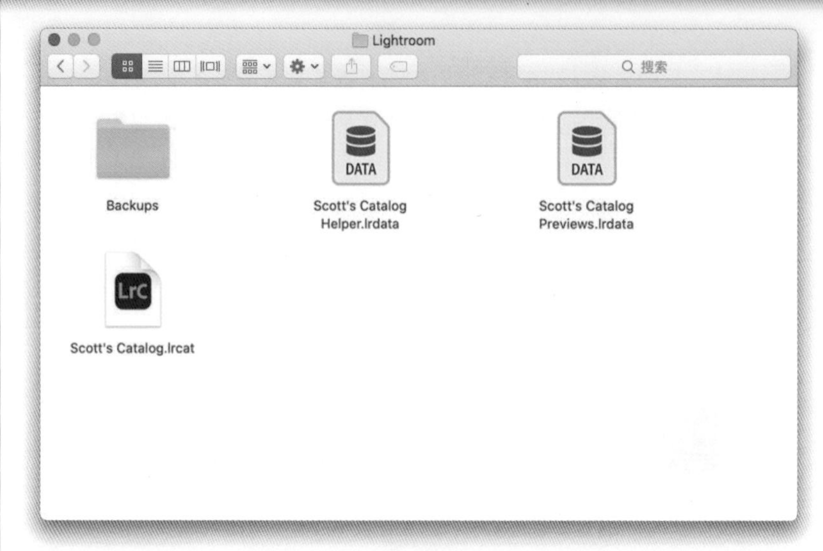

图 3-52

第4步

现在，只要在“文件”菜单下选择“打开目录”，就可以打开这个新目录，如图3-53所示。导航到放置目录的备份副本的位置（希望是在外部硬盘上），找到并单击该备份文件，然后单击“确定”，一切都会恢复原样（只要你最近备份了你的目录。如果没有备份最近的目录文件，则会回到我们上次备份时的目录）。顺便说一下，Lightroom修复目录后甚至还记得照片的存储位置（如果它不记得，请回到第2章，查看如何重新链接照片）。

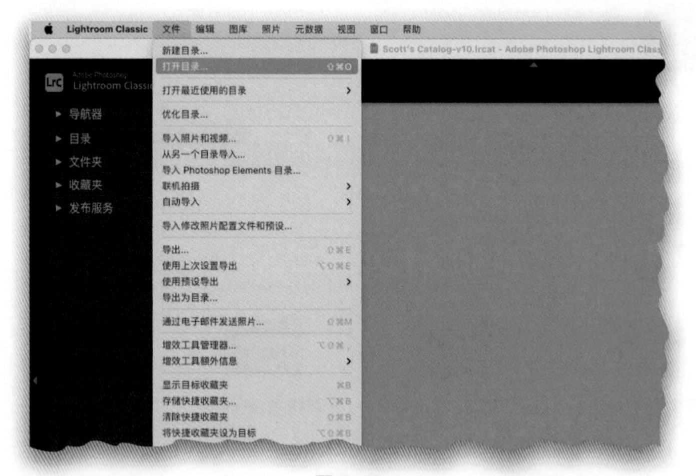

图 3-53

提示：如果计算机崩溃了

除了目录文件崩溃外，如果计算机崩溃了（硬盘损坏或计算机被偷等天灾人祸），应对措施是一模一样的。首先，我们不需要找到并删除原先的目录文件，因为这些文件都已丢失。我们只需要将备份好的目录文件拖曳至新建的Lightroom文件夹（在新计算机或新硬盘上第一次创建的文件夹）内即可。

图 3-54

第5步

如果你觉得目录文件没有问题，但它却被Lightroom锁定或者使用时不太稳定，很多时候只需退出Lightroom并重新启动即可（这就是解决问题最简单的方法）。如果这不起作用，Lightroom使用得仍不顺畅，则可能是偏好设置被更改了，那么可以退出Lightroom，然后按住Option-Shift（PC：Alt-Shift）组合键，再重新启动Lightroom，直到出现对话框，询问是否要重置首选项，如图3-54所示。如果单击“重置首选项”，所有的首选项设置都会恢复出厂设置，所有问题都会消失。

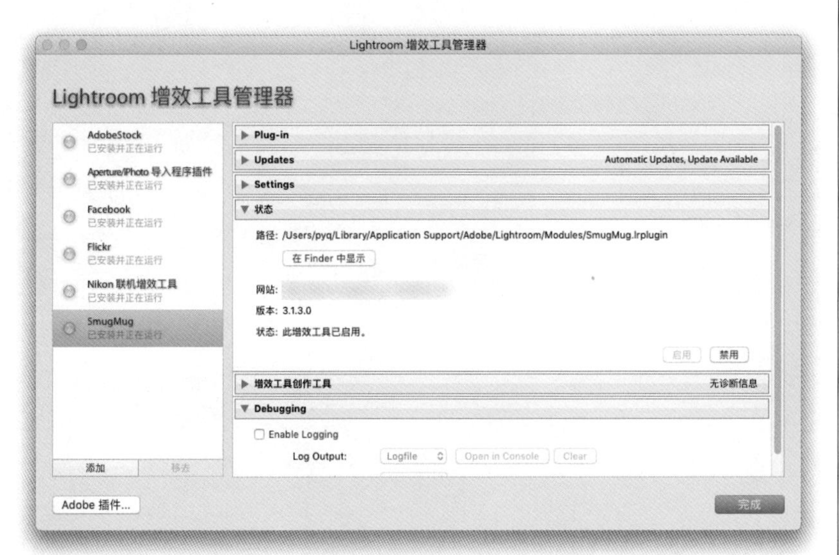

图 3-55

第6步

接下来，如果安装了Lightroom的增效工具，但增效工具损坏或版本过旧，可以看看增效工具供应商的网站上是否有更新。如果是最新版的增效工具，可以转到“文件”菜单下选择“增效工具管理器”。在对话框中单击增效工具，然后在右侧单击“禁用”按钮，查看问题是否仍然存在，如图3-55所示。使用过程中逐个关闭增效工具，逐个排除，直到找出问题所在。如果禁用增效工具之后问题仍然存在，那么就需要重新安装软件了。首先，从计算机上卸载Lightroom（目录文件不会被删除），然后进行安装，这肯定能解决问题。如果问题还未能解决，可以联系Adobe解决，因为情况太糟糕了（但至少你已经完成了Adobe让你尝试的第一轮操作，更接近解决方案了）。

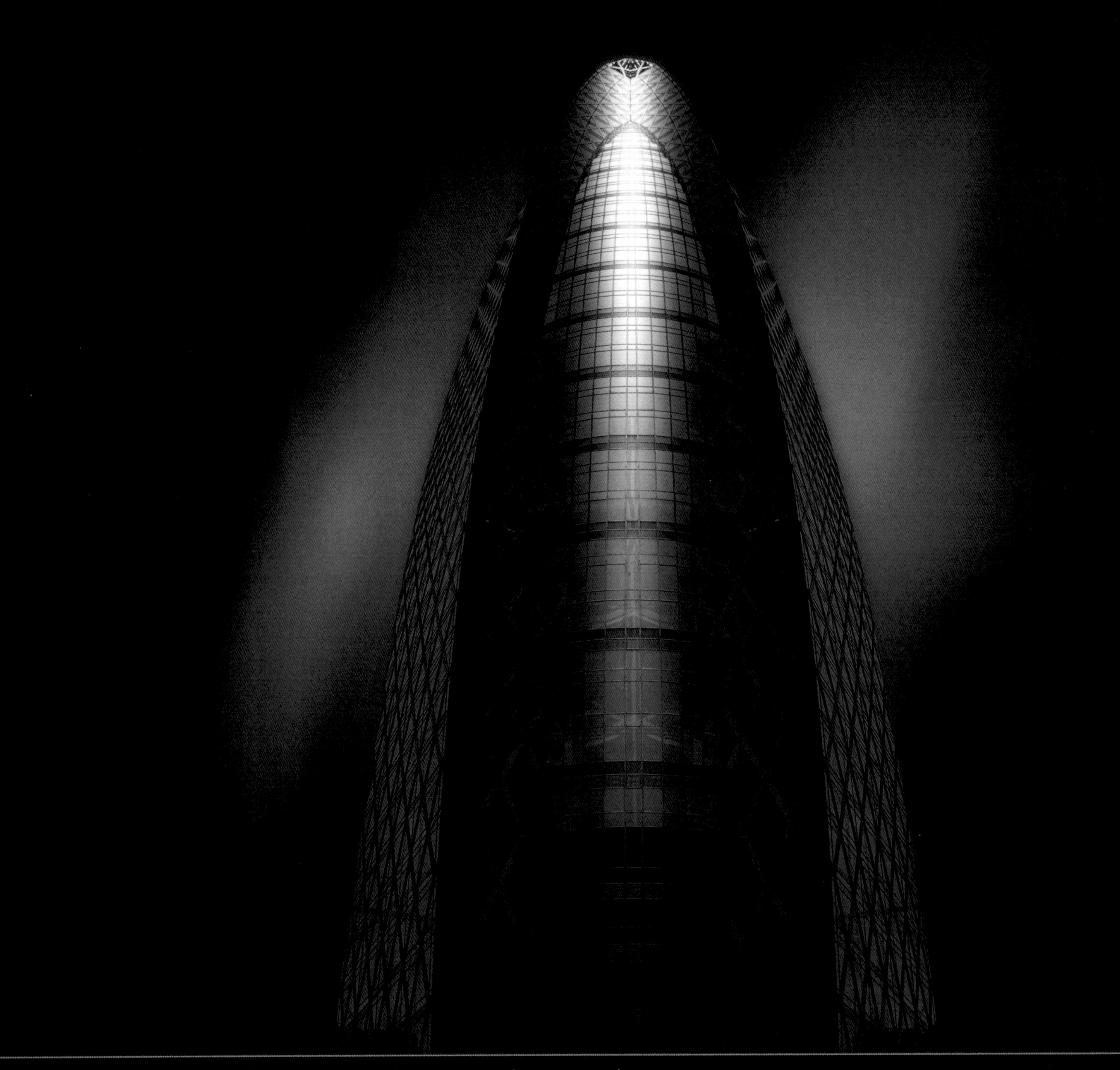

摄影师：斯科特•凯尔比 ┊ 曝光时间：1/50s ┊ 焦距：16mm ┊ 光圈：f/11 ┊ ISO：100

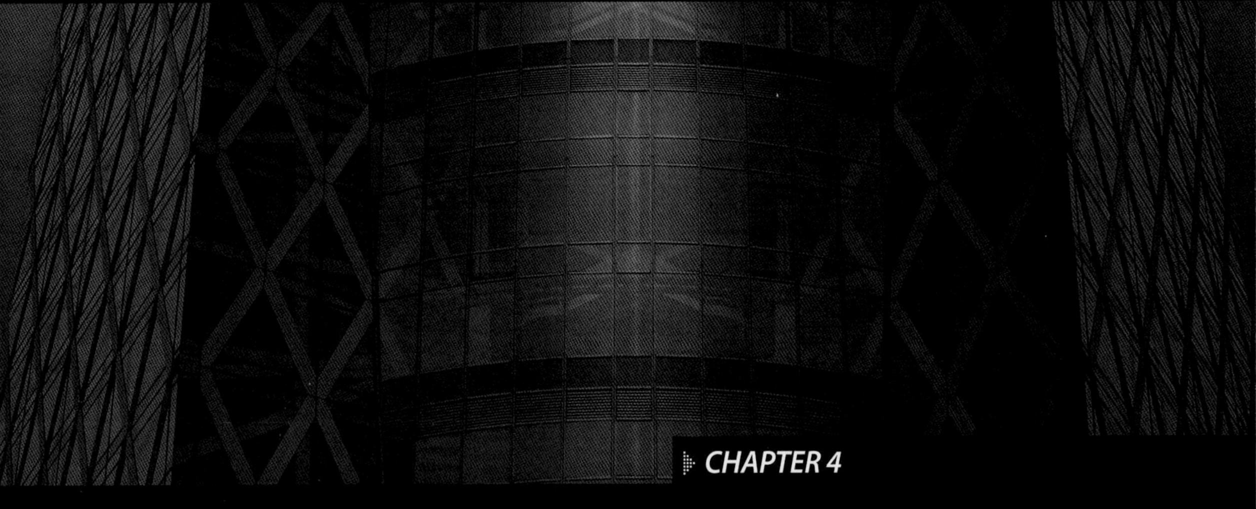

CHAPTER 4

第4章 Lightroom的自定义设置

- 选择你想在放大视图中看到的内容
- 选择你想在缩览图中看到的信息
- 选择胶片显示窗格中展示的内容
- 在Lightroom中使用双显示器
- 添加工作室名称或标识，创建自定义效果
- 如何避免频繁滚动鼠标滚轮浏览面板
- 隐藏你不用的面板或功能（以及重新排列你经常使用的面板或功能）

4.1 选择你想在放大视图中看到的内容

在放大视图下，除了可以放大显示照片外，还能够在预览区域的左上角以文本叠加方式显示照片的相关信息，且显示的信息多少由你决定。我们大部分时间都会使用放大视图工作，因此，让我们来配置适合自己的放大视图。

第1步

在“图库”模块的网格视图内单击某张照片的缩览图，然后按键盘上的字母键E进入放大视图。如图4-1所示，我隐藏了除右侧面板区域外的所有区域，因此照片能以更大的尺寸显示在放大视图内。

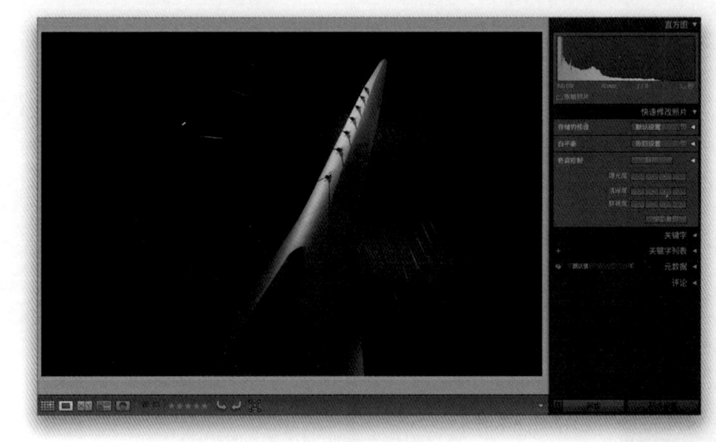

图 4-1

第2步

按Command-J（PC：Ctrl-J）组合键打开“图库视图选项”对话框之后，单击“放大视图”选项卡。在该对话框的顶部，勾选“显示叠加信息”复选框，其右侧的下拉列表会让你选择两种不同的叠加信息：信息1，在预览区域左上角叠加照片的文件名（以大号字体显示，如图4-2所示），在文件名下方以较小的字号显示照片的拍摄日期及其裁剪后尺寸；信息2，也在预览区域左上角显示文件名，但在其下方显示曝光度、ISO和镜头设置等信息。

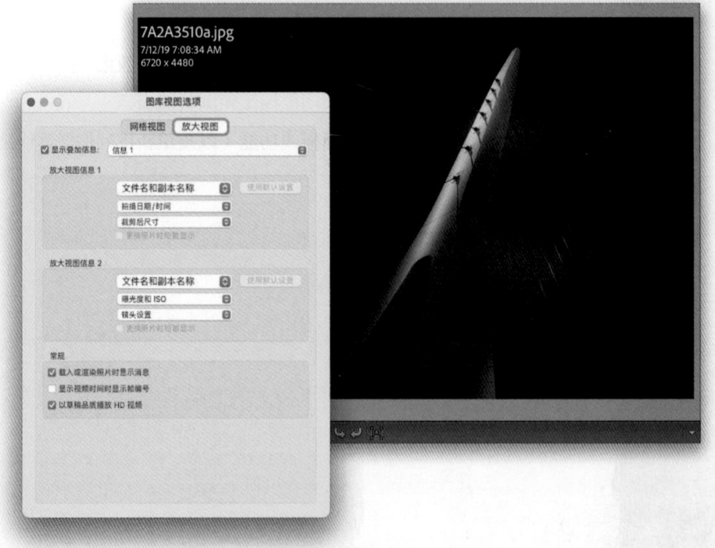

图 4-2

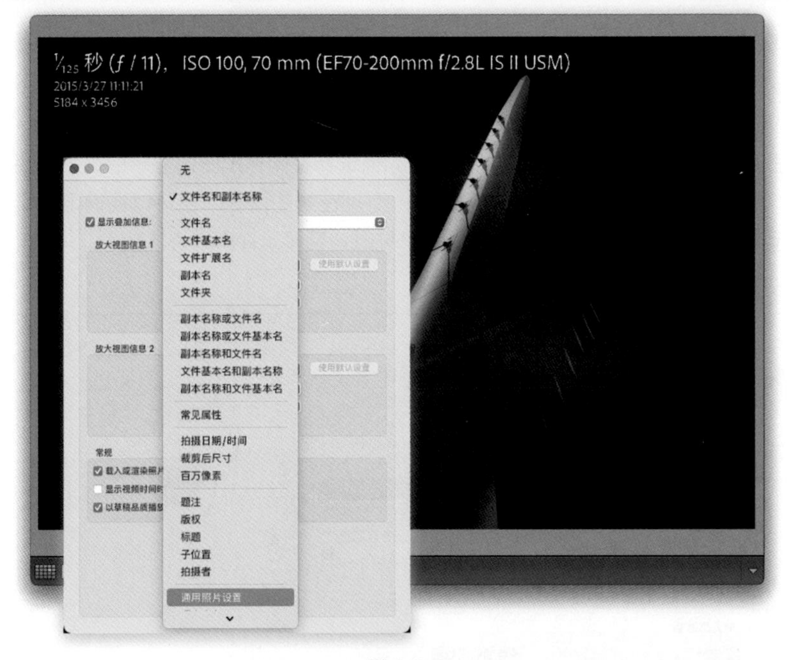

图 4-3

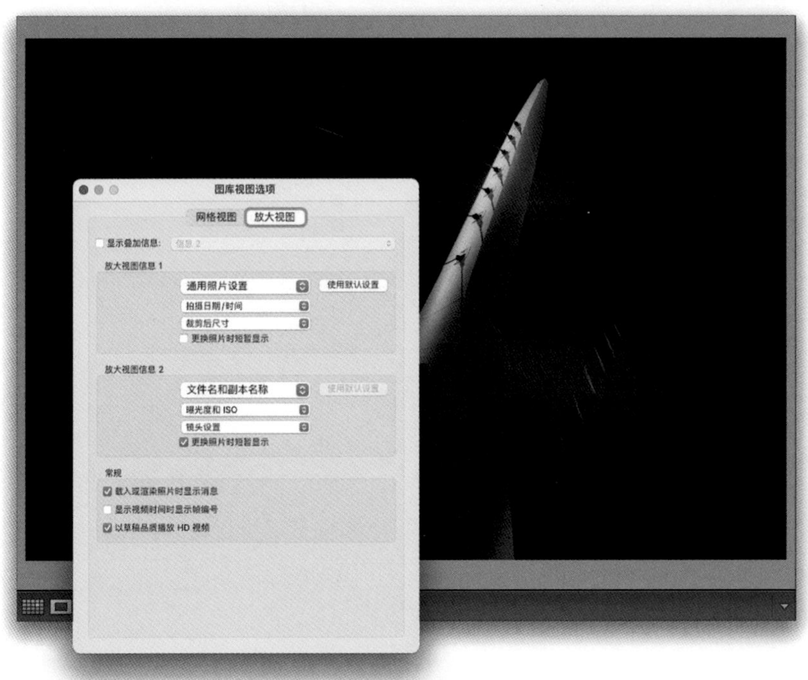

图 4-4

第3步

幸运的是，你可以在该对话框内的弹出菜单中选择这两种叠加信息显示哪些信息。例如，对放大视图信息 2，如果不想以大号字体显示文件名，则可以从第 1 个下拉列表内选择“通用照片设置”选项（如图4-3所示）。选择该选项后，Lightroom将不会以大号字体显示文件名，而显示与直方图下方相同的信息（如右侧面板区域顶部面板内的快门速度、光圈、ISO和镜头设置）。从这些弹出菜单中可以独立选择定制两种信息叠加（每个部分顶部的下拉列表项将以大号字体显示）。

第4步

需要重新设置时，只要单击右侧的“使用默认设置”按钮，就会显示出默认的放大视图信息设置。我个人觉得在照片上显示文本大多数时间会分散注意力。这里的关键部分是“大多数时间”，其他时间则很方便。因此，如果你也认为这很方便，我建议：（1）取消勾选“显示叠加信息”复选框，在放大视图信息下拉列表下方，勾选“更换照片时短暂显示”复选框，这将暂时显示叠加信息——当第1次打开照片时，它会显示4秒左右，之后隐藏；（2）或者你也可以像我一样，使那些复选框保持取消勾选的状态，当你想看到叠加信息时，按字母键I在“信息1”“信息2”和关闭“显示叠加信息”之间切换。在该对话框的底部还有一个复选框，取消勾选的话可以关闭显示在屏幕上的简短提示，如“正在载入”或“指定关键字”等，另外还有两个与视频相关的复选框，如图4-4所示。

4.2 选择你想在缩览图中看到的信息

网格视图内缩览图周围的小单元格有一些很有用的信息（这取决于每个人不同的看法），当然，在第1章我们学习过按字母键J可以切换单元格信息显示的开/关状态，而在本节中将介绍如何选择在网格视图内显示的信息，我们不仅可以完全自定义信息的显示量，而且在某些情况下还可以准确定制显示哪些类型的信息，使得当这些信息可见时，只显示你所关心的信息。

第1步

请按字母键G跳转到“图库”模块的网格视图，再按Command-J（PC：Ctrl-J）组合键打开“图库视图选项”对话框（如图4-5所示），单击顶部的“网格视图”选项卡。在该对话框顶部下拉列表的选项中，可以选择在扩展单元格视图或紧凑单元格视图下显示网格额外信息。二者的区别是，在扩展单元格视图下可以看到更多信息。

第2步

我们先从顶部的“选项”区域开始，如图4-6所示。我们可以为单元格添加选取旗标，以及左/右旋转箭头，如果勾选“仅显示鼠标指向时可单击的项目”复选框，这意味着旗标和箭头将一直隐藏，直到把鼠标指针移动到单元格上方时才显示出来，这样就能够单击它们。如果不勾选该复选框，它们将一直显示。如果你应用了颜色标签，并勾选了“对网格单元格应用标签颜色”复选框，则会把照片缩览图周围的灰色区域着色为与标签相同的颜色，并且可以在下拉列表中选择着色的深度。如果勾选“显示图像信息工具提示”复选框，当你将鼠标指针悬停在单元格内某个图标上时（如选取旗标或徽章），该图标的描述将会出现。当将鼠标指针悬停在某个照片的缩览图上时，将会快速显示该照片的EXIF数据。

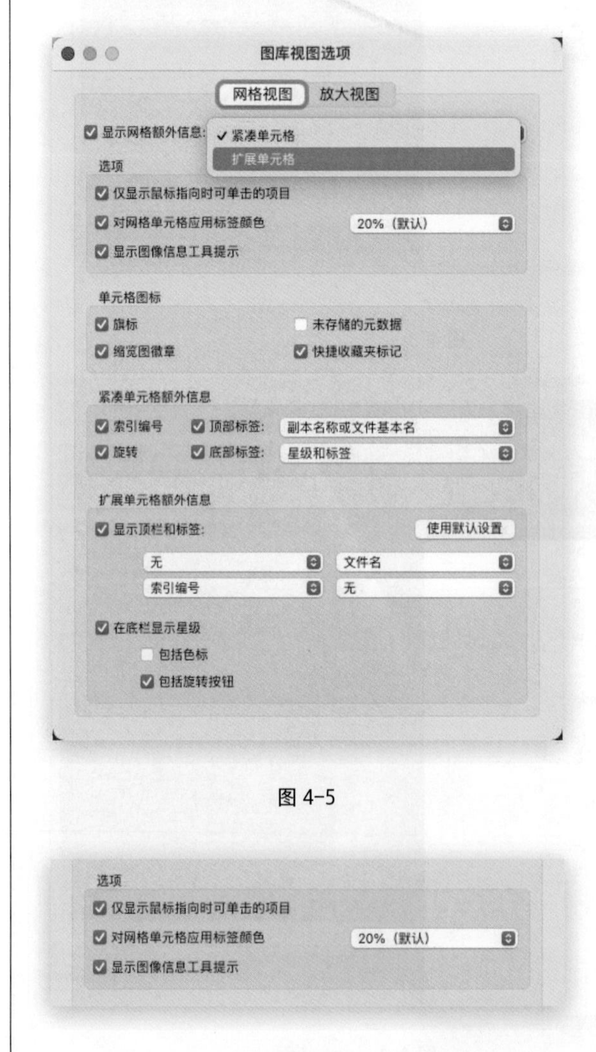

图4-5

图4-6

缩览图徽章显示（从左到右）：已应用关键字、照片包含地理位置信息、已添加到收藏夹、已裁剪和已编辑

图 4-7

右上角的黑色圆圈实际上是一个按钮，单击它可以将这张照片添加到你的快捷收藏夹中

图 4-8

单击旗标图标将其标记为“选取”

图 4-9

单击未存储的元数据图标保存修改

图 4-10

图 4-11

第3步

下一部分的“单元格图标”中，有两个选项控制着照片缩览图上显示的内容，还有两个选项控制着在单元格内显示的内容。缩览图徽章显示在缩览图自身的右下角，如图4-7所示，它包含以下信息：（1）照片是否嵌入地理位置信息；（2）照片是否添加了关键字；（3）照片是否被裁剪过；（4）照片是否被添加到收藏夹；（5）照片是否在Lightroom内被编辑过（包括色彩校正、锐化等）。这些小徽章实际上是可单击的快捷方式。例如，如果想添加关键字，则可以单击关键字徽章（这个图标看起来像个标签）打开“关键字”面板，并突出显示关键字字段，你还可以输入新的关键字。缩览图上的另一个选项是快捷收藏夹标记，如图4-8所示，当把鼠标指针移动到单元格上时，它在缩览图的右上角会显示出一个黑色圆圈按钮，单击这个按钮即可把照片添加到快捷收藏夹或从收藏夹中删除（此时按钮变为灰色）。

第4步

另外两个选项不会在缩览图上添加任何内容，但它们会在单元格自身区域上添加图标。单击旗标图标将向单元格的左上侧添加“选取”标记，如图4-9所示。这部分中的最后一个复选框是“未存储的元数据”，它会在单元格的右上角添加小图标（如图4-10中红色圆圈所示），但只有当照片的元数据在Lightroom内被更新之后（从照片上次保存时间开始），并且这些修改还没有被保存到文件自身时才会显示这个图标（如果导入的照片，如JPEG照片已经应用了关键字、分级等调整，之后你在Lightroom内添加关键字或者修改分级时，有时会显示这个图标）。如果看到这个图标，则可以单击它，打开一个对话框，询问是否保存对照片的修改，如图4-11所示。

第5步

接下来我们将介绍“图库视图选项”对话框底部的“扩展单元格额外信息”区域，从中选择在扩展单元格视图内每个单元格顶部的区域显示哪些信息。默认情况下，该区域将显示4种不同的信息（如图4-12所示）：左上角显示索引编号（单元格的编号，比如如果导入了253张照片，第1张照片的索引号是1，之后依次是2、3、4……253）；其下方显示照片的像素尺寸（如果照片被裁剪过，它将显示裁剪后的最终尺寸）；在右上角显示文件名；其下方显示文件类型（如JPEG、RAW、TIFF等）。要想修改其中任意一个信息标签，可单击要修改的标签，这时会弹出菜单，显示出一个长长的信息列表（如图4-13所示），从中可以选择可显示的标签。顺便说一下，你不必让4种信息标签全部显示，只需从弹出菜单中为任意一个你不想看到的信息标签选择“无”即可。

第6步

虽然可以使用“图库视图选项”对话框内的这些下拉列表选择显示哪种类型的信息，但请注意一点：实际上在单元格内可以完成同样的操作。只要单击单元格内任一个现有的信息标签，就会显示出与该对话框内完全相同的下拉列表。只要从该列表中选择想要的标签（这里选择“ISO感光度”，如图4-13所示），之后它就会显示在这个位置上（可以看到该照片是以ISO 100拍摄的，如图4-14中红色圆圈所示）。

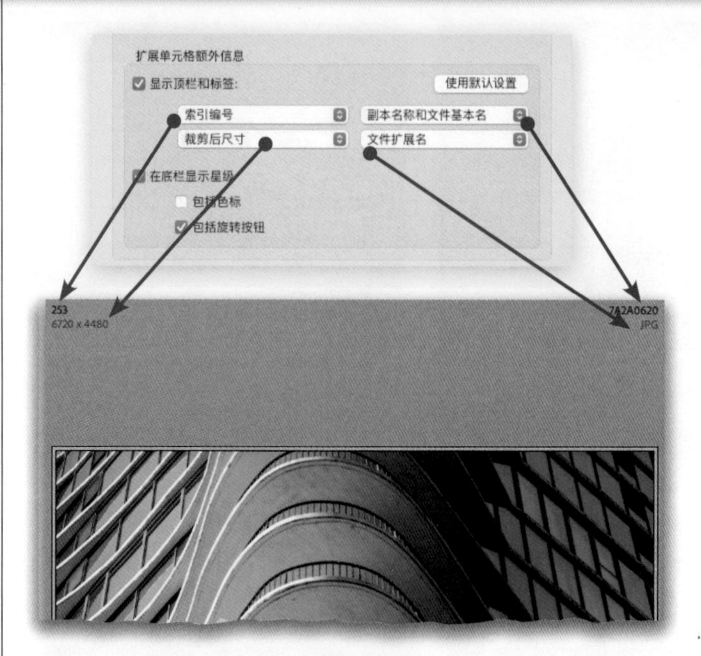

图 4-12

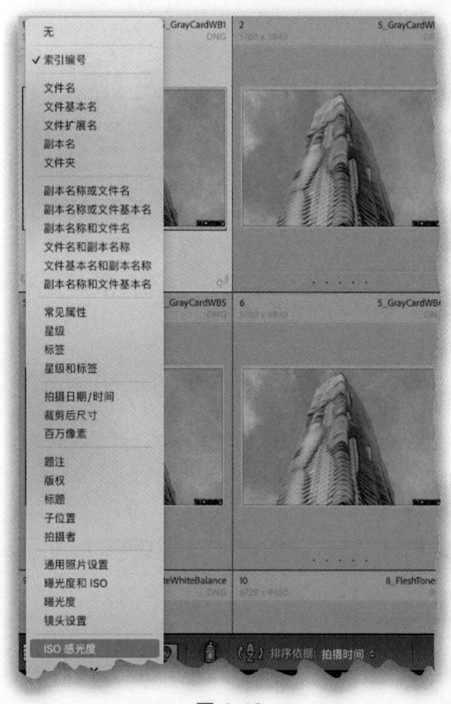

图 4-13

图 4-14

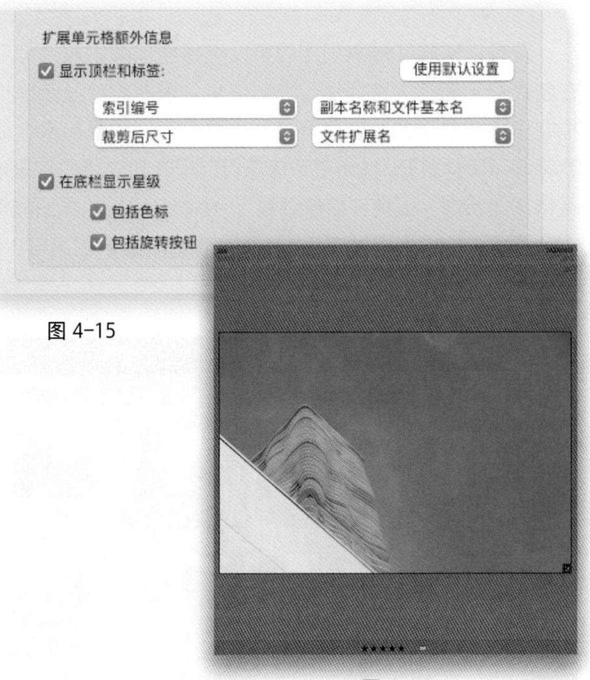

图 4-15

图 4-16

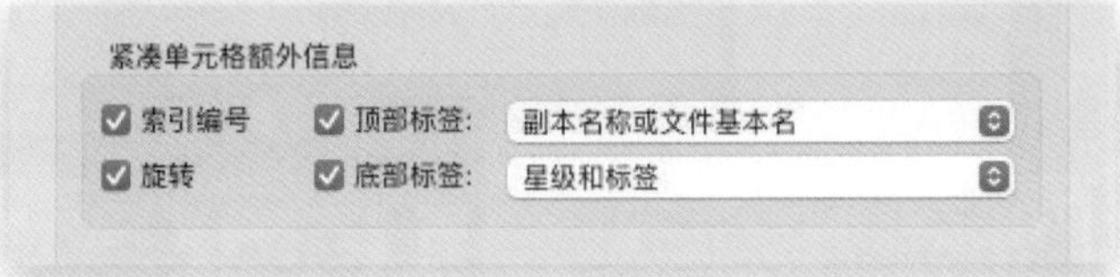

紧凑单元格额外信息
索引编号 顶部标签: 副本名称或文件基本名
旋转 底部标签: 星级和标签

图 4-17

图 4-18

第7步

“扩展单元格额外信息”区域底部的复选框默认是勾选的，如图4-15所示。这个选项会在单元格底部添加一个区域，这个区域被称作“底栏星级”区域，可以显示照片的星级。如果“在底栏显示星级”下方的两个复选框都保持被勾选状态，则还会显示颜色标签和旋转按钮（它们是可以单击的，只要鼠标指针停留在单元格上就会显示）。如果你给照片指定了一个颜色标签，它的单元格就会显示这种颜色（如图4-16所示，我为这个图像选择了绿色标签）。当你像这样单击一个有颜色标签的照片时，该单元格会变回正常的灰色（因此不会扰乱你对照片颜色的感知），但照片周围会出现一个彩色边框，所以你仍然知道它被添加了颜色标签。

第8步

中间我们跳过的区域是“紧凑单元格额外信息”区域。我跳过这部分选项是因为它们跟“扩展单元格额外信息”的功能差不多，“紧凑单元格额外信息”区域中一些选项的作用和“扩展单元格额外信息”中一些选项的作用极其相似，但在“紧凑单元格额外信息”区域只有两个字段可以自定（在“扩展单元格额外信息”区域中有4个）：文件名（显示在缩览图的左上方）、星级和标签（显示在缩览图的左下方），如图4-17所示。如果要更改这两处显示的信息，请单击相应标签的下拉菜单进行选择。左边的两个复选框可隐藏/显示索引编号（在本例中，索引编号为显示在单元格左上角的那个巨大的灰色数字）和单元格底部的旋转箭头（把鼠标指针移动到单元格上方时就会看到它，如图4-18所示）。最后要介绍的是：取消勾选该对话框顶部的“显示网格额外信息”复选框，就可以关闭所有这些额外信息。

4.3 选择胶片显示窗格中展示的内容

就像在网格和放大视图内可以选择显示哪些照片信息一样，我们也可以在胶片显示窗格内选择显示哪些信息。因为胶片显示窗格空间很小，所以能控制里面所显示的内容显得尤为重要，否则它看起来会很混乱。尽管接下来我将演示怎样打开/关闭每个信息行，但我建议将胶片显示窗格内的所有信息保持关闭状态，以免“信息过载”，使本已拥挤的界面显得更加混乱。但为了以防需要，接下来还是演示一下如何选择要显示的内容。

第1步

用鼠标右键单击胶片显示窗格内的任意一个缩览图将弹出一个快捷菜单，如图4-19所示。位于快捷菜单底部的是胶片显示窗格的“视图选项”，其中有4个选项。“显示星级和旗标状态”会为胶片显示窗格的单元格添加小的旗标和评级；“显示徽章”会为胶片显示窗格的单元格添加我们在网格视图中所看到的缩小版徽章（显示照片是否已经被添加到收藏夹、是否应用了关键字、是否被裁剪，或者是否在Lightroom内被调整过等）；“显示堆叠数”会为胶片显示窗格的单元格添加堆叠图标，显示堆叠内图像的数量；最后一个选项是“显示图像信息工具提示”，在我们把鼠标指针悬停在胶片显示窗格内图像上方时，会弹出一个小窗口，显示我们在视图选项对话框的“叠加信息1”中选择的信息内容。如果你厌倦了在浏览胶片显示窗格时不小心单击启动某个功能的徽章，你也可以让徽章保持可见并选择“忽略徽章单击”。

图 4-19

第2步

当这些选项全部关闭和全部打开时胶片显示窗格的显示效果如图4-20所示。可以看到选取标记、星级和缩览图徽章（以及元数据未保存警告）。将鼠标指针悬停在一个缩览图上时，便可以看到弹出的显示照片信息的小窗口，如图4-20所示。想要干净或杂乱的显示效果——选择权在你手中。

图 4-20

4.4 在Lightroom中使用双显示器

Lightroom支持使用双显示器，因此可以在一个显示器上处理照片，在另一个显示器上观察该照片的全屏版本。但Adobe的双显示器功能远不止这些，一旦配置完成后，它还有一些很酷的功能，本节将介绍怎样配置这些功能。

第1步

Lightroom的双显示器控件位于胶片显示窗格的左上角，从中可以看到两个按钮：一个标记为1，代表主窗口；一个标记为2，代表副窗口（如图4-21中红色圆圈所示，这是你最容易搞混的部分）。如果你没有连接副显示器，单击2（副窗口按钮），本该在副显示器上显示的内容将显示在一个独立的浮动窗口内，如图4-22所示。如果你的显示屏足够大，你可以打开这个窗口，让它以更大的视图显示在缩览图或胶片显示窗格中选中的照片。

图4-21

第2步

如果计算机连接了另一个显示器，则当单击副窗口按钮时，此时在Lightroom中被选中的任意照片会几乎全屏显示在副显示器上，如图4-23所示。这是默认设置，该设置便于我们在主台显示器上查看Lightroom的界面面板和控件，在副显示器上查看照片的放大视图。（如果你看一下位于副显示器顶部的左侧导航栏，你会发现放大视图被选为副显示器的视图模式，你单击的任意照片都会在该显示器上放大显示。）

图4-22

图4-23

第3步

单击副显示器顶部的导航栏，可以选择显示在副显示器上的内容，但你必须要将鼠标指针移动到副显示器上，然后在你选择完后再回到主显示器窗口。这就是为什么你可能更喜欢在你的主显示器上做出选择。在胶片显示窗格的左侧，单击并按住“2”（副窗口）按钮，就会出现副窗口的弹出菜单（如图4-24所示），你可以选择你想在副显示器上看到的东西。同样，在默认情况下，你的副显示器显示设置为“放大—正常”，即单击某缩览图，该照片的放大视图就会出现在你的副显示器上。但是，还有一个选项——“放大—互动”，你可能更喜欢。选择“放大—互动”，你只需将鼠标光标悬停在任意缩览图上（如图4-25所示，我将光标悬停在主显示器中间一排的第一张缩览图上），该照片就会在你的副显示器上显示放大视图，如图4-26所示。不需要单击就能看到它——只要把你的指针悬停在它上面即可，它就会立即出现在副显示器上。试一试这两种视图模式，看看你最喜欢哪个。

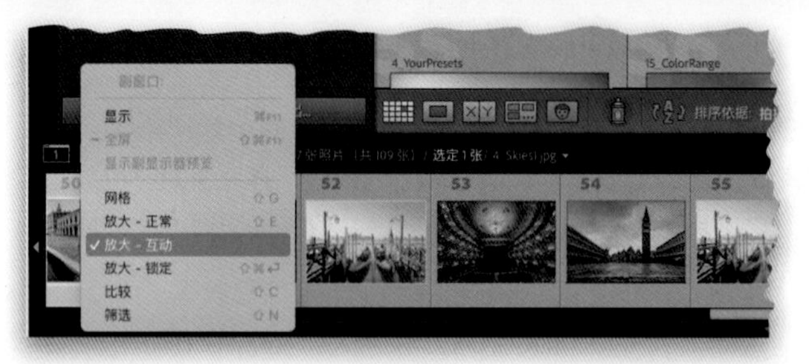

图 4-24

图 4-25　　图 4-26

第4步

在这个二级窗口弹出菜单中还有一些选项，如图4-27所示。如果你选择“网格”，你会看到你的缩览图出现在副显示器上，这样你就可以在主显示器上处理其他事情了。你可以选择在副显示器上使用“筛选”视图或“比较”视图（见2.13节），如果你按住Shift键，你甚至可以使用我们通常用于这些视图的键盘快捷键（但不要忘记按住Shift键，这将告诉Lightroom“在副显示器上做这件事”）。例如，你可以把缩览图放在主显示器上，但在副显示器上选择“比较”视图（就像我在这里做的那样），这样你就可以对所选取的两张类似的照片进行比较，如图4-28和图4-29所示。

图 4-27

图 4-28

图 4-29

图 4-30

这是隐藏了导航栏并将背景区域设置为黑色的副显示器窗口，提供了一个更大、更干净的视图

图 4-31

第5步

另一个副窗口放大视图选项是“放大—锁定”，从副窗口内选择该选项后，它将锁定副显示器上放大视图内当前显示的图像（如图4-30所示），这样，你可以在主显示器上查看和编辑其他照片，而副显示器上的照片不会改变。如果你有一个客户在拍摄现场，而你不想让他们看到每一张照片——你只想让他们看到好的照片，那么选择“放大—锁定”就很好。你可以在屏幕上为他们锁定一张好的照片，而跳过那些不好的照片（闪光灯没有闪光、拍摄对象在切换不同的姿势时，等等），但当你看到一张好的照片并希望客户在副显示器上看到它时，可以用鼠标右键单击该照片，从弹出菜单中选择“锁定到副窗口”（如图4-30所示）。

第6步

顺便说一下，副显示器顶部和底部的那些导航栏不一定非要显示（而且隐藏它们会使你的照片在屏幕上显示得更大，这是一件好事）。如果你想把它们隐藏起来，你可以单击屏幕顶部和底部的灰色小箭头将其隐藏起来，或者你可以用鼠标右键单击任意一个箭头，调出它们的“隐藏/显示”选项，选择自动隐藏。我还喜欢在副显示器上把照片周围的灰色背景区域改为纯黑色。你可以在照片外的任何地方单击鼠标右键，并在出现的弹出菜单中选择“黑色”（如图4-31所示）。现在你得到了一个以更大尺寸显示的照片，视觉干扰更少了，还有了一个纯黑色的背景。

4.5 添加工作室名称或标识，创建自定义效果

看到Lightroom窗口左上角写着“Adobe Photoshop Lightroom Classic”的地方了吗？你可以使用身份标识功能，用你自己的徽标（无论是图形还是文字）来取代。当你向客户做演示时，这是一个很好的点缀，看起来像是Adobe为你的工作室专门设计的。身份标识功能不仅仅是把你的名字放在上面（当我们深入阅读本书时你会了解到），但现在，本节将只是介绍如何使用它来自定义显示效果。

第1步

这里给出Lightroom操作界面左上角的放大视图，如图4-32所示，以便能够清晰地看到我们在第2步中将要开始替换的内容。现在，你可以用文字替换Lightroom的徽标（甚至可以使文字与照片右上方任务栏中的模块名相匹配），也可以用图形替换该徽标，我们将分别介绍二者的实现方法。请转到Lightroom中的“编辑”菜单，选择“设置身份标识”，打开“身份标识编辑器”对话框，如图4-33所示。

图 4-32

第2步

在对话框左上角有一个“身份标识”弹出菜单，你可以自行设置，比如界面上的“Light-room Classic”，就可以将其视为选择好的身份标识（这意味着你会看到Lightroom的图标），如果从该弹出菜单中选择Adobe ID，那么将显示你用来注册该软件的名称作为身份标识。如果要创建你的自定义身份标识，请选择“已个性化”，这时会出现两个文本输入/预览字段（如图4-33所示），在左边的字段中键入用作身份标识的任意内容。如果要改变字体、字体样式（粗体、斜体、粗斜体等）以及字号，要先选中文本（与你在任何程序中所做的一样），然后从下方的弹出菜单中选择。在右边的字段中，你可以将任务栏中的模块名称的字体与文本身份标识的字体相匹配（如果你愿意这样做）。

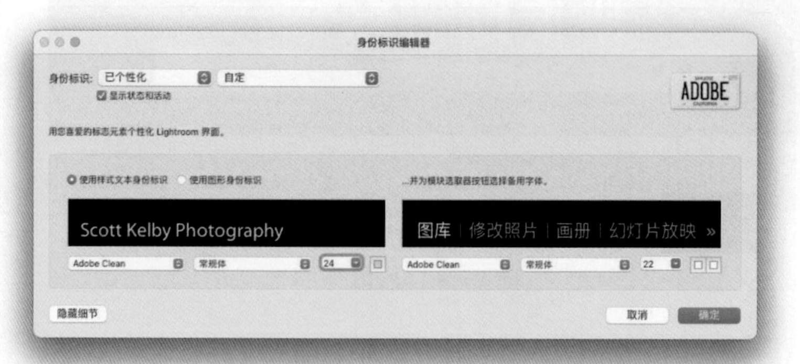

图 4-33

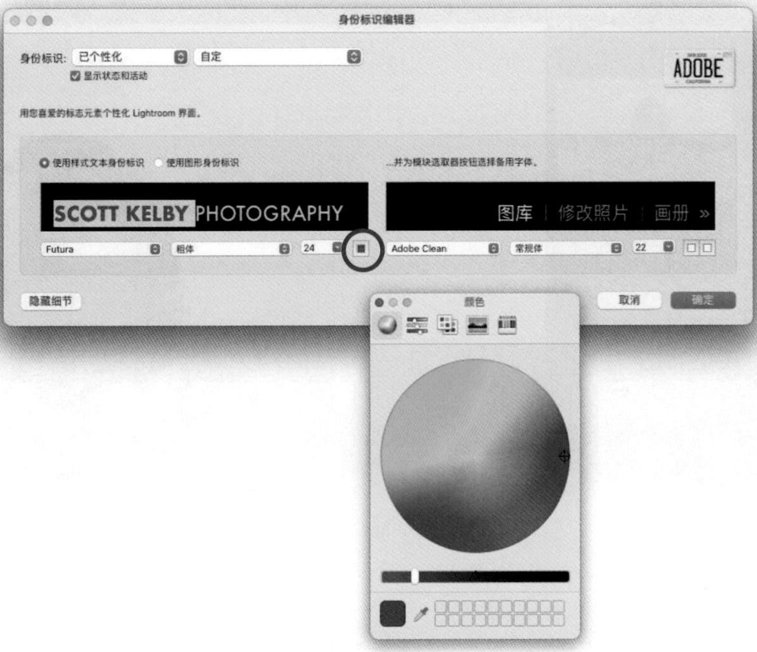

图 4-34

第3步

如果你只想对部分文本进行调整（例如，你想改变文本的字体、字号或颜色等），先要选中你要修改的文本。在这里，我用大写字母重新输入了姓名，选择Futura 粗体字体，然后用Futura 常规字体输入“PHOTOGRAPHY”。选中姓名后，要改变高亮文本的颜色，请单击字号下拉列表右侧的小正方形色板，打开“颜色”面板（如图4-34所示，这是Mac中的颜色面板，Windows PC中的颜色面板稍有不同，但也不难调整）。现在，为指定文本选好颜色，然后关闭“颜色”面板。

图 4-35

第4步

如果对自定义身份标识的显示效果感到满意，你可以从“身份标识”弹出菜单右侧的自定义弹出菜单中选择“存储为”，将其保存（如图4-35所示）。为我们的身份标识赋予一个描述性的名称，单击“确定”就可以保存它。从现在开始，自定义的身份标识就会显示在“身份标识”弹出菜单内，只需单击就可以应用。创建并保存自定义身份标识的作用不仅仅是替换当前的Lightroom徽标，你还可以将其添加到幻灯片或印刷品上。

第5步

单击“确定”按钮后，新的身份标识文字就会替换原来显示在左上角的Lightroom徽标，如图4-36所示。如果想使用图形标识（类似公司徽标），首先应将图形缩小到一个合适的尺寸（在身份标识编辑器对话框没有调整大小的滑块，所以你必须在导入之前将其调整到合适的尺寸），Adobe规定图形标识的高度在Mac上不超过41像素、在Windows PC中不超过46像素，但我一直使用57像素。你可以把图形标识的宽度设置为350像素左右。另外，把你的图形标识放在黑色背景上（我在Photoshop中做了这两件事）使其与Lightroom背景协调一致（否则你会看到你的徽标周围有一个白框）。

图 4-36

第6步

另外，要准备好在Photoshop中“摆弄”一下图形标识的位置，使它好看一点（好吧，我总是不得不这样做），所以你可能要在那个57像素 × 350像素的黑色矩形内向左或向右将图形标识拖动到中间位置，这样当它在Lightroom中显示时看起来会更好（至少这是我的经验）。一旦你设置好了合适的图形标识尺寸，并且已将它放在黑色背景上或以PNG格式的透明背景保存，再次进入“身份标识编辑器”对话框，单击“使用图形身份标识”单选按钮（如图4-37所示），然后单击“查找文件”按钮（位于左下角附近的“隐藏/显示细节”按钮上方），找到你的图形标识文件。你就会在左边的预览区域中看到它，但要想知道它是否合适，唯一的办法就是单击“确定”按钮，看看它在Lightroom界面中的样子。然后，你可能要返回“身份标识编辑器”对话框再调整一下，让它变得更合适。

图 4-37

图 4-38

第7步

单击“确定”按钮后，Lightroom徽标被新的徽标图形文件（或者自定义文字，即最后显示在Lightroom界面左上角的样式文本身份标识）所替代，如图4-38所示。如果你喜欢Lightroom这个新的徽标图形文件，别忘了从“身份标识编辑器”对话框顶部的“身份标识”下拉菜单中选择“存储为”，保存这个自定义身份标识。

图 4-39

第8步

如果在将来某个时刻你又喜欢原来的Lightroom徽标或显示为Adobe ID（如图4-39所示），你可以用鼠标右键单击你的徽标，并从弹出菜单中（如图4-39所示）选择你想要的身份标识（“Lightroom Classic”“Adobe ID”或者你的自定义身份标识）。在本书后面的内容中，我们将对你的新身份标识做更多的调整。

4.6 如何避免频繁滚动鼠标滚轮浏览面板

Lightroom的面板多如牛毛，要找到相关操作所需的面板，你需要在这些面板内来回查找，这样会浪费很多时间，尤其当你在之前从未用过的面板中浏览时。幸运的是，我们并不需要这样做，因为Lightroom中有一个“单独模式”，在单击面板时，可以只显示一个面板而折叠其余面板。

第1步

这里显示了两组面板。如图4-40所示，是“修改照片”模块右侧面板正常显示的样子——一个长长的、需要滚动鼠标滚轮浏览的面板组，其所有功能和滑块都是可见的。在这些面板中，不仅需要上下滚动鼠标滚轮，而且所有的面板都一直处于打开的状态，只会单纯地分散注意力，为了进入你想要的面板，你可能不得不向下滚动。现在看看如图4-41所示的同一组面板，当“单独模式”打开时，其他面板都被折叠起来，所以你可以专注于你正在操作的面板（如图4-41所示，是“HSL/颜色”面板）。要切换到另一个不同的面板，只需单击面板的标题，当前显示的面板就会自动收起，而你单击的面板就会打开，而且只有这一个面板会打开。

第2步

要打开“单独模式”，用鼠标右键单击右侧面板中的任意一个面板，从出现的弹出菜单中选择“单独模式”（如图4-41所示）。要返回“无尽的滚动模式”，只需再次右键单击并取消选择“单独模式”（但我猜想，一旦你使用了“单独模式”，你就会被它迷住）。这是在Lightroom中最有帮助但又被低估的功能之一，你一定会喜欢上它的。

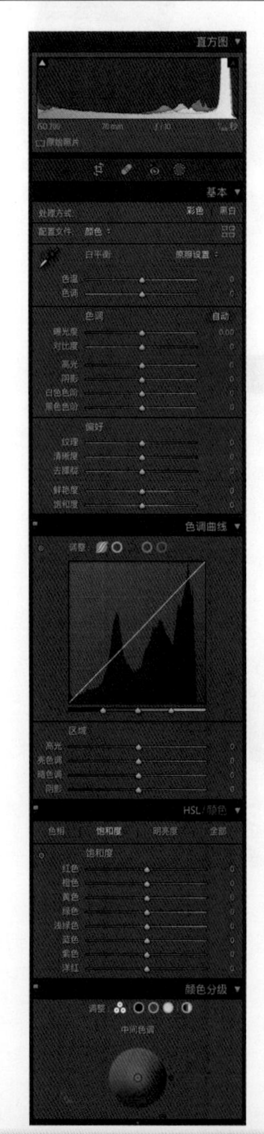

关闭“单独模式”后，“修改照片”模块右侧面板的一部分

图 4-40

打开“单独模式”后，对于当前不使用的面板，你只能看到面板的标题，这使得面板列表更短，更容易浏览

图 4-41

4.7 隐藏你不用的面板或功能（以及重新排列你经常使用的面板或功能）

在Lightroom中，有些面板你可能永远不会用到（即使你现在还不知道那些面板有什么用，但我还是会给你一点建议），甚至整个模块你永远不会用到（比如“Web”模块、“幻灯片放映”模块或“地图”模块）。幸运的是，你不必将不会用到的模块和面板都显示在屏幕上，因为你可以将它们隐藏起来，这样就能整理你的工作界面，并且也能让你减少向下滚动屏幕的操作。

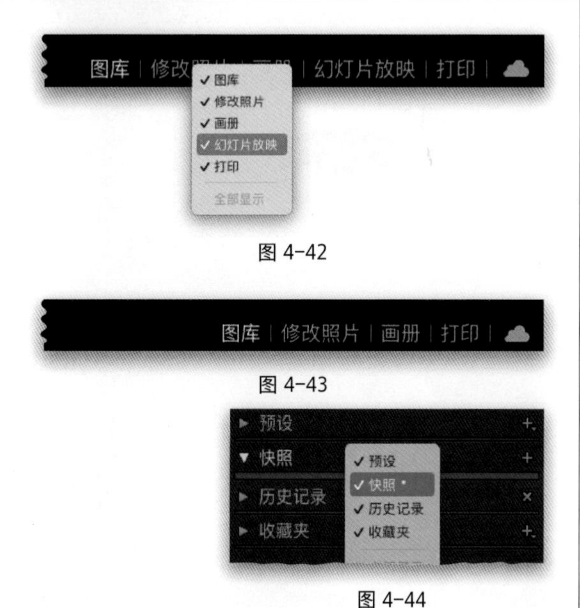

图 4-42

图 4-43

图 4-44

图 4-45

图 4-46

第1步

要隐藏你不使用的模块，只需用鼠标右键单击模块标题周围的任意区域，在弹出的菜单（如图4-42最上方的图所示）中选择你想隐藏的任意模块（比如“幻灯片放映”模块，如果你不想使用它），弹出菜单中该模块前的勾选标记即会消失，且该模块在顶部任务栏中也会隐藏起来（如图4-43所示，工作界面中只剩下“图库”“修改照片”“画册”和“打印”模块）。如果你想让所有被隐藏的模块重新显示在屏幕上，只需再次用鼠标右键单击模块标题周围的任意区域，然后在弹出菜单底部选择“全部显示”，或者也可以分别单击未被勾选的模块使它们再次显示。

第2步

要隐藏面板（这里不包括“修改照片”模块右侧的面板，对于它们会用到不同的方法），用鼠标右键单击面板名称，从弹出菜单（如图4-44所示）中选择要隐藏的面板即可将其关闭（或隐藏）。“修改照片”模块的右侧面板则允许更多的个性化设置，你不仅可以隐藏面板（比如“相机校准”面板），而且可以给它们重新排序。用鼠标右键单击面板名称，从弹出菜单中选择“自定义'修改照片'面板”，接着会出现一个对话框，单击相应面板的复选框即可将其隐藏，如图4-45所示，单击并拖动面板即可重新为面板排序，如图4-46所示。

摄影师：斯科特·凯尔比 | 曝光时间：1/125s | 焦距：168mm | 光圈：$f/8$ | ISO：100

第5章 校正色彩

- 如果你用RAW格式拍摄，从这里开始阅读
- 使用预设设置白平衡
- 查看修改前和修改后的照片
- 我最喜欢的白平衡设置方法
- 使用灰卡使颜色更准确
- 在联机拍摄时设置白平衡
- 创意白平衡设置
- 使肤色更好看
- 使照片的整体色彩更加突出

5.1 如果你用RAW格式拍摄，从这里开始阅读

如果你拍摄照片的格式是JPEG，你可以略过本节，直接从第5.2节开始阅读。如果你使用的是RAW格式，当你将RAW格式照片导入Lightroom时，Lightroom会为其应用一个默认效果——也就是你编辑照片的起点。Adobe认为，如果你使用RAW格式，你可能会想让照片保持相机直出的效果（少数情况除外）。这个默认效果就是“Adobe颜色”，而且它只会对RAW照片稍稍增强一下对比度、鲜艳度，以及应用一些锐化等。但是，如果你想要选择比Adobe的默认效果更好的选项呢？当然没问题。

第1步

注意：本节介绍的内容只适用于照片拍摄格式为RAW的人群。如果你拍摄的照片格式是JPEG，请跳过这两页的内容。

当你使用JPEG格式拍摄时，你的相机会为照片应用很多内置调整——比如对比度、鲜艳度、锐化、减少杂色，等等。这就是为什么相机直出的JPEG照片比RAW照片更好看。相反，相机不会对RAW格式的照片应用这些内置调整，所以照片看起来效果平平。当你在Lightroom中打开一张RAW照片时，Lightroom会为照片应用一个RAW配置文件——专为你的RAW照片打造的默认效果。这个配置文件的名字叫作“Adobe颜色”（如果你转到“修改照片”模块，在靠近“基本”面板顶部的位置单击配置文件，如图5-1所示，你会发现“Adobe颜色”被默认为RAW照片的配置文件）。这个配置文件可以使RAW照片在Lightroom中更接近相机拍摄的效果——实际上对照片的视觉效果进行了强化。该配置文件使RAW照片的色彩更鲜艳、对比度更强，并且还应用一些锐化和其他的处理——很可能是因为如果看到未经润饰的RAW照片是那么平淡和无趣，你会感到很崩溃。好消息是，你不必一直使用Adobe默认的RAW配置文件，而且我认为选择不同的配置文件——一个与实际照片的题材相契合的配置文件，可能会得到出乎意料的效果。

图 5-1

图 5-2

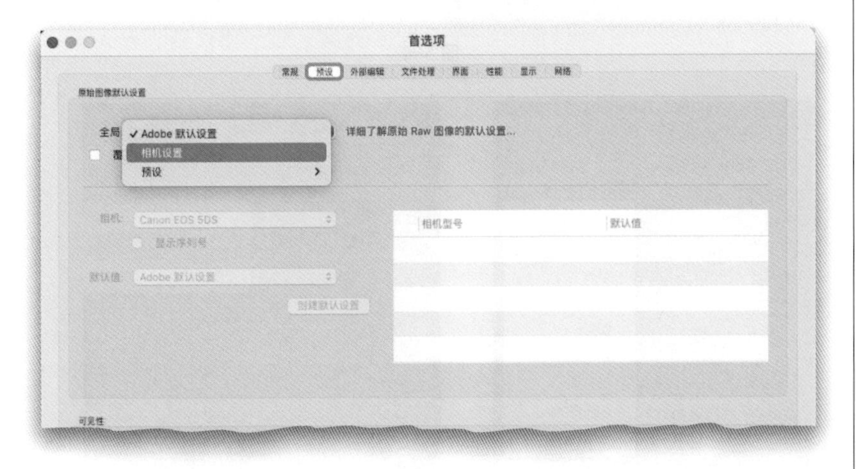

图 5-3

第2步

在相机中，你可以为不同主题的照片选择不同的风格或效果（佳能相机中叫作“照片风格”，尼康相机中叫作“优化校准”，索尼相机中叫作“创意样式”，等等），稍稍改变照片的视觉效果、色彩和对比度。在Lightroom中，你可以使用RAW配置文件达到同样的目的，而且选择其他的RAW配置文件得到的效果都要比使用默认的“Adobe颜色”配置文件好。对于这里展示的照片，我在“基本”面板的配置文件弹出菜单中选择“Adobe风景”，只需简单改变一下配置文件的选择，照片的视觉效果就变得更好看，如图5-2所示。现在照片的色彩看起来更鲜艳、对比度更强，而且我觉得这是一个更好的开始（在对照片进行后期处理之前）。

第3步

尽管我经常为照片选择“Adobe风景”配置文件（即使照片的主题不是风景），但还是要根据具体的照片进行分析。部分照片应用“Adobe鲜艳”的效果会更佳，如果是人像照片，我会更愿意选择“Adobe人像”配置文件。因此，仔细观察“Adobe风景”和“Adobe鲜艳”这两种效果哪个更适合照片是很有必要的（我觉得是“Adobe风景”），但无论是哪种，99.2%的概率会比选择默认的“Adobe颜色”效果要好。还有一点非常重要（但也是一步非必要操作），如果你使用RAW格式拍摄并在相机中选择了照片风格，默认情况下Lightroom会忽略你的选择。然而（这是一个比较新的功能），你可以让Lightroom保留相机内置的照片风格并为照片自动应用匹配的配置文件。你可以在Lightroom的首选项（快捷键Command-,[PC：Ctrl-,]）中开启这个功能，单击“预设”选项卡，这里你会看到一个原始图像默认设置区域，从“全局”弹出菜单（它现在被设置为“Adobe默认设置”）中选择“相机设置”（如图5-3所示）。

5.2 使用预设设置白平衡

在我设置好 RAW 配置文件之后，我一般会先设置白平衡。我这么做的原因有以下两点：（1）多数情况下，更改白平衡在很大程度上会影响图像的整体曝光（拖动“色温”滑块时请观察直方图，可以看到白平衡对曝光的影响很大）；（2）如果画面色彩得不到校正，则难以准确调整曝光，我发现如果色彩看起来很不错，往往能准确地调整曝光。

第1步

白平衡控件位于“修改照片”模块中“基本”面板的顶部。照片可以反映出你在相机中选择的白平衡类型，这就是为什么“白平衡”弹出菜单的默认选项是“原照设置”——你看到的白平衡是“拍摄时的设置”，如图 5-4 所示。在本例中，照片看起来偏蓝（早先我一直在白炽灯下拍摄，然后在转到自然光环境下拍摄时，忘记要更换与该照明条件匹配的白平衡模式）。有 3 种在 Lightroom 中设置白平衡的方法，本节将介绍其中的两种，但我一般会使用第 3 种方式（之后会介绍），这种方法简单快捷。不同的白平衡设置方法适用于不同的照片，因而还是很有必要了解本节介绍的这两种设置方法。

图 5-4

第2步

可以先从内置白平衡预设开始。如果拍摄的照片格式是 RAW，单击“原照设置”会弹出白平衡预设下拉菜单。从下拉菜单中可以选择与相机相同的白平衡预设，如图 5-5 所示。但如果照片格式为 JPEG，则只能选择自动预设（如图 5-6 所示），因为白平衡设置已经通过相机嵌入文件内。不过你还是可以更改 JPEG 格式照片的白平衡，但是需要使用接下来要介绍的两种方法。注意：如果你的下拉菜单与我这里展示的不太一样，那可能是因为我们使用的相机型号不一样，白平衡下拉菜单显示的内容与根据你拍摄时使用的相机品牌有关。

RAW 格式照片的白平衡预设

图 5-5

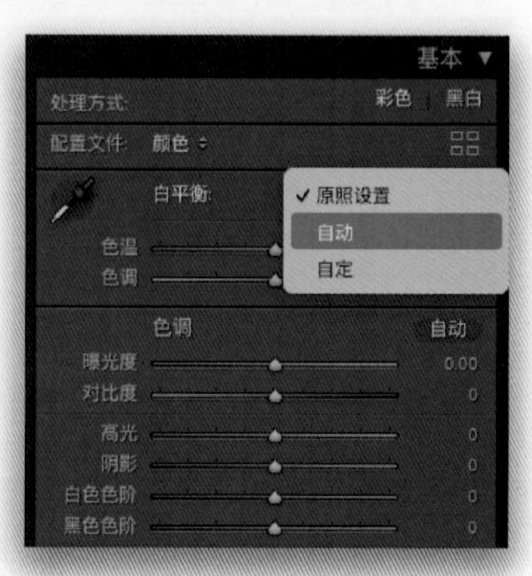

JPEG 格式照片的白平衡预设

图 5-6

图 5-7

图 5-8

第3步

第1步中所示的照片整体色调确实偏蓝，所以这张照片肯定需要调整白平衡。我通常会先从白平衡下拉菜单中选择“自动”，观察一下照片的效果（如图5-7所示，整体看起来好多了，拍摄对象的肤色偏暖色调，但“自动”预设还没有使肤色色调足够暖）。继续尝试接下来的3种白平衡预设，但需要注意：“日光”白平衡色调偏暖，“阴天”和“阴影”白平衡色调则相对更暖一些。因此我选择“阴天”或“阴影”（可以看到模特的肤色变得更暖了，不仅是肤色，整张照片的色调也会变暖）。你可以跳过“白炽灯”和“荧光灯”，这两种白平衡预设会使色调偏蓝（事实上，我们从一开始就意外地将白平衡设置为“荧光灯”了）。顺便说一下，最后一个选项——“自定”，意味着你要手动设置白平衡，而不是应用预设。

第4步

如果你把所有的白平衡预设都试了一遍，没有一个合适（或者如果你使用JPEG格式拍摄，这样你就只能选择“自动”，而且效果还不太好），这里可以使用第2种方法，找出最合适的白平衡预设（在本例中，对我来说“自动”预设的效果已经很不错了），然后拖动“色温”和“色调”滑块（就在弹出菜单的下方），根据你的喜好进行调整。看一下这两个滑块。我甚至不用解释它们的工作原理，如果想在这张照片中看到更多的蓝色，应该如何拖动“色温”滑块？没错——滑块下方的色条帮了大忙。在本例中，我觉得模特的肤色太蓝了，所以我将“色温”滑块朝黄色的方向（即离蓝色越来越远的方向）拖动，仔细观察在我拖动滑块时照片的色调变化，如图5-8所示。

第5步

让我们停下来，审视一下我们用白平衡设置对照片进行的调整。我认为照片现在有点偏黄，因此将“色温”滑块往蓝色的方向拖动一些（如图5-9所示），然后将“色调”滑块朝品红方向拖动。现在照片整体看起来非常不错。下方图5-10展示了修改前和修改后的照片，我们进行的调整就是使用“自动”白平衡预设，然后再稍稍调整“色温”和“色调”滑块。

图5-9

图5-10

5.3 查看修改前和修改后的照片

在前面的案例中，我展示了修改前和修改后的照片，但没有详细演示应该如何操作。我喜欢Lightroom对修改前后照片的处理方式，为我们提供了非常灵活的查看照片的方式。下面将详细介绍操作方法。

图 5-11

图 5-12

图 5-13

第1步

在“修改照片”模块中，如果想要查看调整之前的照片，只需按键盘上的\键。你会看到在照片的右上角显示“修改前”（如图5-11所示）。在我的工作流程中最常用到的可能就是“修改前”视图。如果要返回到修改后的照片，请再次按\键（照片右上角处不会显示“修改后”，但“修改前”的字样消失了）。

第2步

如果要并列显示修改前和修改后的视图（如图5-12所示），请按键盘上的Y键。再按一次Y键可返回正常视图。Lightroom中还有一些修改前与修改后的视图选项，但是如果要切换到其他视图，你需要确保预览区域下方的工具栏是可见的（如图5-12所示）。如果工具栏未显示在屏幕上，请按键盘上的T键。

第3步

如果你喜欢不一样的修改前与修改后视图样式，比如“拆分视图”（照片从中间拆分为左右两部分，左侧为修改前视图，右侧为修改后视图），请单击下方工具栏的切换各种修改前和修改后视图按钮（如图5-13中红色圆圈所示）。再次单击该按钮可以得到上下拆分的修改前和修改后视图。“修改前与修改后”右侧的三个按钮作用分别如下：将修改前的设置复制到修改后的图像上；将修改后的设置复制到修改前的图像上；将修改前后的设置互换。按键盘上的D键可以返回正常视图。

5.4 我最喜欢的白平衡设置方法

尽管白平衡预设在大多数情况下都非常好用，而且能够将它们作为后期处理的起点，然后再使用“色温”和“色调”滑块进行调整，但这不是我设置白平衡经常会用到的方法。事实上，我几乎不会用到前面提到的任意一种方法，因为我非常喜欢白平衡选择器工具。这个工具用起来非常简单、灵活，而且只需在照片上单击几次就能得到非常惊艳的效果。

第1步

如图5-14所示，照片整体的色调有些偏红，而且拍摄对象的肤色看起来不太准确，让我们来对它进行修复吧。单击白平衡选择器工具（一个很大的滴管图标，位于“基本”面板顶部左侧的白平衡选择区域，按键盘上的W键也可以切换到该工具）。这个工具操作起来非常简单，你只需单击照片的中间调（理论上是浅灰色）区域。如果照片中没有灰色，可以找一种中性色替代，比如棕褐色、象牙色、灰褐色或米色。既然现在你已经找到了白平衡选择器工具，那我们开始在实际工作中使用它吧。

图 5-14

第2步

我们的拍摄对象穿了一件灰色的汗衫，因此选取白平衡选择器，单击他的汗衫（如图5-15所示，我用红色圆圈标示出工具单击的位置）。现在照片色调看起来没那么红了，这是一个较好的白平衡选择，但我不确定他的肤色是否合适，因此我试着单击照片中的其他区域，看看能否得到一个更好的效果。这就是这个工具最妙的地方——如果你不喜欢单击第一个位置后照片的效果，只需单击其他位置即可。现在，如果你单击他的汗衫，工具忽然不见了（你可以看到它回到了“基本”面板中），这是因为一个非常烦人的“自动关闭”功能被打开了。你可以通过在工具栏中取消勾选其复选框（图5-15中也用红色圆圈标出）来关闭此功能（我建议你这样做）。

图 5-15

图 5-16

第3步

继续单击汗衫周围的区域直到画面效果更好看（事先告知你，使照片色彩正确意味着灰色背景看起来不会偏色），如图5-16所示。这里，我单击拍摄对象身后的背景，他的肤色（以及照片整体的色彩）看起来好多了。这就是正确设置白平衡的优点。并不是说拍摄对象的肤色看起来更自然，或者他们的发色变成亮绿色的。而是一旦你正确设置了白平衡，照片整体色彩会非常好看。当然，也不是说之后你就不必对个别颜色进行细微调整（你很快就会知道），但是一旦你设置好了白平衡，照片的色彩也就差不多准确了。

图 5-17

第4步

现在，如果你在完全错误的位置单击滴管，会发生什么？相信我，你会知道的（看看当我单击他的脸颊时，照片是如何变成蓝色的）。当发生这种情况发生时，你照片的色彩会变得很夸张（是真的），不要担心，单击照片中的其他位置进行尝试，包括你认为不会给你准确白平衡的区域。还有，如果你在使用白平衡选择器时，会发现滴管周围有一个悬浮的网格，那就是我们所说的“没用的烦人网格”。理论上，通过显示滴管所处位置下的像素及RGB值，这个网格可以帮助你找到中性色，如果R、G、B三个通道的数值都相等或近似相等，那么就是我们要找的中性色。我一般不会建议别人使用这个网格。在预览区域下方的工具栏中取消勾选“显示放大视图”复选框（如图5-17中红色圆圈所示）即可关闭该网格。使用完白平衡选择器后，只需单击“基本”面板中该工具原来所在的位置，或者单击工具栏中的“完成”按钮，即可完成白平衡调整。

5.5 使用灰卡使颜色更准确

到目前为止，我们用来设置白平衡的方法基本上都是“人眼估量的”，大多数时候效果都很好。但是，当你需要一个非常精确的白平衡时（例如，如果你为客户拍摄商业零售服装或产品，而这些服装或产品的颜色必须非常准确），一种非常流行的方法是使用灰卡，它会在你的照片中设置一个灰色区域，你可以使用白平衡选择器工具来精确设置你的白平衡。

第1步

灰卡的工作原理是：当你在拍摄中添加一张灰卡时，你可以确保在照片中有一些灰色的东西，便于使用白平衡选择器工具准确设置白平衡。这些灰卡并不是随便哪一种灰色，它们是18%中性灰，这是设置摄影白平衡的理想灰色。如图5-18所示，这里展示的是曼富图的可折叠弹出式EzyBalance灰/白卡（它们非常棒）。下面是灰卡的使用方法：一旦布置好你的灯光后（或者你的拍摄对象在室外），让拍摄对象将灰卡举到脸部附近（如图5-18所示），然后进行拍摄。

图 5-18

第2步

现在，要设置该照片的白平衡非常简单：从“修改照片”模块的“基本”面板顶部获取白平衡选择器工具（快捷键W），单击灰卡灰色部分的任意位置（如图5-19所示），Lightroom会为你设置白平衡。但是，这只是一张照片。剩下的照片我们该怎么办？这就是这张灰卡真正有用的地方。顺便问一下，如果你的拍摄对象不止一个怎么办？如果是拍摄产品呢？只需找到画面中清晰可见的灰卡区域，这样你就可以使用白平衡选择器准确设置白平衡。

图 5-19

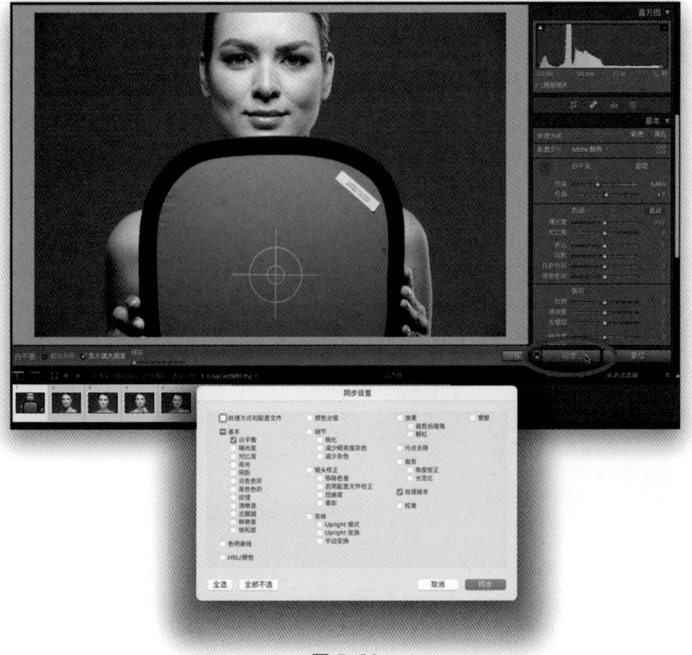

图 5-20

第3步

有一个简单的方法可以将这张照片的白平衡设置应用到其他照片中：同步在同一光线环境下拍摄的所有照片的白平衡即可（看一下底部的胶片显示窗格，你就会发现其他照片都有点偏蓝）。在你修复好拍摄对象手持灰卡照片的白平衡后，按住Shift键，然后滚动鼠标滚轮到最后一张需要修复白平衡的照片，单击该照片即可选中从第一张到最后一张的所有照片。现在，只需单击右侧面板区域底部的“同步”按钮，即可弹出“同步设置”对话框（如图5-20所示）。单击对话框左下角的“全部不选”按钮，取消勾选所有复选框，然后勾选“白平衡”和“处理版本”复选框，单击“同步”按钮（注意：如果你只将设置应用到另外一张照片中，则可以使用左侧面板区域底部的“拷贝”和“粘贴”按钮代替“同步”按钮）。

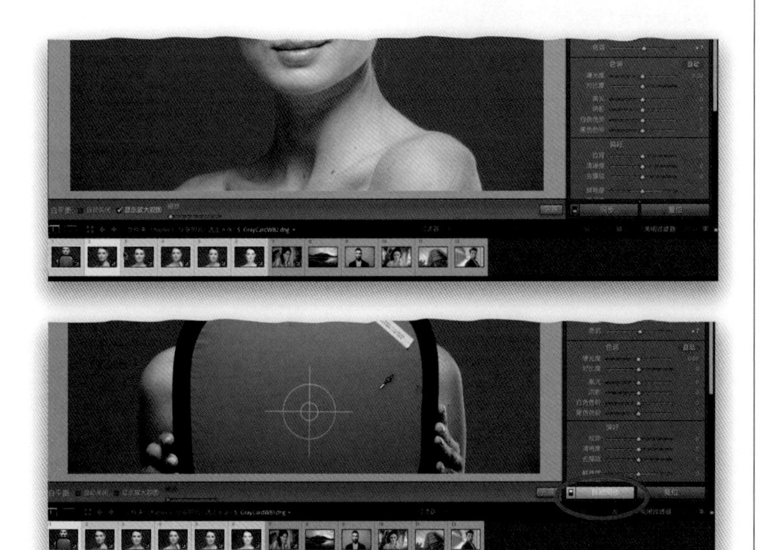

图 5-21

第4步

如果现在查看底部的胶片显示窗格，你会发现上一步选中的那些照片的白平衡都已经发生了变化，跟灰卡那张照片（如图5-21上图所示）差不多。另一种方法是跳过整个“同步设置”对话框（甚至在你修复灰卡照片的白平衡之前），首先选中在同一光线环境下拍摄的所有照片，然后使用一点名为“自动同步”的魔法。选中所有照片后，单击“同步”按钮左侧的开关，切换到“自动同步”按钮（如图5-21中底部红色圆圈所标示）。“自动同步”按钮的原理如下：无论你对选中的第一张照片做了什么调整，都会应用到其他选中的照片中。因此，打开该功能，你在修复灰卡照片的白平衡时，其他选中的照片也会根据你用白平衡选择器选择的位置实时更新白平衡设置。

5.6 在联机拍摄时设置白平衡

使用联机拍摄可以将照片直接从相机导入Lightroom，这是Lightroom中我最喜欢的功能之一，而当我学会在照片导入Lightroom时如何自动应用准确的白平衡这一技巧后，我真是高兴极了。

第1步

首先用USB数据线将相机连接到计算机（或笔记本电脑），然后在Lightroom的“文件”菜单中执行“联机拍摄”—“开始联机拍摄”命令（如图5-22所示）。在弹出的联机拍摄设置对话框中可以选择你的偏好设置，以便让Lightroom知道在照片被导入时应该对其进行怎样的处理（关于这个对话框的更多细节以及如何设置，请参见第1章）。

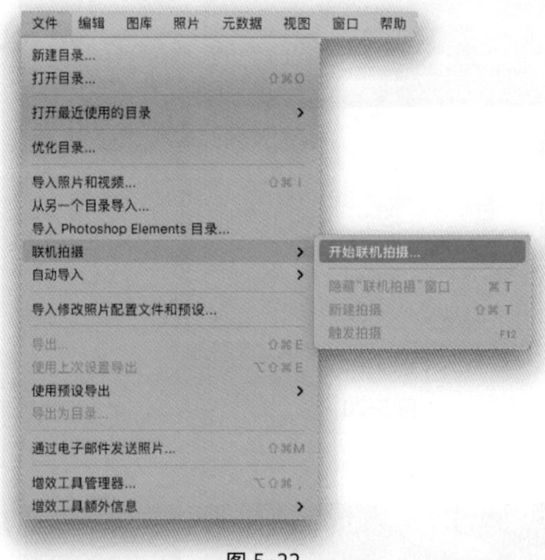

图 5-22

第2步

一旦按自己的想法布置好灯光后（或者在自然光下拍摄），使你的拍摄对象处于画面中合适的位置，递给他们一张灰卡，让他们手持灰卡，然后拍摄一张测试照片（如果拍摄的是产品，则请将灰卡斜靠在产品上，或者放置在产品附近光线条件相同的地方）。现在，在灰卡清晰可见的情况下进行试拍（如图5-23所示）。

图 5-23

图 5-24

第3步

当带有灰卡的照片出现在Lightroom中时，从“修改照片”模块“基本”面板的顶部选取白平衡选择器工具（快捷键W），并单击照片中的灰卡（如图5-24所示）。这样就正确设置了这张照片的白平衡。现在，我们可以在导入过程中使用该白平衡设置自动校正其余照片的白平衡。

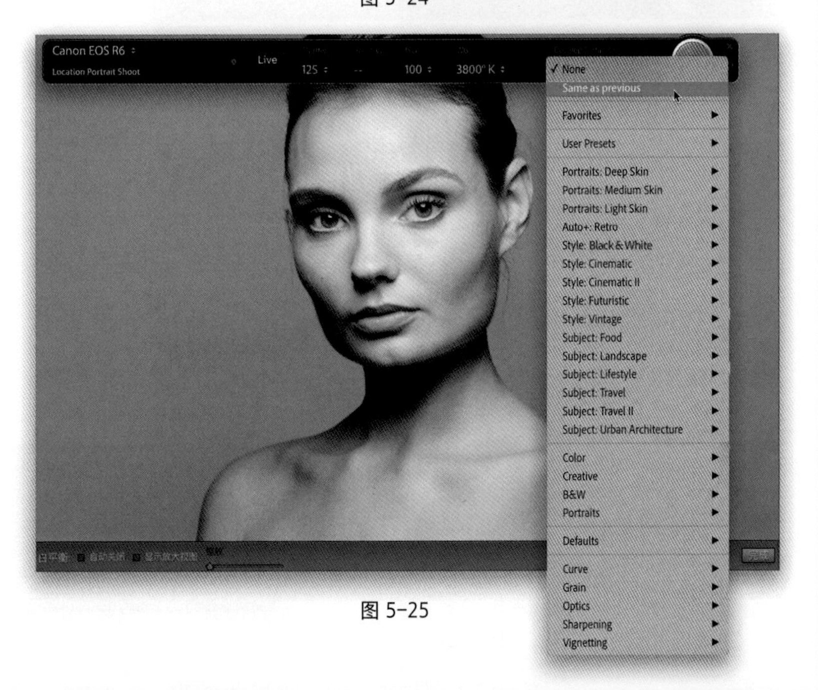

图 5-25

第4步

进入联机拍摄窗口（如果窗口未弹出，请按Command-T[PC：Ctrl-T]组合键），在右侧的“修改照片设置”（Develop Settings）弹出菜单中选择与上一张相同（Same as previous，如图5-25所示）。现在你可以把灰卡从拍摄场景中拿出来（或者从你的拍摄对象那里拿回来，他现在可能已经厌倦了一直拿着它），然后继续拍摄。当你接下来拍摄的照片导入Lightroom时，你在第一张照片中设置的自定义白平衡将自动应用到其他照片中。因此，我们现在看到其余照片也已经设置了合适的白平衡，在后期制作过程中就不必再进行调整了。

5.7 创意白平衡设置

到目前为止，我们一直在研究如何获得相当（或非常）准确的白平衡，因此照片就像我们站在拍摄主体前面时看到的样子。但是，如果你的目的并不是得到准确的白平衡呢？如果你不是想让它看起来很写实，而是想发挥创意，让它更好看呢？那么我们就来介绍以不同的方法使用那些白平衡工具。

第1步

如图5-26所示，这是我们的案例照片（拍摄于加拿大的班夫国家公园），你现在看到的是原照设置的白平衡，它看起来效果不错（该照片是在日出时分拍摄的），但从颜色上看它有点可惜。当我想对白平衡进行创新时，我使用到的工具是“色温”和“色调”滑块。这两个滑块的优点是，它们调整的颜色都能在滑块上非常直观地体现出来。因此，你会知道如果想给照片添加更多的蓝色，应该将“色温”滑块朝哪个方向调整多少（蓝色在“色温”滑块的最左端）。要使照片增加更多蓝色，你只需将滑块向左侧蓝色方向拖动即可。没错，就是这么简单。

图 5-26

第2步

让我们尝试一些白平衡的效果，以获取相关设置的窍门。如果想让照片色调更暖，你只需将“色温”滑块向右侧黄色方向拖动（如图5-27所示，我将滑块拖动到9981）。顺便说一下，当我从创意的角度编辑照片时，我根本不看这些参数数值。

图 5-27

图 5-28

第3步

如果你移动了“色温”或“色调”滑块，但又后悔了，只需直接双击“色温”或“色调”的字样，滑块就会回到原来的位置，恢复刚开始的白平衡设置。这样，你就不必担心在尝试不同的色温和色调组合时会扰乱照片的颜色。你总是可以通过双击滑块名称复位到刚开始的设置。好吧，让我们尝试另一种白平衡效果。这次把“色温”滑块向与之前相反的方向（蓝色）拖动（拖动到4687），使照片偏冷色调。我认为蓝色调的照片看起来非常好（我很喜欢它，认为它比第2步中的暖色调效果更好），如图5-28所示。

图 5-29

第4步

事先提醒一下你：当你编辑RAW照片时，“色温”和“色调”滑块会显示相应的数值；但是，如果你在相机上使用JPEG格式拍摄，Lightroom则不会显示这两个参数的数值，而且这两个滑块的初始位置都是控件的正中间，初始值为0（零），你可以向右拖动滑块到+100，或者向左拖动滑块到−100，就像“基本”面板中的其他大多数滑块一样。让我们再给这张照片做一轮颜色调整，这次包括“色调”滑块。如图5-29所示，我把“色温”滑块朝蓝色方向拖动（4842），然后把“色调”滑块朝洋红色方向拖动（+78），使整个照片看起来偏紫色。还有一件事：除了通过双击每个滑块的名称来重置滑块（你也可以双击每个滑块将其复位），你还可以直接双击面板中“白平衡”的字样，Lightroom会把这两个滑块重新恢复为原照设置。

5.8 使肤色更好看

如果你的照片中有一个或多个人物，那么使他们的肤色好看是很重要的，所以我在这里介绍了你可能遇到的几种情况及其应对方法。

第1步

对于拍摄对象的皮肤泛红或有很多红斑的情况，Lightroom可以轻松解决。在“修改照片”模块中，转到“HSL/颜色”面板，在HSL部分单击靠近面板顶部的“饱和度”选项卡，展开饱和度调整滑块，接着单击位于面板左上角带有双向箭头的圆圈——目标选择器工具（简称TAT）。当你单击照片中的某个区域时，这个工具可以准确地知道控制该处颜色的是哪个滑块。在这个案例中，应该调整人物皮肤泛红的部分，我用目标选择器工具单击他的左侧脸颊，然后按住鼠标左键并向下拖动，此时控制脸部泛红部分的滑块会随之移动（如图5-30所示，大幅度降低了橙色的饱和度，也稍稍降低了红色的饱和度），这样就解决了皮肤泛红的问题。

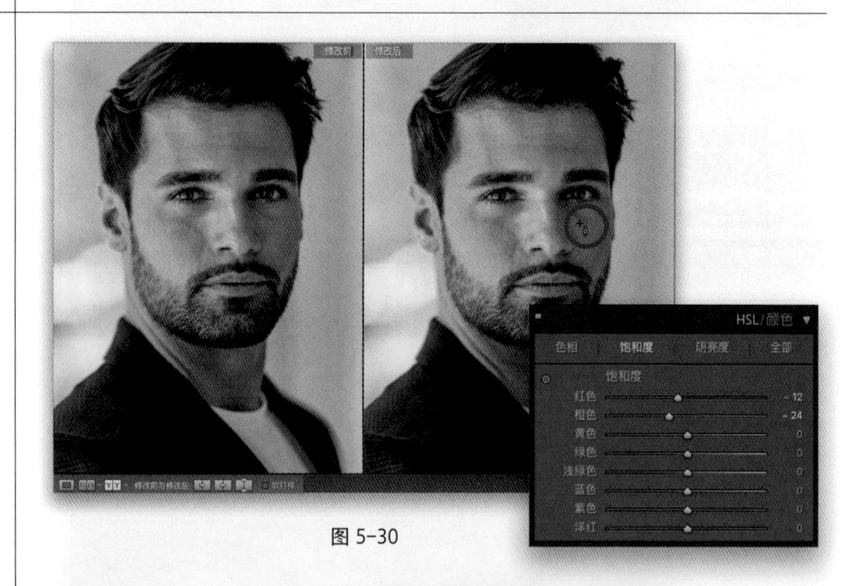

图 5-30

第2步

这张照片没有什么大问题，我们要做的就是降低照片整体的饱和度，这样拍摄对象的皮肤看起来就不会太偏暖色调。我在每次的人像照片后期处理中都会进行这一步操作。请在“基本”面板底部找到“鲜艳度”滑块，并将其稍稍向左拖动，这样就可以降低整体颜色的饱和度，通常都非常奏效。如果降低了照片中太多其他色彩的饱和度，请选择“画笔”工具（见第7章），向左拖动“饱和度”滑块（“画笔”工具里没有“鲜艳度”滑块），然后在肤色区域绘制，如图5-31所示。

图 5-31

色彩丰富、鲜艳的照片自有其吸引力（这就是为什么胶片时代的专业风景摄影师会迷上富士Velvia胶片及其标志性的饱和色彩）。Lightroom中有一个“饱和度”滑块，可以增加照片的色彩饱和度，但问题是，它会等量地增加照片中所有颜色的饱和度。这就是我很喜欢Lightroom的“鲜艳度”滑块的原因（我觉得它叫“智能饱和度”应该更好）——它可以让你在不破坏照片美感的情况下使颜色更鲜艳，而且是以一种非常聪明的方式实现。

5.9 使照片的整体色彩更加突出

第1步

在“基本”面板底部的“偏好”区域，有两个影响照片色彩饱和度的控件，一个是“清晰度”，另一个是“饱和度”。我只用“饱和度”滑块来降低颜色的饱和度（去饱和），从来不用它来增加颜色的饱和度，因为得到的结果可能会非常糟糕（这是一个非常粗糙的调整，照片中的每个颜色都增加了相同数量的饱和度）。这就是为什么我使用“鲜艳度”滑块来代替——它可以大幅度增加照片中任意暗淡颜色的鲜艳度。最后，如果你的照片里有人物，“鲜艳度”滑块会使用一种特殊的算法来避免影响肤色，所以你的人物看起来不会像被晒伤一样，给人很奇怪的视觉观感。

图 5-32

第2步

这里有一个例子：看看第1步中的建筑物和天空（如图5-32所示）。你可以看到天空是多么的暗淡，建筑物的颜色也很暗淡。现在，将“鲜艳度”滑块向右拖动，直到天空开始变蓝，并且有色彩更丰富的蓝色天空被反射到建筑物的玻璃镜面上。照片中蓝色的鲜艳度被提高得最多，但大楼窗帘的颜色并没有因此而过度饱和，这就是我喜欢“鲜艳度”滑块的原因。这里，我把“鲜艳度”的数值调得很高，但在大多数情况下，你不必将滑块向右拖动这么远就能让照片看起来色彩鲜艳，如图5-33所示。

图 5-33

摄影师：斯科特·凯尔比 | 曝光时间：1/160s | 焦距：35mm | 光圈：ƒ/8 | ISO：200

第6章 准确曝光

- 首先扩展照片的亮度范围
- 接着调整“曝光度”滑块
- 处理高光问题（高光剪切）
- 提亮暗部，修复逆光照片
- 增强细节（“纹理”滑块）
- 为照片增加视觉冲击力
- “纹理”滑块与“清晰度”滑块
- 增加对比度（比听起来更重要）
- 去除雾霾
- 使用“图库”模块的“快速修改照片”面板
- 如果不知道从哪里下手，尝试“自动”色调按钮
- 整合所有操作（我的照片编辑流程）
- 我的Lightroom照片编辑技巧

6.1 首先扩展照片的亮度范围

我通过设置白点和黑点开始进行准确曝光，尽可能地提亮白色色阶（在不出现高光剪切的前提下）并尽可能地压暗黑色色阶（在暗部不“死黑”的前提下），因而扩展了照片的亮度范围。以前我们需要手动操作（很久以前），但现在Lightroom可以自动为我们完成这些非常重要的操作，帮助我们轻松地将画面整体曝光调整到我们想要的效果。

第1步

对于我编辑的每张照片，我几乎都会设置白点和黑点，原始照片看起来效果越差，使用该方法（有两种方法可以做到）得到的效果就越有戏剧性。如图6-1所示是原始照片，你会发现照片看起来有点平淡，我们要做的就是使白色色阶更亮、黑色色阶更暗，以扩展亮度范围，而且可以让Lightroom替我们完成这些操作。

注意：从工作流程上讲，我在选择RAW照片的配置文件（如果我用RAW格式拍摄）以及设置白平衡（我们在第5章中讨论了这两点）之后，才运用这种设置白点和黑点的技巧。

图6-1

第2步

要让Lightroom自动为你设置白点和黑点，在“修改照片”模块的“基本”面板中，按住Shift键，先双击“白色色阶”字样（如图6-2所示），Lightroom就会为你自动设置白点，你会看到“白色色阶”滑块移动了，一般是向右移动，移动幅度或大或小（取决于具体的照片）。

图6-2

图 6-3

图 6-4

第3步

现在，按住Shift键并双击“黑色色阶”字样（如图6-3所示）或拖动“黑色色阶”滑块，Lightroom会为你自动设置黑点。就是这样，设置白点和黑点就是这么简单，但我们还需要做一件事（在下一页将会介绍）来完成整体曝光的调整，而且这是所有这些调整中非常重要的一部分。顺便说一下，如果你的“白色色阶”和“黑色色阶”滑块几乎没有移动或停在0的位置，则意味着原始照片很可能已经有足够大的亮度范围。

第4步

如图6-4所示，是Lightroom为我们自动设置“白色色阶”和“黑色色阶”后得到的修改前/修改后照片。如果你对如何手动调出该对比视图感到好奇（我从未手动操作过），只需按住Option（PC：Alt）键，单击“白色色阶”滑块，不要松开鼠标（照片会变黑），然后开始向右拖曳滑块。继续拖曳滑块直到开始出现白色剪切区域（那些区域正在被剪切——见第6.3节），然后稍稍往回拖一点（向左拖曳），这样照片又变成纯黑色了。注意：如果在照片中看到红色、蓝色和黄色，这意味着你只是在对该颜色通道进行单独剪切（不必担心）。然而，如果你看到的是纯白色区域，这表示你是在这三个通道中同时剪切高光，而且调整过度了。对“黑色色阶”滑块可以做同样的操作，但这一次，照片变成了白色，而且当黑色剪切区域开始出现时，你就要停下来，将滑块往回拖一些。

6.2 接着调整“曝光度”滑块

设置照片基本整体曝光的第三部分内容是使用“曝光度”滑块来调节整体亮度（后面会有更多介绍），但我们只有在设置了白点和黑点之后才会这样做。“曝光度”滑块主要用来控制照片的中间调，如果你把鼠标指针悬停在直方图上（位于右侧面板的顶部），你会看到一个浅灰色的阴影区域，显示这个滑块影响多少亮度范围，它覆盖了整个直方图中心面积的1/3（可能更多），因为“曝光度”滑块控制的不仅仅是中间调——它还控制了较暗的高光和较亮的阴影。

第1步

如图6-5所示是一张与前面案例不同的照片，接下来我们先设置白点和黑点，就像你们在前面学到的一样。

图6-5

提示：在编辑照片时选择更大的视图

我们要用到的编辑照片的控件都位于右侧面板中，因此我建议收起左侧面板区域，这样你的照片在屏幕上看起来要比之前大得多。按键盘上的F7键，或者直接单击面板最左侧的灰色小三角形以收起左侧面板，将其隐藏。

第2步

设置好了白点和黑点，再仔细看看照片是否太亮或太暗。这只能由你来做决定，如果你认为照片看起来太暗，向右拖动“曝光度”滑块直到画面整体亮度在你看来是合适的（我觉得它看起来太暗了，有点曝光不足，所以我把“曝光度”滑块向右拖曳到+0.40，如图6-6所示，这样照片亮了不到半挡）。如果你的照片在设置白点和黑点后看起来太亮，你应该向左拖动“曝光度”滑块。这是一个强大的滑块，正如我上面提到的，它涵盖了非常广的范围，包括了中间调、较暗的高光和较亮的阴影。因此，当我需要一张照片整体看起来更亮或更暗时，我就会使用这个滑块，但通常是在设置了白点和黑点之后使用。

图6-6

图 6-7

第3步

我一直在强调"先设置白点和黑点"，因为这步操作能对照片产生很大的影响。例如，单击"重置"按钮（在右侧面板的底部），这样我们就可以从头开始调整，但这次跳过设置白点和黑点，而是通过向右拖动"曝光度"滑块使照片更加明亮。在这里，我把"曝光度"滑块拖到了+1.40（将近1.5挡），如图6-7所示。现在回头看看第2步中的照片，注意到相比之下图6-7所示的照片效果是多么平淡了吗？这就是为什么设置照片整体曝光的三部曲方法（白色色阶，黑色色阶，然后是"曝光度"滑块）是如此好用。

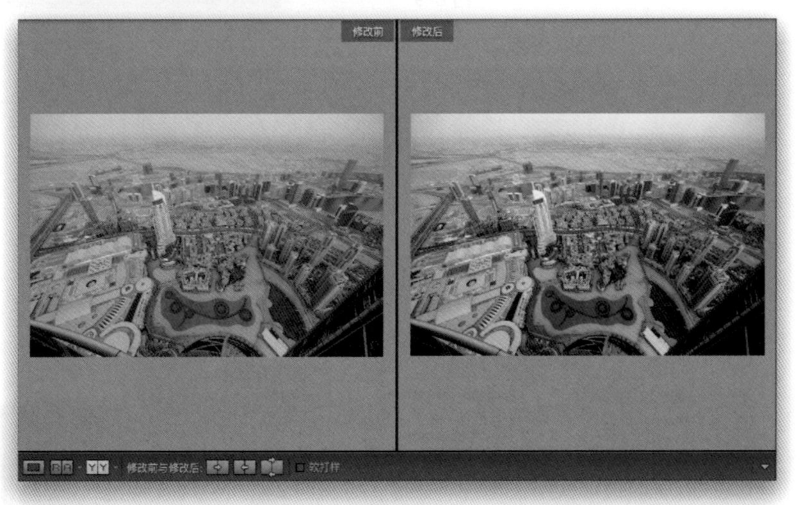

图 6-8

第4步

如图6-8所示，在该案例中，我让修改前/修改后的照片并排显示，将仅使用"曝光度"滑块调整的照片（左侧，修改前）与进行了整体曝光调整的照片（右侧，修改后）对比，在你的日常工作中，使用这个三部曲方法（让我们称之为"曝光三重奏"，因为它听起来像一支乐队的名字）时，你可能很少需要移动"曝光度"滑块。请记住，在你的照片编辑过程中，无论什么时候，如果你认为照片看起来太亮或太暗，你可以直接拖动"曝光度"滑块到你需要的位置，并不是只能在这个"曝光三重奏"（看，这个名字还挺好听的，对吧？）的整体曝光调整过程中使用"曝光度"滑块。

6.3 处理高光问题（高光剪切）

在拍摄时，我们最担心的问题之一莫过于重要的高光细节被剪切掉。这就是大多数相机都内置有高光警告功能的原因，因为如果曝光过度，照片的高光部分就会被剪切掉，不会留下任何像素，导致细节缺失。如果要打印照片，那些过亮的高光区域甚至没有任何痕迹。如果没有在拍摄时发现问题，不用担心，我们可以在Lightroom中恢复被剪切的高光区域。

第1步

如图6-9所示是一张拍摄于伦敦圣潘克拉斯文艺复兴酒店的楼梯照片。楼梯本身没有问题，但窗户看起来曝光过度了，可能发生了高光剪切（丢失了细节——见本节开头的介绍，了解剪切的含义）。但是，如果你不确定这些窗户（或其他任何东西）是否被剪切了，不用担心，Lightroom会提醒我们。看看直方图右上角的三角形图标（如图6-9中红色圆圈所示）。这个三角形通常是深灰色的，这意味着一切正常——没有剪切。如果你看到该三角形变成其他颜色（红色、黄色或蓝色），意味着高光部分只在该颜色通道内发生了剪切，这并不是世界末日。但是，如果你看到这个三角形变成了白色的（如图6-9所示），则所有颜色通道都发生了高光剪切，如果剪切的是一个应该有细节的区域，你就需要进行处理。

图6-9

第2步

现在我们知道照片中的某些部分存在高光剪切问题，但是具体是哪里呢？如果想找到准确的被剪切位置，需要直接单击直方图右上角的白色三角形图标（或者按键盘上的字母键J）。现在被高光剪切的区域会显示为红色（如图6-10所示，大部分窗户和灯具被剪切得很严重），如果不加以修复，这些区域将没有任何细节（没有像素，什么都没有）。

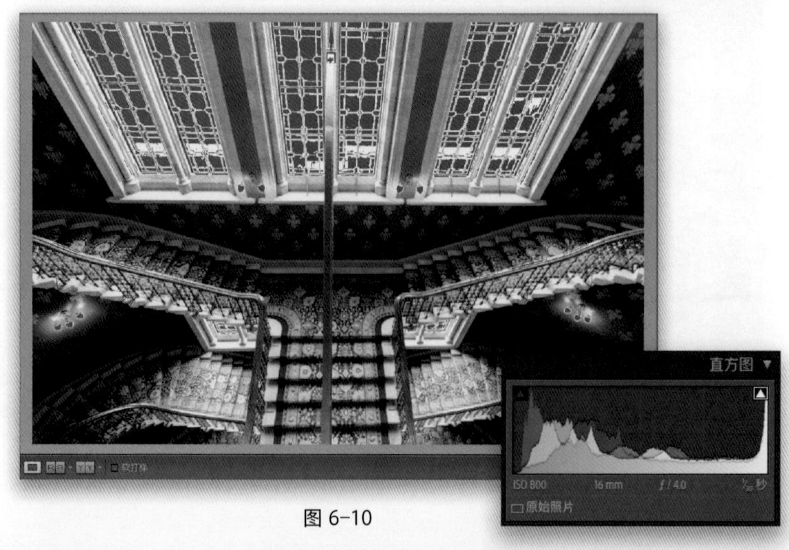

图6-10

图 6-11

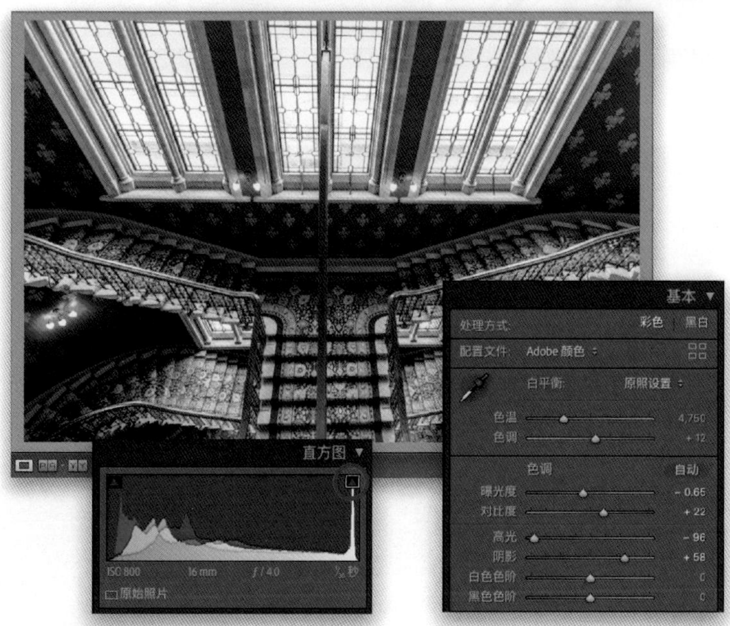

图 6-12

第3步

从技术上讲，你可以向左拖动“曝光度”滑块，直到所有红色高光剪切的警告区域消失（如图6-11所示），但这会影响照片的整体曝光，使照片整体曝光不足（看看为了使窗户更漂亮，这张照片现在变得有多暗）。这好比解决了一个问题之后，又有新的问题产生。而“高光”滑块的调整则不仅可以让照片的整体曝光度维持在原有水平上，还可以修复过亮的剪切区域，并且其只会影响高光而不会影响整体曝光。这就是“高光”滑块功能强大的原因——它可以让整体曝光保持不变，只处理那些被高光剪切的区域，它影响的只是高光部分而不是画面整体的曝光。

第4步

让我们开始使用“高光”滑块。只需稍微向左拖动“高光”滑块，看到屏幕上的红色高光剪切警告消失即可，直方图右上角的三角形图标变成深灰色（如图6-12所示）。此时警告仍是开启的，但向左拖动“高光”滑块修复了照片的高光剪切问题，还原了丢失的细节，因此现在已经没有被剪切的区域了。注意：我最后还降低了“曝光度”，增加了“对比度”和“阴影”，如图6-12所示。

提示：适用于风光照片

下次编辑有大片蓝天的风光或旅行照片时，记得把“高光”滑块向左拖动至-100，这样做可以让天空和云朵的效果更好，还原更多的细节和清晰度。这是相当简单有效的办法，我经常使用。

6.4 提亮暗部，修复逆光照片

为什么我们会拍出这么多的逆光照片？人的眼睛很神奇，能自动调整高反差画面的亮度范围，因此，即使拍摄对象处于完全背光的位置，但我们的眼睛会自动调整，也可以清楚地看到逆光的物体。问题是，即使是现在最好的相机传感器也不能实现我们眼睛的亮度范围，所以即使我们通过取景器看时亮度很好，但当我们按下快门按钮时，传感器无法处理这么大的亮度范围，我们最终只能得到一张逆光的照片。但幸运的是，我们只需要拖动一个滑块即可解决逆光的问题。

第1步

如图6-13所示的原始照片中，可以看到拍摄对象是逆光的（如果你看了前面的介绍，你就知道为什么会这样）。如果你用单反相机拍摄，这种情况经常发生，因为你通过取景器看到的画面和你的眼睛看到的是一样的（你的眼睛会自动调整到比较大的亮度范围）。无反相机的电子取景器（EVF）的优点在于，取景器显示的是相机所看到的画面，所以如果你在EVF中看到你的拍摄对象处于这种逆光状态，你可能会使用曝光补偿来修复。但是，这样做也会使背景变亮，不是吗？这就是为什么Lightroom的这个修复方法是如此的好——只是提亮了你的拍摄对象，而没有扰乱背景。

图 6-13

第2步

进入“基本”面板，把“阴影”滑块拖到右边（这里我把它拖到+78，如图6-14所示），当你这样做时，照片中只有阴影区域受到影响。正如你在这里所看到的，“阴影”滑块在提亮阴影区域这一方面做得很好，并且可以还原隐匿于阴影之中的细节。注意：如果把这个滑块往右拖动得太多，可能会使照片显得有些平淡。如果发生这种情况，只需增加“对比度”（向右拖动“对比度”滑块），直到照片恢复正常的对比度为止。这项操作不会经常用到，但至少当发生这种情况时，你需要知道增加对比度能够平衡画面。

图 6-14

6.5 增强细节（“纹理”滑块）

当你想突出照片中的细节时（这很好，因为在你还没有锐化处理之前，它就已经让照片看起来更清晰了），请使用“纹理”滑块。这是多年来Lightroom最好的工具之一。我们增强细节的首选工具曾经是“清晰度”滑块，但“清晰度”滑块会改变照片的整体色调，使照片看起来有点脏（如果这是你想要的效果，使用该滑块也不错）。“纹理”滑块则给照片带来了绝美的纹理效果，而且不会干扰照片的整体色调。

第1步

当你的照片中有很多细节需要突出时，“纹理”滑块是你最好的朋友（而且操作非常简单）。同样，正如我前面提到的，我喜欢添加纹理的原因是它不会扰乱照片的色调——这样照片既有细节，整体曝光和色调又保持不变。

图 6-15

第2步

如图6-15所示，为了突出照片的纹理和细节，我们可以将“基本”面板的“纹理”滑块向右拖动一些。在这里，如图6-16所示，我把它拖到+76，你可以看到比较明显的效果。看一下树和建筑物的侧面，甚至埃菲尔铁塔，一切都看起来更清晰了。注意：“纹理”滑块并不能取代“清晰度”滑块的使用（见下页）。没错，这两个滑块都能增强细节，但它们的方式不同，所以各有各的效果。这就是我喜欢同时使用它们两个的原因——先添加大量的纹理，然后再增加大约纹理数值一半或更少的清晰度，使照片看起来非常漂亮、清晰。“纹理”滑块其实没有任何副作用，但“清晰度”滑块有，所以请仔细阅读下页的内容。

图 6-16

6.6 为照片增加视觉冲击力

从技术层面来说，“清晰度”滑块可以调整中间调的对比度，但我认为该功能没有太大的用处。我一般会在以下几种情况下向右拖动“清晰度”滑块：想要凸显照片的细节和纹理（并且不介意曝光或色调有一点变化）；或者想让水面或金属表面看起来有光泽；又或者想让照片有一种脏脏的感觉。这些只用一个滑块就能做到。不过要小心，因为你可能会过度使用“清晰度”滑块——如果你看到照片中的物体周围开始出现光晕，或者是云层出现了阴影，这就是警示信号，说明你调整过度了。

第1步

哪些照片适合增加“清晰度”呢？通常包括木制品/木制建筑的照片（从教堂到古老的乡村谷仓）、风景照片（细节丰富）、都市风光照片（建筑物需要表现得很清晰，玻璃或金属也是）、汽车照片、摩托车照片，或者是任何细节复杂的照片（甚至能把老人皱纹纵横的脸部表现得更好）。如图6-17所示是我们的原始照片，这里有很多细节我们可以加强。注意：我不会在那些不想突出细节或纹理的照片中增加清晰度（比如女性肖像、母亲和宝宝的合照，或者是新生儿的照片）。

图 6-17

第2步

为了在我们的照片中增加视觉冲击力和纹理细节，将“清晰度”滑块向右拖动一点。在这里，我把它拖到+74，如图6-18所示，可以明显看到它的效果。仔细观察照片整体增加的细节。如果你看到物体的边缘开始出现黑色光晕，说明你调整过度了，这时只需将“清晰度”滑块往回拖动一点，直到光晕消失。

注意：“清晰度”滑块确实有一个副作用——它可以影响照片的亮度，有时会使照片看起来更暗。但这个问题很容易解决，使用“曝光度”滑块即可。我只是想让你注意一下，以防发生这种情况。

图 6-18

6.7 “纹理”滑块与“清晰度”滑块

你已经听我说过“纹理”滑块有多棒，因为它不会破坏照片的整体色调。没错，它确实很棒，但是当涉及增强细节时，“纹理”滑块并不能取代“清晰度”滑块——虽然它们都能增强照片细节，但是方式不同，得到的效果也不尽相同。有时根据照片的具体情况，使用“清晰度”滑块得到的效果可能更好一些。我常常把这两个滑块结合使用，先添加大量的纹理，然后再增加大约纹理数值一半或更少的清晰度，使照片看起来漂亮、清晰。本节展示了修改前/修改后的照片，你可以观察一下应用这两个滑块得到的效果如何。

图 6-19

图 6-20

图 6-21

只用“纹理”滑块

如图6-19中的左图所示是原始照片，我还没有对它做任何处理（没有调整曝光度、对比度等）。让我们将“纹理”滑块拖动到+76。在修改后的照片中，我们注意到小岛侧面的岩石的细节得到了加强，但照片的整体色调看起来是一样的。

只用“清晰度”滑块

还是用同一张照片，但这次将“清晰度”滑块拖动到与前一种方法差不多的位置（+76）。如图6-20所示，我们发现修改后的照片比上面只调整了“纹理”滑块的照片要暗得多。现在观察一下这些岩石——它们的细节得到了加强，但你会发现照片看起来对比度更强、颗粒感更明显了，而且照片的整体色调也发生了变化。这就是我说的使用“清晰度”滑块会破坏照片色调的原因。

使用“纹理”和“清晰度”滑块

将这两个滑块结合使用——增加大量纹理及纹理数值一半左右的清晰度。该方法确实会稍稍改变照片的色调，但没有单独使用“清晰度”滑块的程度大。这是一个很好的滑块组合，也是迄今为止我使用得最多的滑块组合，如图6-21所示。

6.8 增加对比度

我每周会主持一档摄影脱口秀《The Grid》(该摄影脱口秀已走过了9年历程),我们每个月会邀请观众上传照片,然后进行盲评(为匿名的摄影作品点评,这样我们可以给予诚实的批评,而且不会使任何人感到尴尬)。那么,我们最常碰到的后期处理问题是什么?是平淡无奇的照片。这个问题很容易解决,只需要拖动一个滑块即可。

第1步

这是一张平淡无奇的照片(如图6-22所示)。在调整它的对比度(让亮的区域更亮、暗的区域更暗)前,让我们先了解一下对比度的重要性:当你增加对比度时,可以(1)使颜色更鲜艳;(2)扩展亮度范围;(3)让照片更加清晰、锐利。“对比度”滑块集众多功能于一身,可见其强大(我认为它可能是Lightroom中最被低估的滑块之一)。

图 6-22

第2步

要增加对比度,将“对比度”滑块向右拖动(如果照片看起来非常平淡,不要害怕拖动该滑块,这里我将其拖曳到+82,如图6-23所示),并观察照片有什么不同。照片的色彩现在变得更鲜艳了,亮度范围也更大了,整个照片看起来更清晰、更漂亮。如果你的照片在增加对比度后看起来有点暗(这种情况经常发生),你可以通过拖动“曝光度”滑块(向右拖动增加曝光度)来恢复照片的亮度,就像我在这里做的——只需稍微移动“曝光度”滑块使其到+0.40。增加对比度是一个非常重要的调整,尤其是对于RAW格式,因为使用该格式拍摄时会关闭相机的对比度设置,这也是为什么RAW照片看起来更平淡、对比度更低。把照片丢失的对比度找回来是相当重要的,而且只需调整一个滑块。

图 6-23

图 6-24

第3步

如果你真的喜欢对比度，这里还有另一种更高级的方法来调整对比度（好吧，有一个简单的方法和一个高级的方法，使用的是同一个工具），那就是使用“色调曲线”（它位于“修改照片”模块的右侧面板中）。在“简化”模式下使用“色调曲线”，面板底部的“点曲线”弹出菜单默认设置为“线性”，要增加对比度，你所要做的就是选择“中对比度”或“强对比度”（如图6-24所示）。这样就可以使那条对角直线稍微弯曲成S形的形状（也被称为S形曲线）。顺便说一下，如果由于某种原因你没有看到“点曲线”弹出菜单，只需单击“色调曲线”面板顶部的白色圆圈就会看到它。

图 6-25

第4步

上一步所说的高级方法就是不使用弹出菜单，而是直接绘制需要的曲线。你绘制的S形曲线越陡，就能为你的照片增加更多对比度。所以，先单击那条对角线的中心位置，为曲线添加一个控制点。这个对角线中心的点控制着照片的中间调（将它向左上角拖动可以使中间调变亮；向右下角拖动可以使中间调变暗）。为了增加对比度，你要让这个点位置不变（不要把它拖动到任何地方），这样就可以锁定中间调，让高光和阴影更加强烈。你可以通过在中心点和右上角的端点之间添加另一个控制点来调整高光部分，然后向上拖动该控制点使高光区域变亮（如图6-25所示）。接着你可以在中心点和左下角的端点之间增加一个控制点来调整阴影，然后向下拖动该控制点使阴影区域变暗。

6.9 去除雾霾

Lightroom的“去朦胧”功能非常强大，它在去除雾、除霾等方面做得非常好（注意：如果向左拖动“去朦胧”滑块，会增加照片中的雾或霾）。这实际上是另一种形式的对比度调整，但是是以去除雾霾的形式，因此深得我心。以下是这个功能的工作原理。

第1步

如图6-26所示是我们的原始照片，拍摄于加拿大的班夫。那天雾蒙蒙的，但我仍然继续拍摄，因为我知道使用“去朦胧”滑块可以进行修复。

图 6-26

第2步

在“基本”面板的偏好区域向右拖动“去朦胧”滑块，雾霾就真的消失了（如图6-27所示）。

图 6-27

图 6-28

第3步

不知道在上一步你是否注意到，当我向右拖动“去朦胧”滑块时，虽然确实能去除雾霾，但它也使照片变得更暗。这是因为“去朦胧”是另一种形式的对比度调整，会使照片较暗的区域变得更暗，所以要注意这个问题。如果你的照片发生了这种情况，把“曝光度”滑块向右拖一点（如图6-28所示，我把它拖到+0.25）。使用“去朦胧”滑块还有第二个副作用，这个副作用实际上影响更大，就是如果你增加的数值过大，往往会使你的照片色调偏蓝。因此，也要将白平衡的“色温”滑块向黄色方向拖动一点（在这里，我将其拖动到7393），这样可以消除蓝色，使照片色彩看起来更加自然。这只是需要注意的几件事，但还是那句话，只有在“去朦胧”数值增加得太多时，才可能需要处理这些问题。

第4步

如图6-29所示是修改前和修改后的对比照片，可以看到在使用“去朦胧”滑块之后给照片带来的巨大变化。还有一件事：正如我提到的，“去朦胧”是另一种形式的对比度调整，所以你甚至可以在没有雾霾的照片上使用该滑块，因为它提供了不一样的对比效果。

图 6-29

6.10 使用“图库”模块的“快速修改照片”面板

“图库”模块内有一个与“修改照片”模块的“基本”面板功能相似的面板，它就是“快速修改照片”面板。之所以在这里介绍该面板，是为了让你能够在“图库”模块内快速完成一些简单的编辑，而不必跳转到“修改照片”模块。但“快速修改照片”面板在使用上还存在一些问题，因为其中没有任何滑块，只有一些按钮，这使得难以将它们设置到合适的数值。但是，在某些情况下，“快速修改照片”面板不仅很有用，而且十分便利（你会在本节第4步了解到）。

第1步

“快速修改照片”面板（如图6-30所示）位于“图库”模块内右侧面板区域顶部的“直方图”面板下方。虽然它没有白平衡选择器，但除此之外，它具有的控件与“修改照片”模块的“基本”面板所有的基本相同（包括“高光”“阴影”“清晰度”等控件，如果没能看到所有控件，请单击“自动”按钮右侧的三角形图标）。此外，如果长按Option（PC：Alt）键，“清晰度”和“鲜艳度”控件会变为“锐化”和“饱和度”控件（如图6-31所示，注意：“去朦胧”滑块尚未添加到“快速修改照片”面板）。如果单击单箭头按钮，控件移动幅度稍小，如果单击双箭头按钮，则移动得多一点。例如，单击曝光度右侧的单箭头，将增加1/3挡曝光，单击双箭头则将增加1挡曝光。

图 6-30

图 6-31

第2步

我使用“快速修改照片”面板的一种情况是快速查看一张照片（或一组照片）是否值得处理，但又不需要在“修改照片”模块进行完整编辑。例如，右侧这些摩天大楼的照片看起来都可以在天空中添加更多的蓝色（并反映在建筑物中），为了快速查看它们在添加一些蓝色后的效果，我选中这些照片，转到“色温”控件，并单击左边的双箭头，为照片大幅度增加蓝色调，如图6-32所示。如果我只想要少量的蓝色，我就会单击左边的单箭头。

图 6-32

图 6-33

第一张照片的原始对比度设置为 +15

图 6-34

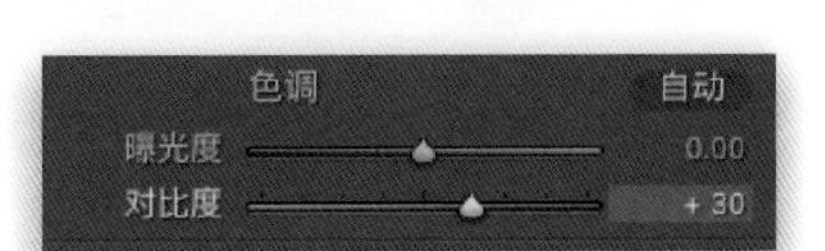

在“修改照片”模块中，如果选中多张照片并将对比度设置为 +30，所有照片的对比度都会被设置为 +30

图 6-35

第一张照片的原始对比度设置为 +15

图 6-36

如果你在“快速修改照片”面板中增加 +30 的对比度，所有照片的对比度都将增加 +30，而不是被设置为 +30（所以现在第一张照片的对比度是 +45）

图 6-37

第二张照片的原始对比度设置为 +27

图 6-38

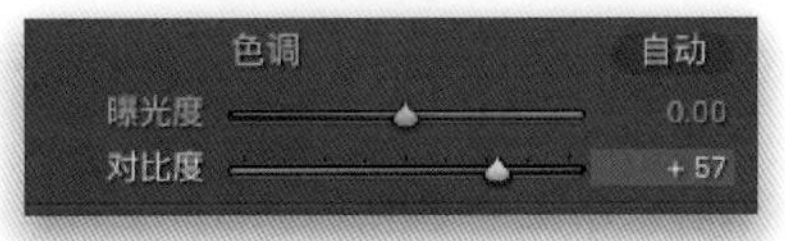

如果你在“快速修改照片”面板中增加 +30 的对比度，所有照片的对比度都将增加 +30，第二张照片的对比度变为 +57

图 6-39

第3步

我使用“快速修改照片”面板的另一种情况是拿当前修改的照片和其他类似照片做比较。如图6-33所示，我只选中左上角的那张照片，然后单击“鲜艳度”控件左边的双箭头，使这张照片变得不饱和，就像应用漂白剂的效果。现在，我可以快速看到修改后的照片与其他照片的对比情况。这个方法很好用，因为在“修改照片”模块中，你一次只能看到一张照片，或者只能在胶片显示窗格中查看小的缩览图。

提示：在“快速修改照片”面板中进行更精细的调整

你可以通过按住Shift键并单击控件右边的单箭头按钮，以较小的增量对照片进行调整。例如，按住Shift键，单击“曝光度”右边的单箭头按钮，就可以增加1/6挡曝光，而不是1/3挡（所以曝光度是+0.17，而不是+0.33）。

第4步

“快速修改照片”面板中最酷的功能或许是可以进行相对调整。例如，假设我在“修改照片”模块中调整了一些照片，但我认为这些照片可以使用更高的对比度。我把对比度设置为：第一张照片+15、第二张+27、第三张+12、第四张+20。如果我将4张照片全选并在“修改照片”模块中将对比度调整为+30，那么现在所有照片的对比度都设置为+30。但这不是我想要的结果。我想让每张照片的对比度在我最初设置的基础上增加30（现在第一张照片的对比度为+45、第二张为+57，以此类推）。在“快速修改照片”面板就可以实现：我选择照片（在本例中，只是顶部的两张照片），然后单击“对比度”右边的双箭头按钮，将其增加+20，然后双击右边的单箭头按钮，将对比度增加+10，对比度共增加+30。这里并不是将两张照片的对比度都改为+30，而是在它们当前的对比度基础上增加+30（如图6-34至图6-39所示）。

6.11 如果不知道从哪里下手，尝试“自动”色调按钮

我们曾经开玩笑说，旧的自动色调功能只是“曝光过度2挡”的按钮，没什么用。但几年前Adobe对“自动”色调按钮进行了改进，如果你现在不知道编辑照片从何处入手，它其实是一个相当不错的开始。此外，如果单击“自动”按钮后得到的效果不是很好，你可以直接撤销不是吗？只需单击按钮，你有什么损失呢？

第1步

自动色调是一键修复按钮（至少是一个不错的后期工作的起点），照片在开始时看起来越糟糕，修复的效果就越好。如图6-40所示是一张曝光不足的RAW原始照片。单击“自动”按钮（如图6-40所示，在“基本”面板的“色调”部分的右上方），Lightroom就会迅速分析照片并对照片进行编辑校正，它只移动能让照片效果更好的滑块（比较显而易见的有“曝光度”“对比度”“阴影”，以及“色调”部分的其他滑块，另外也会调整“鲜艳度”和“饱和度”滑块。不过，这里并不会调整“纹理”或“清晰度”的数值）。

图 6-40

第2步

只需单击“自动”色调按钮，照片就会得到极大的改善（尤其是天空），如图6-41所示。将这里的滑块设置与上一步进行比较，你会发现参数的变化。记住，你可以认为这只是一个照片后期处理的起点，现在可以开始调整滑块或添加效果。但是，如果你对修改后的效果感到满意，你也可以至此结束照片的编辑。顺便说一下，如果你不喜欢“自动”色调按钮的调整效果也无妨，只需按Command-Z（PC：Ctrl-Z）组合键就可以撤销。

图 6-41

6.12 整合所有操作（我的照片编辑流程）

既然你已经学完了所有的基础操作，我想在此分享自己经常使用“基本”面板滑块的顺序（没错，我几乎每次都以相同的顺序执行同样的操作）。虽然可能还有局部调整、特效及许多有趣的东西需要学习，但这里介绍的就是我编辑照片时的基本操作，有时这些基本操作就能完成对照片的编辑（取决于照片）。我对照片应用的其他调整（如特效）都发生在这些基本操作之后。我希望本节内容可以帮助到你。

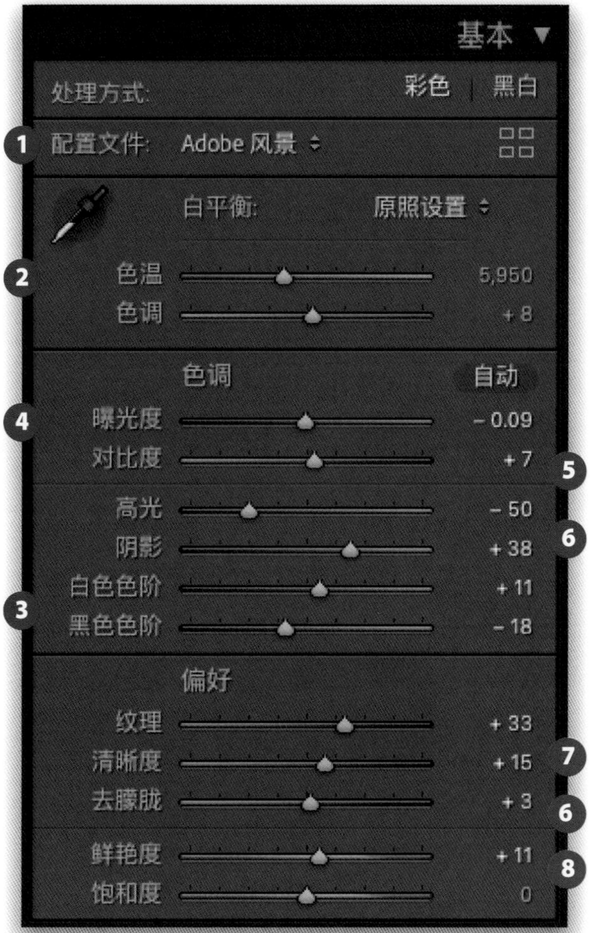

图 6-42

（1）选择RAW配置文件

默认的“Adobe 颜色”效果不错，但我通常会使用“Adobe 风景”或“Adobe 鲜艳”，如图6-42所示。

（2）设置白平衡

如果照片色彩有问题，大多数时候我会使用白平衡选择器调整白平衡。

（3）让Lightroom自动设置白点和黑点

依次双击“白色色阶”和“黑色色阶”滑块来扩展照片的整体亮度范围。

（4）调整整体曝光度

黑点和白点设置好之后，如果还觉得照片偏暗或偏亮，可以拖动“曝光度”滑块调整曝光。

（5）增加大量的对比度

我不希望照片看起来很平淡，所以我一般会添加相当多的对比度。

（6）有问题就马上解决

如果照片是逆光拍摄的，我会提亮“阴影”。如果有照片发生了高光剪切，我会把“高光”压暗一些。如果照片是雾蒙蒙的，我就使用“去朦胧”滑块。

（7）强化细节

为了突出照片细节，我会增加大量的“纹理”和约为“纹理”数值一半的“清晰度”。

（8）增强色彩

通常到这一步，照片的色彩已经很不错了，如果还要继续调整，可以增加“鲜艳度”的数值。

6.13 我的Lightroom照片编辑技巧

本节我们来快速浏览一下“基本”面板中的滑块（这不是官方的说明介绍，只是我个人的解读）。顺便说一下，尽管Adobe将其命名为“基本”面板，但我认为这是Lightroom中取名最不恰当的一个面板，它应该叫作“必需”面板，因为大部分时间你都会在该面板内编辑照片。另外，你需要知道：向右拖动任何一个滑块都会使照片变亮或增强某种效果；向左拖动会使照片变暗或减弱某种效果。

应用RAW配置文件

可以在“配置文件”弹出菜单中选择要应用于RAW照片的整体效果。你可以选择从平淡的、未经处理的照片开始编辑，或者是从色彩丰富、对比鲜明的照片开始后期处理。

自动调整色调

如果不确定应该从哪儿下手，可以试着单击“自动”按钮，Lightroom能自动调整照片的色调。如果不满意自动调整的效果（很少会不满意），可以按Command-Z（PC：Ctrl-Z）组合键取消自动调整。

设置照片整体曝光

如图6-43所示，我一般会同时使用这3个滑块进行调整。首先设定白点和黑点，扩展照片的亮度范围（详细内容见6.1节，了解Lightroom如何为你自动完成这一工作的），然后，照片可能会变得过亮或过暗，向右拖动“曝光度”滑块提高照片的整体亮度，或者向左拖动将照片调暗。

解决问题

如果照片的曝光有问题（通常是我们相机传感器的限制造成的），这些滑块中的一个或两个总能解决。当我的照片中最亮的区域太亮（或天空太亮）时，我会使用“高光”滑块，而“阴影”滑块会调亮照片中的暗部，显现出隐藏在阴影部分的细节——非常适合修复逆光拍摄的主体对象，如图6-44所示。

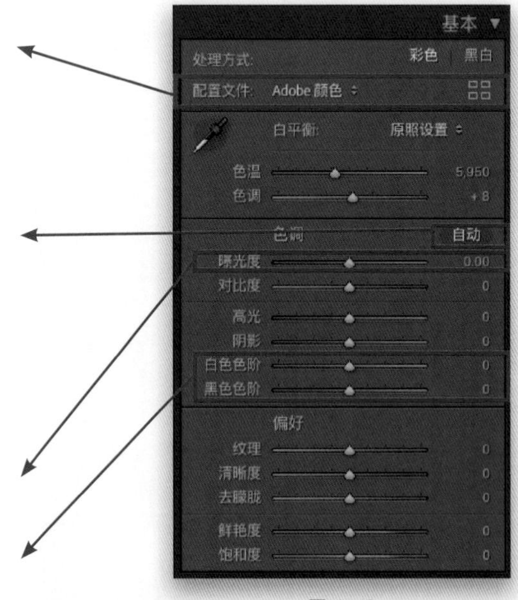

图6-43

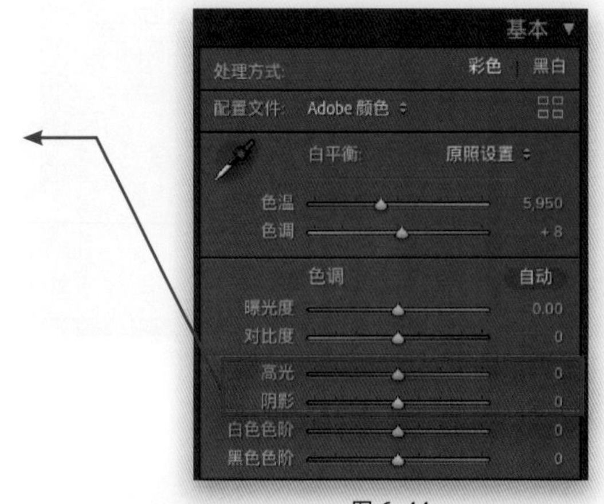

图6-44

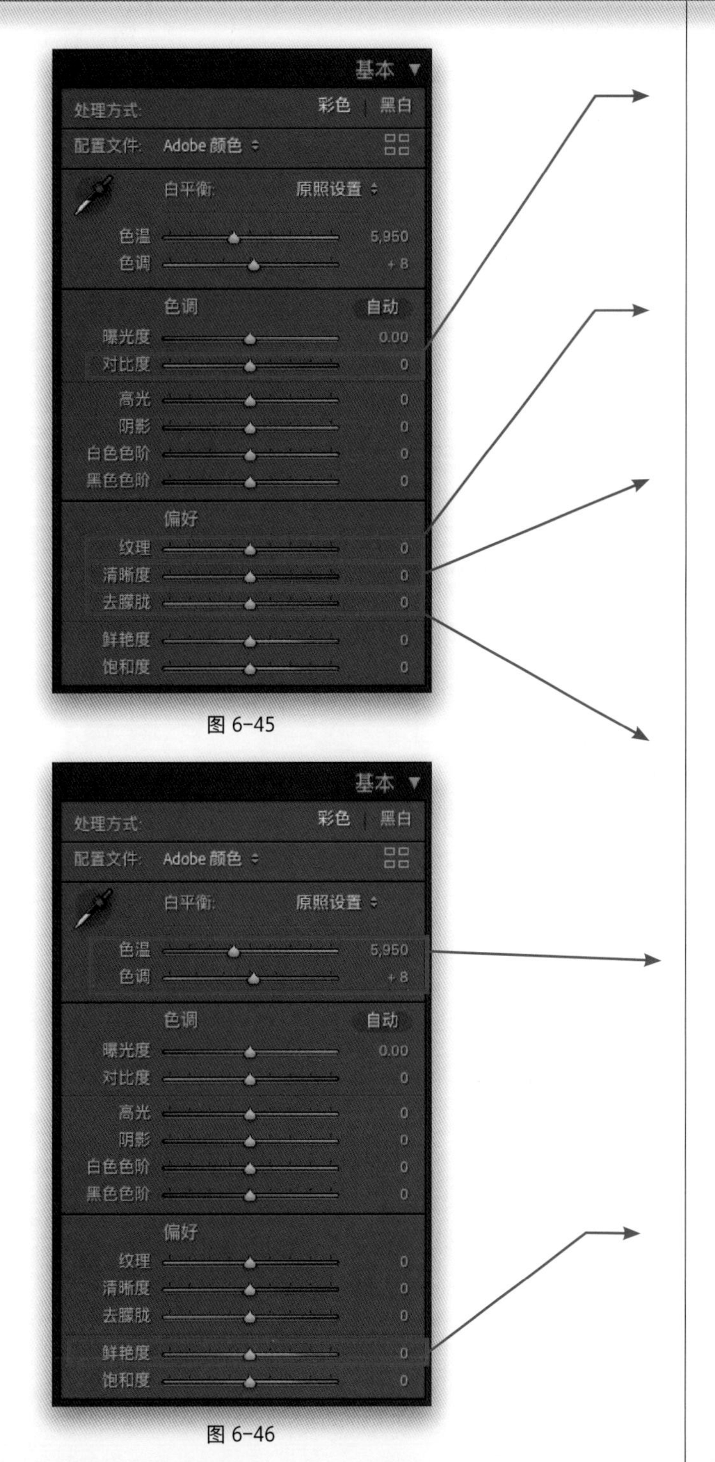

图 6-45

图 6-46

改善平淡、单调的照片

如果照片看起来平淡、单调，可以向右拖动“对比度”滑块，让亮部更亮、暗部更暗，从而提升明暗反差、增强照片色彩。

强化细节

“纹理”滑块可以增强细节，而且不会扰乱照片的整体色调或曝光，所以当我想突出细节时，它是我的首选。

更多细节和颗粒

“清晰度”滑块控制中间调的对比度，它也能增强细节，使照片整体看起来更清晰，使金属表面和水面看起来有光泽。然而，“清晰度”也会影响照片的整体色调，过度调整会使你的照片看起来很粗糙，有点HDR照片的感觉），所以在处理人像照片时要特别小心。

去除雾霾

“去朦胧”滑块在减少甚至去除雾和霾方面有令人意想不到的效果，只需把它向右拖动即可。如果向左拖动滑块，会给照片增加一种雾蒙蒙的效果。

校正色彩

“色温”和“色调”滑块都有助于校正白平衡（例如，向右拖动“色温”滑块可以减少蓝色偏色，向左拖动则可以增加蓝色以消除黄色偏色），你也可以使用这两个滑块制作出创意的效果，比如将淡黄色日落调整为灿烂的橙色、将单调的天空调整为迷人的蔚蓝色。

增加鲜艳度

当我想让照片色彩更强烈时，我会向右拖动“鲜艳度”滑块。你或许会注意到我没有提及“饱和度”滑块。那是因为几年前，当“鲜艳度”滑块被引入Lightroom时，我就不再使用“饱和度”滑块了。现在，只有当我需要减少或移除照片色彩时才会使用“饱和度”滑块（将其向左拖动）。我从不向右拖动“饱和度”滑块。

摄影师：斯科特・凯尔比 | 曝光时间：1/154s | 焦距：17mm | 光圈：*f*/16 | ISO：100

CHAPTER 7

第7章 Lightroom中的蒙版工具

- 关于蒙版需要事先知道的5件事
- 编辑你的拍摄主体
- 如果效果不理想该怎么办
- 更好看的天空，方法1：选择天空
- 更好看的天空，方法2：线性渐变
- 更好看的天空，方法3：为主体添加蒙版
- 更好看的天空，方法4：使用“明亮度范围”蒙版保护云层
- 关于画笔蒙版工具，现在要知道的5件非常有用的事
- 用光绘制（也叫作“减淡”&“加深”）
- 画笔工具超赞的自动蒙版功能
- 降噪的好方法
- 用白平衡绘制
- 修饰人像照片
- 编辑背景
- 使用“颜色范围”蒙版调整单一颜色
- 关于蒙版你还需要了解的10件事

7.1 关于蒙版需要事先知道的5件事

当你在“修改照片”模块的“基本”面板中移动滑块时，影响的是整张照片，但如果你只想对照片的特定区域进行处理（比如也许你只想调整如图7-1所示照片中的飞机），那么你可以使用蒙版工具，这样只有你想调整的部分会受到影响。在开始使用蒙版工具前，本节可以帮助你快速了解其令人惊叹之处。一旦你学会了这些技巧（以及本章中的其他内容），你会发现自己将很少再会用到Photoshop，因为在Lightroom中就可以完成很多操作。

（1）红色区域

当你使用Lightroom的蒙版工具时，默认情况下红色部分显示的是由蒙版遮罩的选区（如图7-1的主图所示）。只要你移动任意调整滑块，红色遮罩就会消失，你也可以通过在“蒙版”面板底部取消勾选“显示叠加”复选框来关闭遮罩。你还可以单击“显示叠加”复选框右边的三个点图标，从弹出菜单中选择不同的叠加选项，以除了红色之外的其他方式显示遮罩（如图7-1所示）。我在图7-1的顶部展示了3种叠加模式：左边的是图像叠加于白色，中间的是颜色叠加于黑白，右边的是白色叠加于黑色。

（2）堆栈你的“蒙版”面板

当你创建一个蒙版时，“蒙版”面板会出现在右侧面板区域的左边，挡住你的部分照片。你可以单击面板标题并拖动它来移动面板的位置，但它仍然可能挡住你的部分照片。如果你不喜欢，你可以把它堆栈到右侧面板区域。单击并拖动“蒙版”面板到工具箱（在直方图下面，右侧面板区域的顶部），就会出现一条蓝色的水平线（如图7-2所示）。当你看到那条蓝色的线时，松开你的鼠标按键，“蒙版”面板就会显示在工具箱的正下方。“蒙版”面板只会在你创建蒙版时出现，平时不会占用你操作界面的空间。

图 7-1

图 7-2

图 7-3

图 7-4

图 7-5

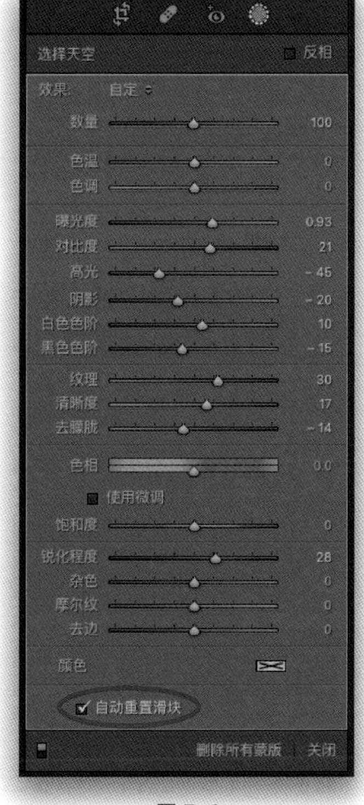

图 7-6

（3）隐藏的“添加”和“减去”按钮

“蒙版”面板中有两个按钮可以让你在最初创建的蒙版上添加或删减选区，但有时这些按钮是隐藏的。如图 7-3 所示，如果你在这里看到“蒙版”面板只有蒙版的名字，下方没有按钮，只需单击"蒙版"面板的其他部分，“添加”和“减去”按钮就会弹出来，如图 7-4 所示。

（4）你可以为蒙版重命名

如果你添加了许多不同的蒙版，可能会感到有点混乱，不知道哪个蒙版对应的是照片中的哪一个选区。这时，用描述性的名字重命名你的蒙版就变得很重要。要为蒙版重命名，请在“蒙版”面板中双击蒙版的当前名称（即“蒙版 1”“蒙版 2”等），弹出“重命名”对话框，如图 7-5 所示，你可以输入一个更具描述性的蒙版名称。

（5）创建新蒙版时，滑块自动重置

一旦创建了蒙版，我们就可以使用调整滑块进行编辑，这些滑块与我们在“基本”面板中使用的滑块相同（有一个例外，没有“鲜艳度”滑块。但是，如果你把“饱和度”滑块向右拖动，它就会使用“鲜艳度”的算法来使照片色彩更鲜艳；如果你把它向左拖动，它就会使用“饱和度”算法来使颜色去饱和[或去除颜色]）。要在创建新蒙版时将滑块全部重置为零，请确保面板底部的“自动重置滑块”复选框处于勾选状态（如图 7-6 中红色圆圈所示，默认情况下该复选框处于勾选状态）。如果你不是创建一个新的蒙版，而是对一个现有的蒙版进行添加或减去处理（使用“添加”和“减去”按钮），由于你是在同一个蒙版上编辑，所以滑块不会重置（如果你是在同一个蒙版上调整，那么滑块应该保持不变，不是吗？）

7.2 编辑你的拍摄主体

Lightroom从Photoshop那里借用了一些非常不错的技术，它可以智能识别照片的拍摄主体是什么，并隔离（创建蒙版）该区域，所以你可以只调整拍摄主体而不影响照片的其他部分。这是非常强大的功能，在Lightroom中开辟了一个全新的照片编辑世界，我们不必再跳转到Photoshop中进行处理。

第1步

在右侧面板的顶部，单击蒙版图标（在直方图下面的工具箱中，图标如图7-7红色圆圈所示），显示带有蒙版工具的“添加新蒙版”面板。现在，单击“选择主体”（如图7-7所示），让Lightroom分析照片，确定拍摄主体并添加蒙版，这样你就可以在不影响照片其他部分的情况下对拍摄主体进行编辑。

图7-7

第2步

当你单击“选择主体”时，过一两秒后，Lightroom会在你的拍摄主体上添加一个红色的遮罩（如图7-8所示），显示蒙版遮罩的区域（如果它没有完美地选择你的主体，我在7.3节介绍了出现这种情况时该怎么做）。创建一个蒙版后，“蒙版”面板会出现在右侧面板区域的左边。你会看到“蒙版1”出现在面板上，它代表被添加了蒙版的区域。在该蒙版下面，显示我们是利用了“选择主体”工具（主体1）来创建蒙版（如果你只看到“蒙版1”，可以单击它将其展开，如图7-8所示，就像你在这里看到的一样）。

图7-8

图 7-9

第3步

如果你在工具箱下方向下滚动鼠标滚轮，可以看到调整滑块，你可以用它们来调整你的蒙版主体。这些调整滑块与“基本”面板上的滑块差不多，但这里没有“鲜艳度”滑块，只有“饱和度”滑块。但是，Adobe是这样设计该“饱和度”滑块的：当你向右拖动时，它可以调整照片的鲜艳度；而当你向左拖动时，它可以调整照片的饱和度（可以使照片去饱和）。现在，你的主体被添加了蒙版，拖动调整滑块时红色遮罩就会消失，所以你可以清楚地看到调整的效果。如图7-9所示，我把“对比度”和“曝光度”提高了一些，把“高光”和“黑色色阶”降低了一些，并增加了一些“纹理”和“清晰度”。你在这个面板上所做的编辑只影响你的主体，而不影响照片的其他部分，因为你用“选择主体”工具为主体添加了蒙版。

第4步

如图7-10所示，我按Y键向你展示了修改前和修改后的照片，这样你就可以看到我们所做的调整只影响了主体，而没有影响照片的其他部分。

图 7-10

7.3 如果效果不理想该怎么办

尽管“选择主体”和“选择天空”（我们接下来会更多地关注它们）工具很神奇，但它们并不是每次都可以100%地顺利完成任务，本节将介绍出现这种情况时该怎么做能找到你的目标选区。

第1步

这里，我们想只选择这张照片中的拍摄主体（希腊雅典的厄里希翁神殿），这样我们就可以提亮它，为它增加一些纹理和清晰度，而且不影响它后面的天空。在右侧面板的顶部，单击蒙版图标（在直方图下面的工具箱中，如图7-11中红色圆圈所示），显示带有蒙版工具的“添加新蒙版”面板。现在，单击“选择主体”（如图7-11所示）。

图 7-11

第2步

从图7-12中红色的遮罩范围可以看到，“选择主体”在选择大部分结构方面做得很好，但它也将柱子之间的部分天空选中了，这是我们不想要的（所以它实际上过度选择了一点）。你可以在“蒙版”面板中看到已创建的蒙版（如图7-12所示）。

图 7-12

图 7-13

第3步

我们要取消添加在柱子之间的天空区域的蒙版，所以在“蒙版”面板中单击“减去”按钮（因为我们要从现有蒙版中减去部分选区。如果你没有看到该按钮，单击“蒙版1”来显示它）。在弹出菜单中，选择“选择天空”，即可从现有蒙版中减去天空区域（如图7-13所示，柱子之间的天空区域现在已经从蒙版中移除）。还有一个区域不太合适，那就是右数第二根柱子和第三根柱子之间的岩石——这块区域没有被添加蒙版，我们可以通过下一步介绍的方法将该区域添加到现有蒙版。

图 7-14

第4步

由于我们需要将那片岩石区域添加到现有蒙版中，因此在“蒙版”面板中单击“添加”按钮，在弹出菜单中选择“画笔”工具。现在，只需用画笔工具在这些岩石上涂抹，这片区域就会被添加到现有蒙版中了。因此，操作过程如下：如果照片中有什么东西是不需要添加蒙版的，但是却被蒙版遮罩了，你就可以单击“减去”按钮，然后选择一个最容易去除该区域蒙版的工具（你将在本章中进一步了解这些工具）；如果某个区域没有被添加蒙版，而你又想为其添加蒙版（如图7-14所示中的那些岩石），你可以单击“添加”按钮，然后选择一个最容易为该区域添加蒙版的工具。

第5步

为目标区域添加蒙版后，现在我们可以向下滚动面板到调整滑块。我们只要一移动滑块，红色的遮罩就会消失，让我们能清楚地看到滑块是如何影响蒙版区域的（即蒙版仍然存在，只是临时取消勾选了“显示叠加”复选框）。我们向右拖动“曝光度”滑块使建筑物更亮，然后把“纹理”和“清晰度”滑块向右拖动一点，增加细节，直到照片效果看起来很不错。这里天空没有被修饰，因为只有建筑物部分添加了蒙版，如图7-15所示。

图 7-15

第6步

如图7-16所示是我们只对建筑物进行提亮后的修改前/修改后照片（事实上提亮得有点过了，但至少你可以清楚地看到只有它们受到了影响）。好了，我们还没有结束，因为在调整这些蒙版之前，我们还需要学习一些非常重要的内容。

图 7-16

图 7-17

图 7-18

第7步

现在观察一下照片，你会发现画面上出现了3个小图标，这代表着我们添加的3个蒙版调整。（1）我们从“选择主体”开始，其图标（形状是一个胸像的剪影）正好出现在建筑物上，这是该调整的编辑标记。（2）然后我们利用“选择天空”，从蒙版中移除天空，它的编辑标记出现在天空区域，图标像一张小小的风景照片。（3）最后我们选择“画笔”涂抹岩石区域，它的编辑标记会出现在刚开始绘制的地方，图标是一个小小的画笔。如果你看一下“蒙版”面板，你会看到我们的主蒙版（蒙版1），然后在它下面是我们对该蒙版所做的3项调整：画笔（画笔1）、选择天空（天空1）和选择主体（主体1）。将你的鼠标指针悬停在这些蒙版调整中的任何一项上，其缩览图的右边会出现三个点图标，单击就会出现一个弹出菜单，里面有更多的选项（如删除调整）。如果你想隐藏一个蒙版调整的效果，单击其缩览图右边的眼睛图标，就可以将其从该蒙版中隐藏（如图7-17所示，我隐藏了画笔1的调整，你可以看到我们在岩石上绘制的那个位置又变暗了）。

第8步

要改变蒙版的设置，只需单击它或它的一个调整，然后进行修改（我单击“天空1”，把曝光度降低到0.42，所以画面的影调现在看起来更均衡）。如果你把鼠标指针悬停在一个调整缩览图上，蒙版调整影响的区域就会在画面中以红色突出显示（如图7-18所示，我的指针在“天空1”上）。要调整除建筑物外的区域，你可以单击面板顶部的“创建新蒙版”，开始添加蒙版，它将保留你的原始蒙版（蒙版1）及其所有设置，这个新蒙版将是完全独立的。你可以通过单击“蒙版”面板上的“蒙版1”“蒙版2”等，在蒙版之间进行切换。

7.4 更好看的天空，方法1：选择天空

我们要介绍4种不同的方法来制作更好看的天空，第一种是最简单的，因为它主要是使用人工智能（AI）和机器学习（ML）为你自动选择天空。一旦天空被添加了蒙版，你就可以进行任何你想要的编辑，而且这些编辑只会应用于天空。

第1步

在右侧面板的顶部，单击蒙版图标（在直方图下面的工具箱中，如图7-19红色圆圈所示）展开带有蒙版工具的“添加新蒙版”面板。现在，单击“选择天空”（如图7-19所示），则Lightroom会为你选中天空区域（即使是一个相当复杂的天空选区）。

图 7-19

第2步

一两秒后红色的遮罩就会覆盖整片天空（如图7-20所示），让你知道“选择天空”工具已经为你添加了蒙版。

图 7-20

图 7-21

第3步

一旦天空被添加了蒙版，我有一个常用的方法——只需两步编辑即可使天空看起来更深邃、色彩更丰富。（1）如图7-21所示，我向右拖动“曝光度”滑块，降低天空的亮度，直到它看起来效果不错（当你单击滑块时，红色的蒙版遮罩会隐藏，这样你就可以在编辑照片时清楚地观察天空的变化）；（2）然后我向右拖动“对比度”滑块，为天空增加更多的对比度。这两步操作在大多数照片中都能很好地美化天空。

提示：查看你使用的是哪个蒙版

如果你在“蒙版”面板中单击“蒙版1”（或“蒙版2”“蒙版3”，等等），则会显示你对该蒙版进行的编辑。在这个例子中，如果单击“蒙版1”，你会在其下方看到一个相对较小的缩览图以及“天空1”的字样，这样你就会知道你应用了“选择天空”调整蒙版。

第4步

如图7-22所示，我按字母键Y向你展示了修改前/修改后的照片。这只是美化天空的其中一种方法——我们还有三种方法要介绍。

图 7-22

7.5 更好看的天空，方法2：线性渐变

线性渐变工具可以让你重现传统中灰渐变镜（玻璃或塑料材质的滤镜，你可以把它放在镜头前，滤镜上面是深色的，然后向下颜色逐渐变浅直至完全透明）的效果。这些滤镜在风光摄影师中很受欢迎，你要么可以得到一个完美曝光的前景，要么可以得到一个完美曝光的天空，但二者不能同时实现。然而，Lightroom的线性渐变工具则比中灰渐变镜有更大的优势。

第1步

在右侧面板的顶部，单击蒙版图标（在直方图下面的工具箱中，如图7-23红色圆圈所示）展开带有蒙版工具的“添加新蒙版”面板。现在，单击“线性渐变”（如图7-23所示），然后会出现一组与“基本”面板中相似的滑块（见第2步）。

图 7-23

第2步

如果滑块还未设置到0，先双击顶部的“效果”，将滑块重置，然后向左拖动“曝光度”滑块至-2.12（如图7-24所示）作为后期处理的开端（这个数值只是猜测——也可以稍后尝试向右拖动滑块）。按住Shift键（保持渐变笔直），然后单击照片顶部的正中心，笔直向下拖动直到刚刚超过地平线。你可以看到线性渐变对天空有变暗的效果，而且照片整体色调看起来更平衡。渐变在顶部（带红点的线）最暗，并保持不变，直到它碰到中心渐变线上的黑色正方形，然后在该黑色正方形和底线上的第一个白色圆点之间过渡为透明。你可以单击并拖动那个白点来改变渐变的程度。要旋转渐变，可以把你的鼠标指针悬停在第二个白点（在线的下面）上，它就会变成一个双向的箭头，你可以360°地拖动。在这个例子中，只降低曝光度便已对我们的天空有相当大的改善，但我们能做的不仅仅是使曝光变暗。

图 7-24

第3步

如果降低曝光度并不能使天空像你想要的效果那样好看，你还可以在天空渐变中添加一些蓝色，只需将“色温”滑块向左朝蓝色方向拖动（如图7-25所示，我将它拖到-30）。如图7-25所示是在渐变中添加了蓝色的修改前/修改后照片。这是你使用现实的滤镜无法做到的。还有几个关于线性渐变的小技巧：（1）要删除你的渐变，单击中间的黑色方块，然后按Delete（PC：Backspace）键，或者进入“蒙版”面板，单击并按住蒙版缩览图右边的三个点图标，在出现的弹出菜单中，选择“删除蒙版1”；（2）如果你不按住Shift键让渐变线保持竖直或水平，你可以在拖出渐变的同时旋转它；（3）要移动整个线性渐变的位置，单击并拖动中间的黑色方块即可。

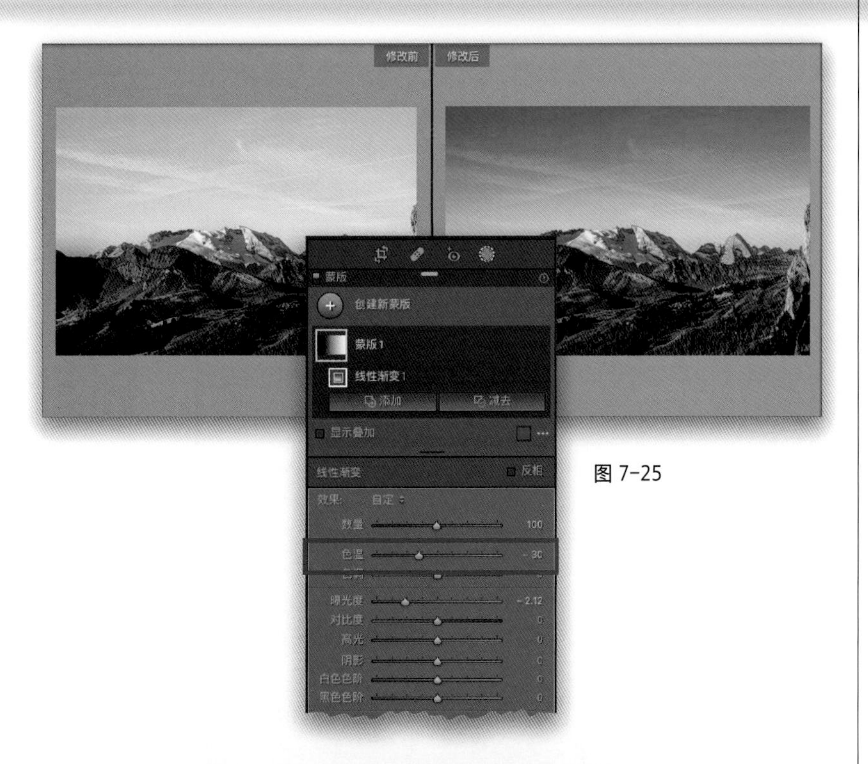

图 7-25

第4步

让我们换一张照片，这样我就可以向你展示我使用线性渐变工具的另一种方法（它不仅仅适用于风光照片），也就是用它来重新平衡照片中的光线。如图7-26所示，在这张照片中，我想快速提亮画面的左侧，使之与车的正面和照片的右侧相匹配，而不必花大量的时间用画笔工具把它绘制得更亮。我添加一个线性渐变蒙版，增加“曝光度”的数值（在本例中，我调整为1.14），然后在照片中心单击并向右拖动。这样，中心渐变线左侧的区域都变亮了一些，而且沿着车头方向，该调整的影响逐渐变小，实现了自然柔和的过渡，平衡了照片的整体影调，红色圆点左侧区域应用都是1.14的曝光量。

图 7-26

7.6
更好看的天空，方法3：为主体添加蒙版

你刚刚学会了在天空中添加“线性渐变”的技术，可以使天空变暗、色彩更丰富、更蓝，但你会遇到一个更棘手的情况，就像你在下面看到的照片：当你拖出渐变来使天空变暗时，最终也会使前景物体（在这个案例中是圆锥体的建筑物，但它也可能是一座山、一个人、一栋建筑，等等）变暗。但是，幸运的是，这里有一个简单的解决办法。

第1步

如图7-27所示是原始照片（这是通往西班牙巴伦西亚艺术与科学城停车场的电梯），你可以看到，天空正在“尖叫”着让我们使用“线性渐变”工具来修复它。我们想让照片中圆锥体建筑物背后的天空变暗、变蓝且更好看一些，但如果在镜头前放置一个传统的旋入式滤镜，则会遇到棘手的问题，即它会使天空变暗，也会使圆锥体建筑物的一部分变暗，这是传统镜头滤镜的局限性。但在Lightroom中，我们可以非常容易地避免这一缺陷。在右侧面板的顶部，单击蒙版图标（在直方图下面的工具箱中，如图7-27面板中红色圆圈所示）展开带有蒙版工具的“添加新蒙版”面板。现在，单击“线性渐变”（如图7-27所示），然后调整滑块，将“曝光度”降低至-2.74（这只是一个开始）。

图7-27

第2步

现在，按住Shift键（保证渐变平直），然后在照片顶部单击并向下拖动线性渐变工具，稍稍超过地平线（如图7-28所示）即停止。红色显示的是被渐变遮挡的区域，你可以看到顶部颜色较深，然后在底部的白色圆圈处逐渐变为透明。

图7-28

图 7-29

第3步

虽然“线性渐变”使天空变暗的效果很好，但它也使圆锥体建筑物变暗了不少（如图7-29所示）——就像你在相机的镜头前放一个真正的渐变滤镜会发生的情况一样。

提示：添加更多渐变

如果你想添加另一种渐变（也许是为了提亮照片的左侧），并保留天空上已有的渐变，只需在“蒙版”面板中单击“创建新蒙版”，然后再次单击“线性渐变”，在画面中单击并拖出你的新渐变，你就可以对其单独调整。

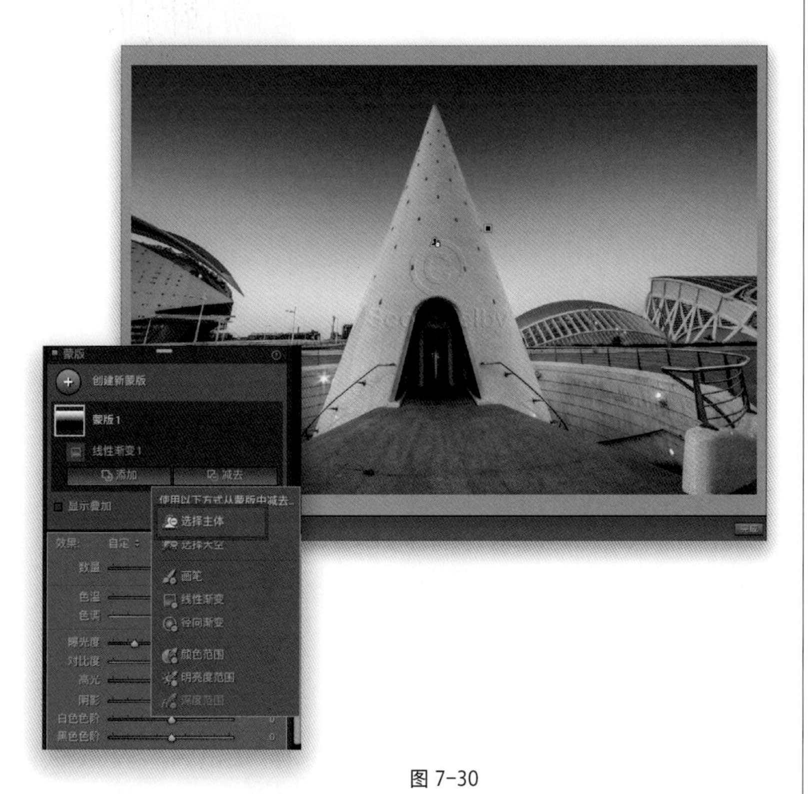

图 7-30

第4步

要修复上一步中提到的问题，可以使用线性渐变蒙版下方的两个按钮——“添加”和“减去”（如果你没看到它们，单击“蒙版1”即可使其可见）。当然，我们不希望那个圆锥体建筑物被添加蒙版，所以我们要把它从“线性渐变”蒙版中移除（“减去”）。单击“减去”按钮，从弹出菜单中选择“选择主体”（如图7-30所示）。就是这样。Lightroom的人工智能识别了主体（圆锥体建筑物），并将其从渐变蒙版中移除（“减去”）。这是你在镜头上安装真正的滤镜所不能做到的，也是Lightroom的“线性渐变”工具的一个极大的优势（另外一个优势是，它的操作实在是太简单了）。

7.7 更好看的天空，方法4：使用“明亮度范围”蒙版保护云层

“线性渐变”非常适用于万里无云的天空，但天空中有云时，如果你通过添加渐变将天空变暗了，云也会变暗，这样会使本来洁白、好看的云朵变得又暗又诡异。幸运的是，我们可以使用“明亮度范围”工具，让你根据照片中的高光或阴影区域创建一个蒙版（你可以选择所有亮部区域或所有暗部区域进行处理），在各种情况下都十分好用。在本节，我们将使用“线性渐变”工具使整个天空变成比较深的蓝色，随后我们会使用“明亮度范围”将云层从蒙版中移除，这样它们就不会变得灰暗，仍然显得洁白而蓬松。

第1步

如图7-31所示是我们的原始照片，天空很明亮，所以我们要跟往常一样将其压暗一些。在右侧面板顶部，单击蒙版图标（在直方图下面的工具箱中，如图7-31面板中红色圆圈所示）展开带有蒙版工具的“添加新蒙版”面板。现在，单击“线性渐变”（如图7-31所示）。

图 7-31

提示：显示/隐藏你的编辑标记

你可以选择Lightroom如何显示编辑标记（出现在照片上小小的标记，每一个都分别代表你应用的蒙版），而且你可以在预览区下面的工具条上的“显示编辑标记”弹出菜单中选择。选择“自动”意味着当你把鼠标指针移到照片区域外时，标记会隐藏起来；选择“总是”意味着标记总是可见的；选择“选定”意味着你只能看到当前处于活动状态蒙版的标记。

第2步

现在，将“曝光度”滑块向左拖动一些（这里我拖动到-1.61），然后按住Shift键（以保持拖动时线条平直），然后单击建筑物顶部附近并向下拖动到接近底部的位置（如图7-32所示），使天空变暗。但是，正如你所看到的，这样做会同时使建筑物和云层都变暗，得到的效果不是很好（好吧，在大多数情况下都不是很好）。我们将从建筑物开始调整，但正如你所学到的，你只需单击几下就可以从线性渐变蒙版中删除（“减去”）该区域。

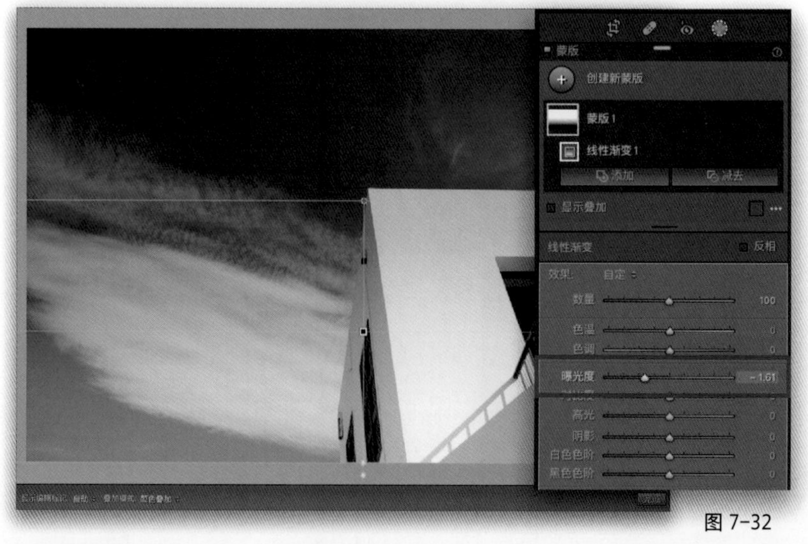

图 7-32

图 7-33

图 7-34

第3步

在“蒙版”面板中，单击“减去”按钮（如果你没看到“添加”和“减去”按钮，单击“蒙版1”即可使它们可见），然后从出现的弹出菜单中选择“明亮度范围”（如图7-33所示，左边的插图）。现在，当“明亮度范围”面板出现时（如图7-33所示），你的鼠标指针会变成一个滴管工具。只需在照片中单击你想减去的区域。在这个案例中，我单击了云层，但是我们不走运，建筑物也被选中了（参见下一步），因为它们的亮度相似。正如我在本节的导入语提到的，这个工具是基于区域的明暗创建蒙版的，因此在本例中，它将亮度相似的区域从蒙版中去除了。如果还没有从蒙版中去除建筑物，我们只需再次单击“减去”按钮，并选择“选择主体”来移除渐变蒙版中的建筑物——这张照片的主体。

第4步

除了使用明亮度范围滴管工具，你还可以拖动“明亮度范围”滑块（如图7-33所示）来限制或增加明亮度范围蒙版遮罩的色调数量。你可以通过拖动色调渐变条正下方朝上的箭头滑块来操作。将左边的箭头滑块向右拖动可以限制高光部分的数量，而将右边的箭头滑块向左拖动可以限制阴影部分的数量。勾选“显示明亮度图”复选框（勾选之后画面上会增加一个红色的遮罩）可以更直观地看到哪些区域受到影响。如图7-34所示是我们的最终图像，由于使用了“线性渐变”，天空变得更暗，色调更丰富，但由于使用“明亮度范围”将云层（高光部分）从遮罩中移除，云层并没有变暗。在使用明亮度蒙版之前，天空的样子正如图7-34的小图所示。

7.8 关于画笔蒙版工具，现在要知道的5件非常有用的事

在这两页之后，我们将深入研究一个非常强大的蒙版工具，简单地称之为画笔（以前叫作调整画笔）。本节会介绍一些在开始使用画笔之前需要了解的基础知识，这些内容将会使你的画笔使用更容易。

（1）改变画笔的大小

当你选择“画笔”工具（K）时，在添加新蒙版面板中会出现一个选项面板（如图7-35所示），其中有一个“大小”滑块，你可以拖动它来改变画笔的尺寸。还有一个更快、更简单的方法可以改变画笔尺寸：只需使用你键盘上的方括号键（通常位于键盘上P键的右边）即可，按左方括号键（[）使你的画笔尺寸变小（如图7-35中左上方图），按右方括号键（]）使它变大（如图7-35中右上方图）。

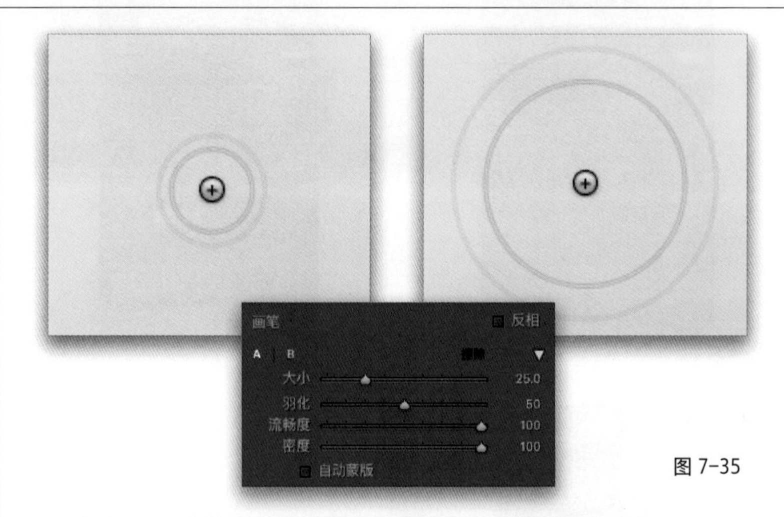

图 7-35

（2）如果绘制出错，使用擦除画笔

如果你在照片中的某一处绘制时，涂抹到了计划外的区域（例如，如图7-36的左上方图所示，在这里的穹顶上绘制时，你可以看到红色蒙版延伸到了天空，我不小心涂抹到穹顶外了），这时你就可以选择擦除画笔。你可以单击面板上“画笔”部分的“擦除”字样切换到擦除画笔，但按住Option（PC：Alt）键可以更快速地临时切换到“擦除画笔”，然后在你搞砸的地方涂抹（如图7-36的右上方图所示，我在红色溢出的地方涂抹，把它从我的蒙版上擦除）。有两点需要注意：(1) 操作时不是必须要显示红色的蒙版遮罩，只是在显示它的情况下，更容易观察到你在做的调整；(2) 你可以通过单击“擦除”字样来选择擦除画笔并移动下方的滑块来对其进行设置。

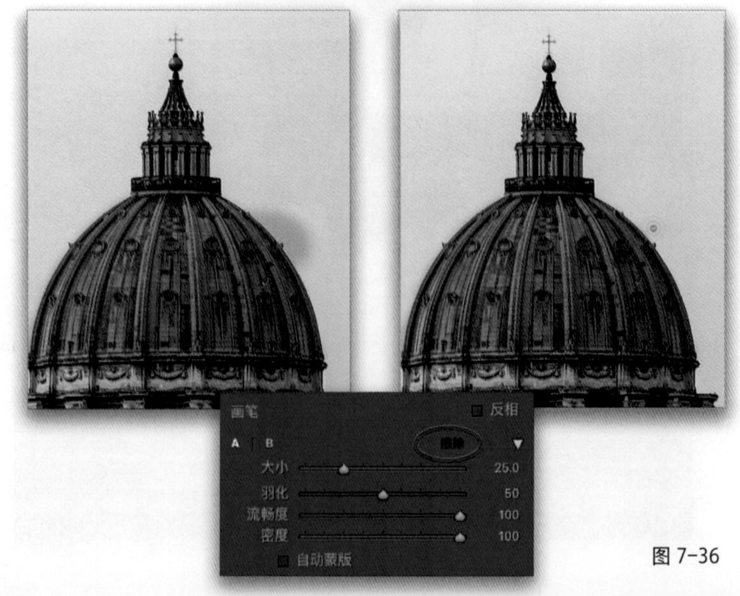

图 7-36

图 7-37

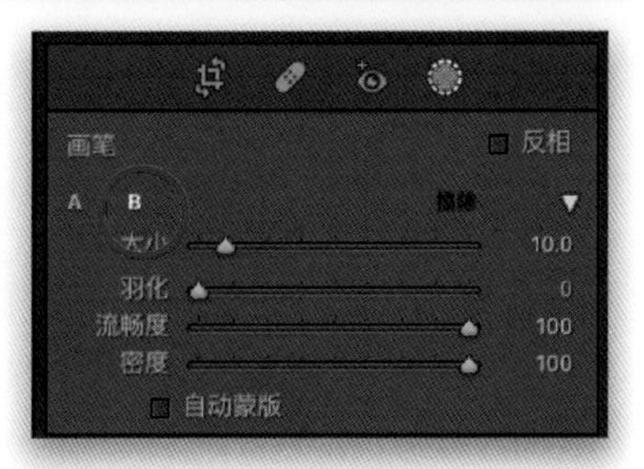

图 7-38

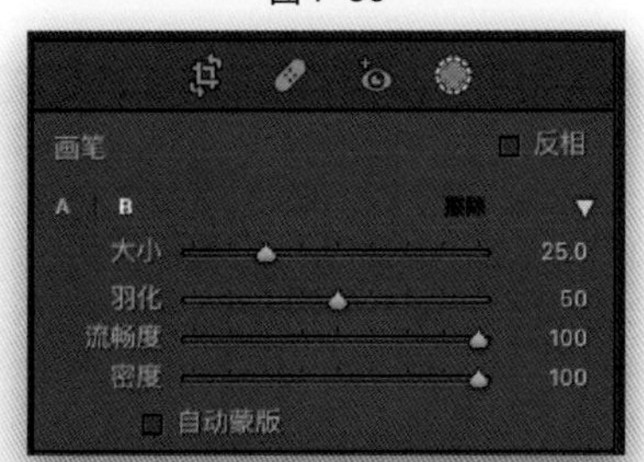

图 7-39

图 7-40

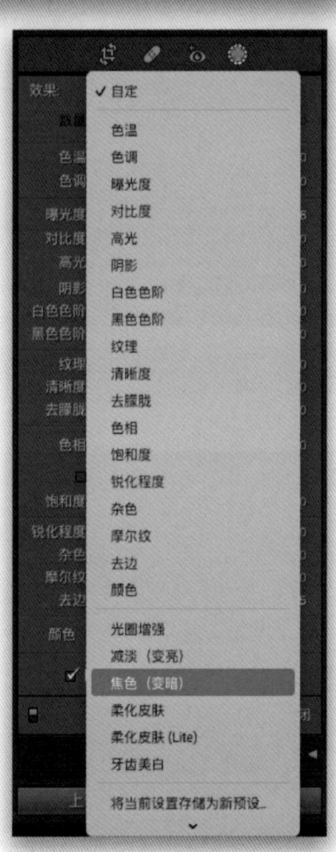

图 7-41

（3）你有第二个画笔

事实上你有两个画笔可供选择：A（你的常规画笔）和B（一个可随时切换的替补画笔，使用键盘上的\[反斜杠]键或直接单击面板中“画笔”区域的“B”字样即可切换）。而且最棒的是你可以为每个画笔选择自己的设置。我通常用一个高的羽化值将A（常规）画笔设置为柔边画笔，如图7-37所示，而将B画笔则设置为硬边画笔，将羽化值降低到零（如图7-38所示）。因此，如果我遇到要沿墙绘制的情况，或者用柔边看起来很奇怪的区域，我可以切换到我的硬边B画笔。

（4）羽化、流畅度和密度

这里有3个十分重要的画笔控件（除了“大小”）。如图7-39所示，“羽化”控制画笔边缘的柔软度（数值越大，画笔的边缘就越柔软，边缘过渡越协调）。画笔的内圈与外圈之间的距离表示羽化量——外圈离内圈越近，画笔边缘越硬。如果将“流畅度”的数值设置为100以下，可以使画笔在你绘制时叠加，有点像喷漆或喷枪。所以，如果你在“流畅度”设置为20的情况下绘制，并在照片中某一处上反复涂抹，这块区域就会变得越来越黑，以此类推，直到它变成100%的纯黑。你可以通过降低“密度”数值来限制你在一个区域上涂抹的次数。

（5）画笔预设

如图7-40所示，如果单击“效果”右边的“自定”，在画笔调整面板的顶部，会弹出预设菜单，你可以使用其中任意一个预设作为你编辑照片的起点。你也可以创建自己的预设。如果你最终创造了一个你喜欢的效果——只需从菜单底部选择“将当前设置存储为新预设”即可，如图7-41所示。

7.9 用光绘制（也叫作“减淡”&“加深”）

我们的另一个主要的蒙版工具就是画笔工具，它可以使我们在有需要的地方“用光绘制”。在胶片暗房时期，这种功能也被叫作“减淡和加深”，简单地说就是使一些区域变亮（“减淡”），使另一些区域变暗（“加深”）。这可比听起来要厉害得多（而且你可以用这个画笔做更多的事情，不仅仅是提亮和减暗画面，但提亮和减暗是我们用它来完成的主要操作，所以我们将从这里开始介绍）。

第1步

如图7-42所示是原始照片，拍摄于教堂内。画面中有些地方非常暗（如两侧的拱门后的区域，以及拱门上方的整片区域），有些则太亮（如前门，以及门上方的彩色玻璃）。而“用光绘制”可以更好地平衡场景中的整体光线明暗，非常棒。一旦照片整体的曝光基本合适后，我就用画笔工具把太暗的区域调亮（增加光线），把太亮的地方调暗。画笔的工作原理有点奇怪，但一旦你掌握了如何使用它，你就会真正上喜欢它：（1）你拖动一个滑块到一个随机的位置（使画面更亮或更暗）；（2）在你想调整的区域上绘制；（3）然后回到最初调整的那个滑块，将其调整到合适的位置。

图 7-42

第2步

在右侧面板区域的顶部，单击蒙版图标（在直方图下面的工具箱中，如图7-43中红色圆圈所示）展开带有蒙版工具的“添加新蒙版”面板。现在，单击“画笔”（如图7-43所示），这将弹出我们在本章中一直使用的调整滑块。

图 7-43

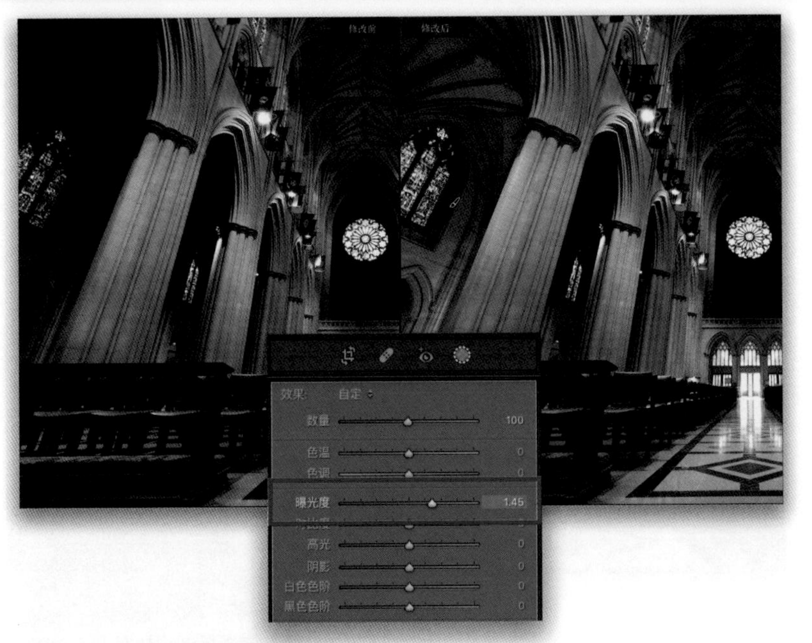

图 7-44

第3步

我们先把照片左侧较暗的拱门调亮一些。将“曝光度”滑块向右拖动一点（我通常从1.50左右开始，但此时的数值并不重要，因为你在用画笔绘制后会重新设置合适的数值），然后在左上方的那个区域绘制（如图7-44所示，修改后的照片）。一片红色遮罩会出现在你添加蒙版的区域上，但只要你移动任意一个滑块，这片红色就会消失，你可以看到调整的效果。现在，对比右图（修改后的照片）与左图（修改前的原始照片）中左侧拱门的亮度（我按了键盘上的Y键来显示这里的修改前/修改后的视图）。

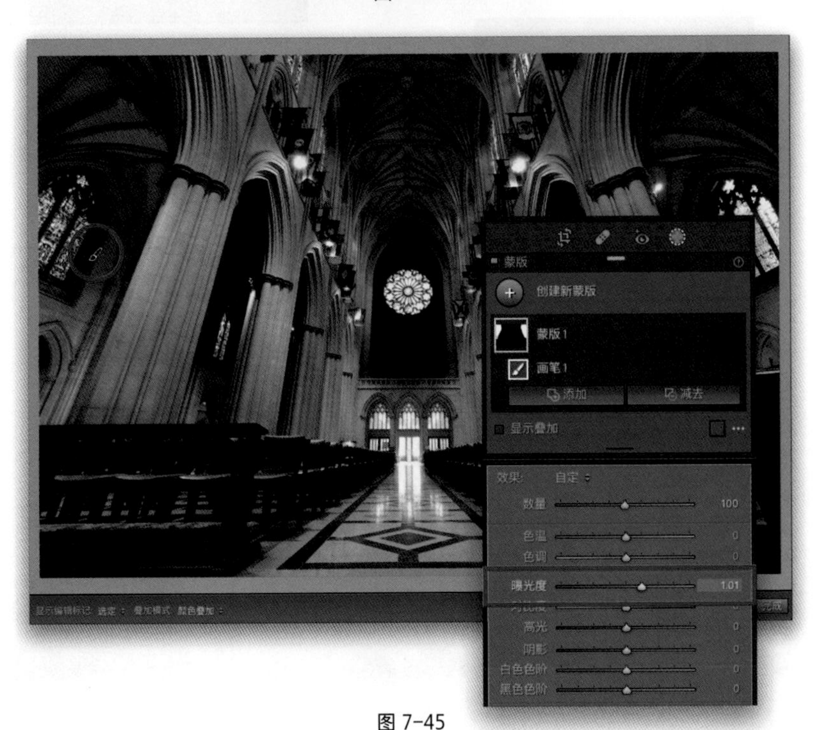

图 7-45

第4步

右边的拱门看起来也很暗，所以我们也对其进行绘制。现在是时候把亮度调整到我们认为合适的数值了（这是一个创意性的决定——你作为摄影师，可以决定这些地方应该有多亮）。我认为使用1.50的曝光度调整后它们看起来有点太亮了，所以我把“曝光度”滑块拖回到1.00左右。这就是用画笔绘制蒙版过程的基本原理：在滑块设置为零的情况下，（1）你将“曝光度”滑块向左（绘制得更暗）或向右（绘制得更亮）拖动，使用画笔在你想调整的区域上绘制；（2）然后调整“曝光度”滑块得到恰如其分的亮度或暗度。当你在一个区域上绘制时，会留下一个小小的编辑标记（如图7-45所示圈出的小画笔图标）。这个标记代表了你添加了蒙版的区域（Lightroom在你开始绘制的位置留下了这个标记）。这样可以帮助你轻松查看到你创建蒙版的位置，单击编辑可以激活它们（稍后会有更多关于这个编辑标记的内容）。

第5步

接下来，让我们把门上方的拱形区域变亮。我们不想弄乱已经调整过的地方（两侧的拱门）——我们想保留经过上一步调整后效果，然后开始编辑另外一个可以单独控制的区域。因此，进入“蒙版”面板，单击“创建新蒙版”（如图7-46所示），然后在出现的面板中单击“画笔”。现在，我们要做两步操作：（1）将“曝光度”的数值提高到1.50左右，然后在门上方的区域绘制（不要在圆形的彩色玻璃窗上绘制，因为它已经有点太亮了）；（2）然后，在绘制完那个区域后，降低曝光度的数值，直到你觉得合适为止。由于我们创建了一个新的蒙版（蒙版2；见第6步），这些编辑只影响到门上方的那个区域——它与我们之前对拱门所做的调整完全不同。注意：我还必须把“色调”滑块向左拖动一些，因为在我提亮该区域后，它看起来太红了。

第6步

门上方的区域现在已经够亮了。让我们去调整门上方的窗户，为那里降低一些亮度。再次单击“创建新蒙版”，然后单击“画笔”，但这次要把“高光”滑块拖到左边，以拉回（变暗）高光，然后在这些窗户上绘制（如图7-47所示，跳过中间打开的那道门——它们完全曝光过度了，绘制它们只会把它们变成灰色——我在左边和右边的门上进行绘制）。当我们这样做时，你观察到彩色玻璃上恢复了多少细节吗？

图 7-46

图 7-47

第7步

如果现在查看你的照片，你会看到照片中有三个黑色的编辑标记，每一个都代表你添加蒙版的区域（你现在有三个蒙版）。如果你把鼠标指针移到其中任何一个上，被添加蒙版的区域就会以红色突出显示（就像你到“蒙版”面板上把鼠标指针悬停在任意一个蒙版缩览图上一样）。如果你想编辑其中的任意一个区域，只要单击对应的蒙版（或它的编辑标记），你就可以在上一次调整的地方继续操作。如图7-48的下图所示，我把鼠标指针悬停在每个编辑标记上，因此你可以看到添加蒙版的区域，这些区域上会出现红色的遮罩。

蒙版 1　　蒙版 2　　蒙版 3

图 7-48

提示：如何删除编辑标记

如果你想移除某一区域的编辑标记，只需单击它并按Delete（PC：Backspace）键。

第8步

在结束之前我们还要做最后一步编辑。在第7步的照片中，第二组拱门区域还有些暗，但是很容易修复：我们可以单击“蒙版1”（我们创建的第一个蒙版，在这里我们提亮了第一组拱门），然后在第二组拱门上绘制（它将应用与“蒙版1”相同的设置），将其添加到我们之前创建的原始拱门蒙版中，所以第一组和第二组拱门的亮度都是一样的。如图7-49所示是修改前和修改后的照片。注意：在完成照片基本的整体编辑之前，例如设置“曝光度”“对比度”“白色色阶”和“黑色色阶”等，我不会像本节介绍的这样使用画笔调整。这种“减淡”和“加深”类型的“用光绘制”操作，是在调整完“基本”面板中的参数之后才进行的。

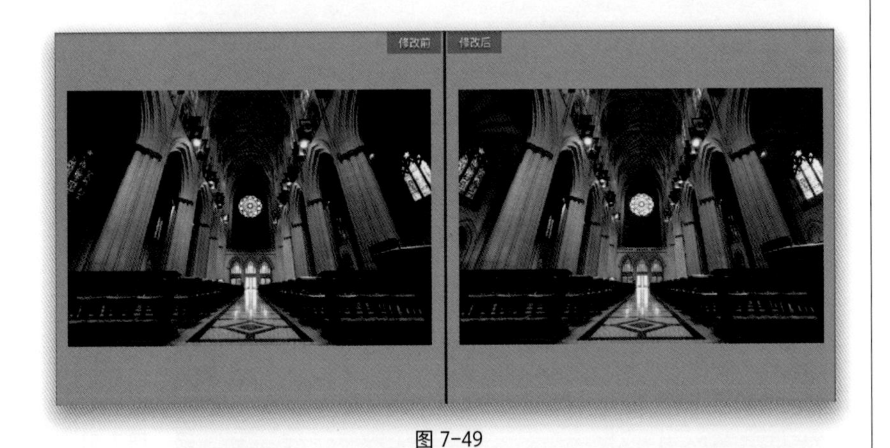

图 7-49

7.10 画笔工具超赞的自动蒙版功能

当你用画笔工具进行蒙版编辑时，有时很难不绘制出边界线，这时自动蒙版功能就会来拯救你。自动蒙版功能可以识别你正在绘制的区域的边缘，因此只要按本节介绍的方法使用它，即使你的画笔边缘延伸到该区域之外，添加的蒙版也不会溢出（这相当惊人）。

第1步

如果你选取画笔工具（K），向左拖动“曝光度”滑块，然后开始在画面右侧的建筑物上绘制，使其曝光变暗，当你绘制到了屋顶的边缘，你的“减暗”蒙版可能会溢出到天空（如图7-50所示）。这就是画笔工具“自动蒙版”功能的厉害之处。首先，你只需勾选画笔部分底部的“自动蒙版”复选框就可以打开该功能（如图7-50的红色圆圈所示）。

提示：让画笔的绘制速度更快

只有在接近某个拍摄对象或区域的边缘时才打开“自动蒙版”，在一面墙或一片天空上绘制时不需要打开该功能，因为它在你绘制时会进行疯狂的计算，使画笔的速度降低很多。你可以根据需要按A键来切换“自动蒙版”的开启或关闭。

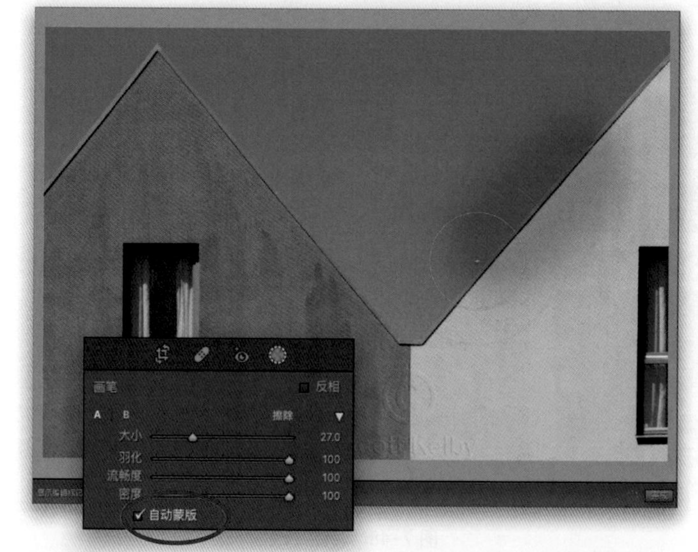

图7-50

第2步

现在，打开“自动蒙版”功能后，它可以感知照片中拍摄对象的边缘，防止你不小心绘制到其他区域（如天空）。如图7-51所示，我的画笔的边缘延伸到了天空上，但“减暗”曝光的效果只应用到了建筑物上。

图7-51

图 7-52

第3步

成功使用这一功能的技巧是充分了解它的工作原理。你看到画笔中心的那个小“+”（加号）图标（如图7-52中红色圆圈所示）了吗？这决定了在你绘制时哪些区域会被画笔影响。“+”（加号）图标所经过的任何区域都会被画笔影响。如果画笔的外边缘游离于绘制区域之外也没关系，只要其中心的“+”（加号）图标不超出边缘即可。保持这个“+”（加号）图标在房子上，蒙版通常就不会溢出。如图7-52所示，我故意让“+”（加号）图标延伸到天空上，所以你可以明白我说的意思，现在它在我绘制时使天空的曝光变暗了。

图 7-53

第4步

让我们单击取消（Command-Z [PC:Ctrl:Z]）组合键来移除上一步中故意溢出的部分，然后在画面右侧的建筑物上绘制。同样，我们在绘制的时候，真正需要注意的是画笔中心的“+”（加号）图标。尽管我的画笔的边缘延伸到了屋顶边缘线之外，但自动蒙版功能使我的蒙版保持在建筑物上。当我绘制到窗户的边缘时也是如此，画笔的边缘延伸到了窗户上，但由于画笔中心的那个小“+”（加号）图标没有移动到窗户上，所以没有使窗户变暗，如图7-53所示。

7.11 降噪的好方法

我不太喜欢降噪，有两点原因：（1）为了隐藏噪点，会使照片变得模糊；（2）除了摄影师，没有人会注意到噪点。因此，即使我以非常高的感光度ISO拍摄（比如我在这里用ISO8000拍摄），我一般不会使用降噪处理。但是，如果真的有必要，我会用本节介绍的方法进行处理，我不想因为一些噪点而毁了整张照片。本节使用的这种方法只会在照片中最需要的地方应用降噪处理，而其他部分不会变模糊。

第1步

如图7-54所示，照片中的这条走廊（拍摄于法国南部的一家旅馆）比实际看上去要暗得多（我不得不用ISO8000拍摄）。如果放大照片，你会在阴影区域看到噪点，特别是在椅子的坐垫上。当你把阴影提亮很多（单独使用“阴影”或“曝光度”滑块，或者同时使用这两个滑块），使照片得到合适的曝光时，你会看到所有的噪点。我只会在必要的区域减少噪点（较亮的区域不会显示很多噪点），而不是将降噪应用于整张照片。当只有一部分有问题时，为什么要让整个画面都模糊？

图 7-54

第2步

在右侧面板区域的顶部单击蒙版图标（在直方图下面的工具箱中，如图7-55蒙版面板中的红色圆圈所示）展开带有蒙版工具的“添加新蒙版”面板。单击“画笔”，将“杂色”滑块向右拖动一些，然后在椅子的暗部区域绘制，以减少这些区域的噪点。这样做可以找到“杂色”滑块的最佳数值，使该区域的噪点明显减少，但又不会让画面太模糊。你可以在一个区域上绘制，来回拖动滑块几次，看看你是否能找到那个平衡点。另外，一旦你绘制好了需要降噪的区域，你还可以让“锐化”值增加一些（使用“锐化程度”滑块），如果该区域看起来太模糊了，把“曝光度”滑块向左拖动，使这些区域变暗一点，这也有助于隐藏噪点。

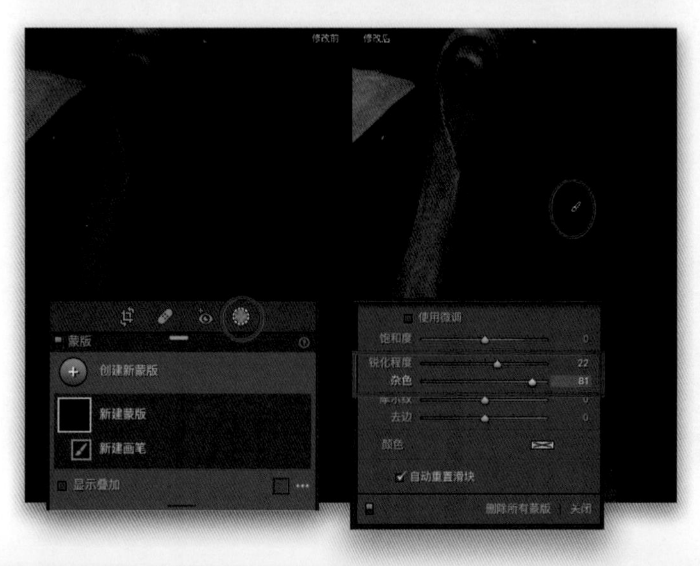

图 7-55

7.12 用白平衡绘制

当拍摄对象位于背阴处时，使用自动白平衡拍出的照片会偏蓝，这种情况下应用本节介绍的技法会非常有用，它的原理跟相机上的阴影/背阴白平衡模式类似，即可以使色调变暖，抵消蓝色色调。如果你在拍摄时没有设置阴影/背阴白平衡模式，本节将介绍如何在后期消除照片的偏色问题。

图 7-56

第1步

看看图7-56所示的照片，背景是在阳光下，所以使用自动白平衡时照片的颜色看起来很棒。但是，由于比赛是在背阴处进行的，球员的白色制服偏蓝色色调。当照片的一部分在背阴处时，这种情况是非常典型的（我在拍摄体育比赛时经常遇到这种情况，在下午的比赛中，一部分在背阴处，另一部分在日光下）。在这种情况下，在特定区域绘制白平衡的功能是非常有帮助的，因此我们按键盘上的K键选取画笔工具。

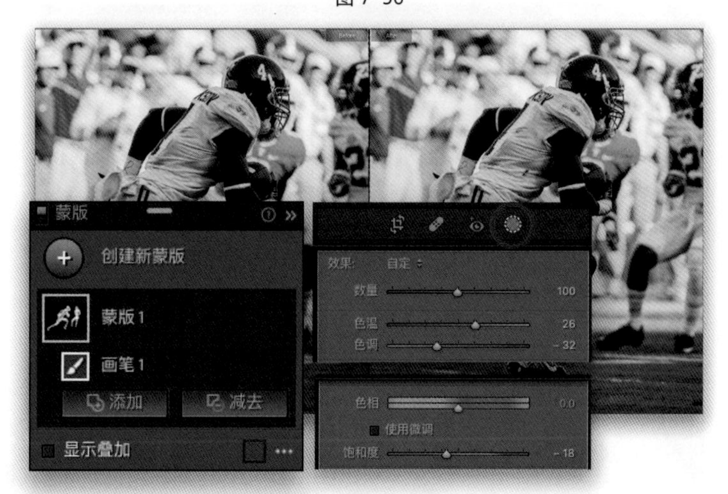

图 7-57

第2步

现在，将“色温”滑块向右拖动一点（朝黄色方向），并开始在拍摄主体上绘制（不要忘记其他处于背阴处的球员），这样可以中和蓝色色调（如图7-57中的修改前/修改后照片所示）。如果中和效果还不够（白色制服看起来仍然偏蓝），那就把“色温”滑块再向右拖一些。现在白色制服看起来有点偏洋红色（偏红），所以我把“色调”滑块向绿色方向拖动，这就可以了。我还有另一个技巧，就是当拍摄对象穿着白色或浅色衣服时，也要把“饱和度”降低一点，这样就能把绘制过的区域的颜色去除掉。最后，如果某个区域看起来还是偏蓝色的，单击“创建新蒙版”，在“蒙版”面板的顶部再次选择“画笔”，把“色温”滑块朝黄色方向拖动得多一些，然后只绘制这一个区域。

7.13 修饰人像照片

虽然Photoshop在专业级的人像修饰方面仍然是王者级别的（一般来说，只是用于移除分散注意力的东西），但现在我们可以在Lightroom中完成许多人像修饰任务，而不必跳转到Photoshop中，这实在令人惊讶。本节将介绍在Lightroom中对人像照片进行修饰的一些关键工具和技法。

第1步

以下是我们在如图7-58所示的这张照片中要修饰的内容：（1）去除模特任何明显的瑕疵和皱纹，以及她眼下的暗沉；（2）柔化她的皮肤；（3）提亮她的眼睛；（4）以及锐化她的眼睛。虽然我们在这里看到的是完整的照片，但对于后期修饰来说，最好是将其放大一些，这样你就可以真正看到你在工作中的情况。

图 7-58

第2步

按几次Command- +（PC：Ctrl- +）组合键，如图7-59所示放大照片，然后，在右侧面板区域的顶部，单击直方图下面的工具条中的"污点去除工具"（这里用红色圆圈圈出），或者直接按Q键切换到该工具。这个工具只需单击就可以应用，但你不想修饰得超过必要的范围，所以使画笔的大小比你要去除的瑕疵稍大一点（我们首先要去除的是她右边下巴上的小瑕疵，如图7-59用红色圆圈圈出的部分）。另外，在"污点去除工具"选项中，确保"污点编辑"被设置为"修复"（如图7-59所示）——我们只有在试图去除的污点会弄脏照片时才切换到仿制，但对于日常使用，我们一般将其设置为"修复"以获得最佳效果。

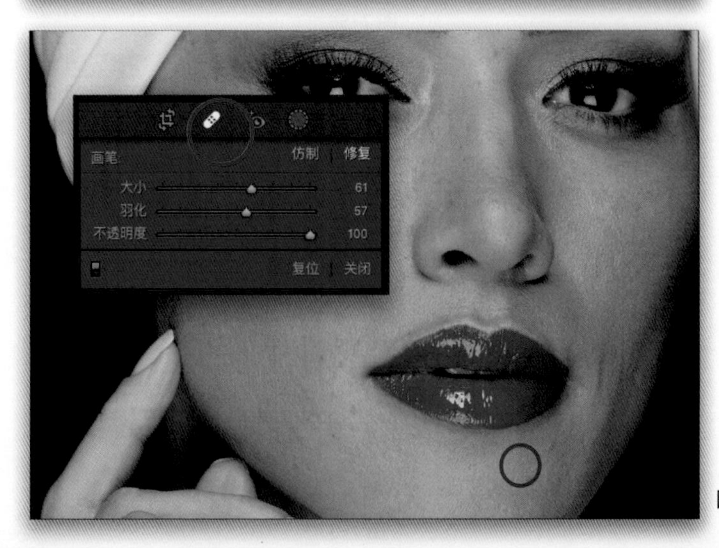

图 7-59

图 7-60

第3步

现在，只需将你的画笔移动到右边下巴的瑕疵处，然后单击。你会看到两个圆圈，第一个显示的是瑕疵所在的位置，第二个则是表示用来修复瑕疵的光滑的皮肤区域。它刚开始选择了一个奇怪的取样点，没有选择瑕疵附近的干净皮肤取样，而是选择了脖子上的一块皮肤。幸运的是，你可以自己选择取样点（通常位于你想去除的瑕疵附近），单击并拖动第二个圆圈（白色轮廓较粗的那个）到你希望它取样的地方。如图7-60所示，我把第二个圆圈拖到瑕疵附近的皮肤区域。你也可以按键盘上的正斜线键（/），使Lightroom为你选择一个不同的区域进行采样。每按一次这个键，Lightroom都会为你选择一个不同的取样区域。这真的很有用。

图 7-61

第4步

继续使用“污点去除工具”去除任意瑕疵。记住，如果它选择了一个不好的区域取样（修饰后的结果看起来不自然），可以按正斜杠键（/）更换取样区域。如图7-61所示是去除小瑕疵后，修改前/修改后的照片对比。下一步，让我们减少（或淡化）她眼睛下方的暗沉和细纹。

第5步

进一步放大照片，在“污点去除工具”仍然激活的情况下，在模特右眼下方的皱纹上画一笔。你绘制过的地方会显示为白色（如图7-62所示），这样就能清楚地看到将要修复的区域。

图 7-62

第6步

“污点去除工具”的效果并不总是那么差，但它再次选择了一个糟糕的地方来取样（当你亲自尝试这个工具时，你会立即明白我在说什么）。但是，我们可以按正斜杠键（/）让Lightroom为我们选择一个不同的区域，或者我们可以直接单击并将样本区域拖动到你质感、色调与修复区域更合适的位置。如图7-63所示，我只是单击了取样区域，并把它拖动到模特眼睛下方的修复区域下面，这样做的效果要好很多。在大多数情况下，去除眼睛下方所有的皱纹和暗沉是不现实的，所以为了更真实的修饰效果，我们需要减少皱纹而不是去除它们。在你找到一个更好的取样位置后，进入“污点去除工具”选项，通过向左拖动滑块来减少“不透明度”的数值（如图7-64所示），以降低去除污点的强度，恢复一些原始的皱纹和暗沉痕迹。还有一件事：别忘了调整另一只眼睛。

图 7-63

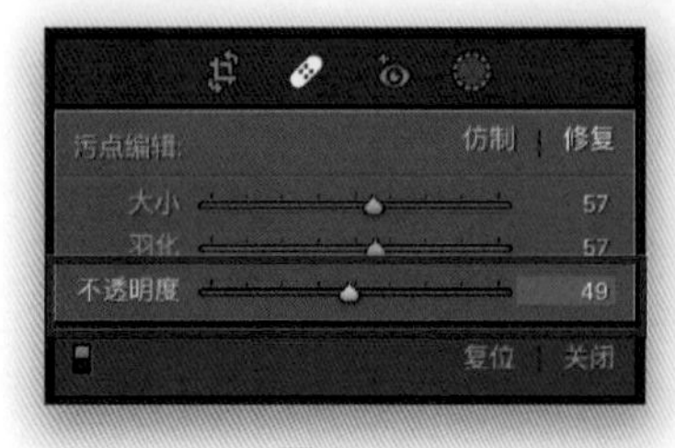

图 7-64

图 7-65

第7步

接下来，让我们做一些轻度的皮肤柔化。当然，我们只想让这种柔化效果影响到皮肤，而不是细节纹理比较丰富的区域，比如模特的嘴唇、眉毛、头发、眼睛、睫毛等。虽然我们可以使用画笔工具来仔细地绘制皮肤区域，但使用Lightroom的蒙版工具可以使这项工作变得非常快速和简单。在右侧面板区域的顶部，单击蒙版图标（在直方图下面的工具箱中，如图7-65中的红色圆圈所示）展开带有蒙版工具的“添加新蒙版”面板，然后单击“颜色范围”。当你把鼠标指针移动到照片上时，它就变成了一个大的滴管，我们要用这个滴管来选择一个代表她肤色的区域。因此，只需用滴管在模特的脸上单击并拖出一个矩形选区（如图7-65所示），告诉Lightroom这就是我们想在蒙版中包含的颜色和色调。

图 7-66

第8步

当你松开鼠标左键时，“颜色范围”工具就会根据你单击并拖出矩形的位置，立即只选择模特的皮肤区域。请注意，蒙版既没有覆盖模特的眼睛、眉毛、嘴唇，也没有包括她的耳环，而只有皮肤，这很好，如图7-66所示。但我们可以进一步调整。如果你只想柔化的是她脸部的皮肤，而不是她的肩膀、手部等所有其他皮肤区域，你可以用另一个蒙版工具将多余部分从这个蒙版中减去，这样就只有她的脸部会受到柔化（我们将在下一步进行这项操作）效果的影响。

第9步

这起初听起来会有悖常理，但实际上对于只选择脸部，而不是照片中所有可见的皮肤区域来说，得到的效果真的很好。进入“蒙版”面板，单击“蒙版1”，显示“添加”和“减去”按钮，然后单击“减去”按钮，在弹出菜单中选择“径向渐变”（如图7-67所示）。用径向渐变工具在模特的脸上拖出一个椭圆形选区，如果不合适，可以使用椭圆顶部、底部和侧面的控制点（白点）来调整其形状和大小，你可以单击并拖动椭圆中心的黑色控制点来重新调整整个椭圆选区的位置。如果要旋转椭圆选区，可以将你的鼠标指针移动到其中一个控制点外（如图7-67所示），单击然后360°拖动鼠标指针。

图 7-67

第10步

接下来的操作也非常简单：只要到径向渐变选项的顶部，勾选“反相”复选框（图7-68用红色圆圈圈出）。这就反选了椭圆选区，现在只有模特的脸被蒙版遮罩了（如图7-68所示），而她的其他皮肤区域则在蒙版之外。因此，我们的柔化处理不会影响其他皮肤区域。这多酷啊？

图 7-68

提示：避免在画面中显示太多的编辑标记

要想只看到当前选定蒙版的编辑标记，可以在预览区下面的工具栏中，从显示编辑标记弹出菜单内选择“选定”。

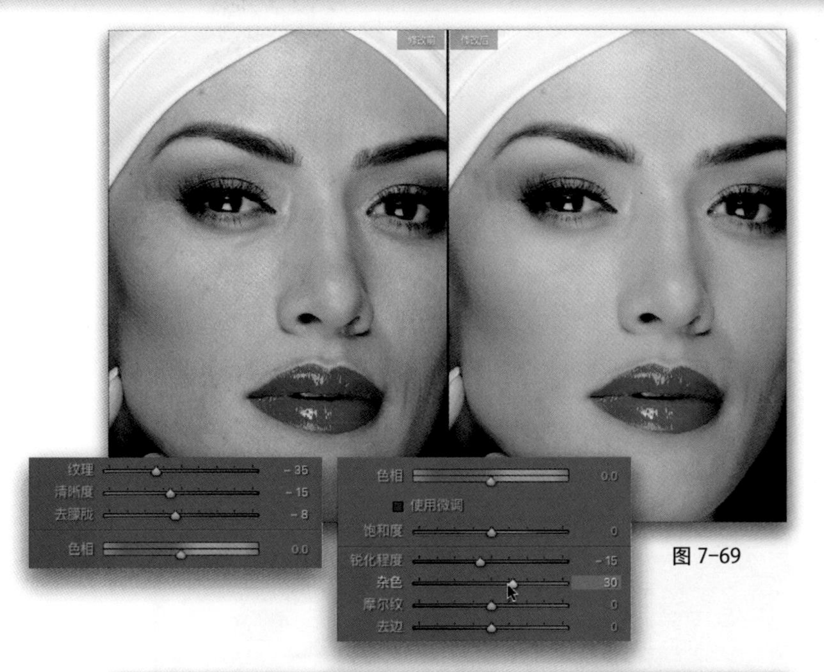

图 7-69

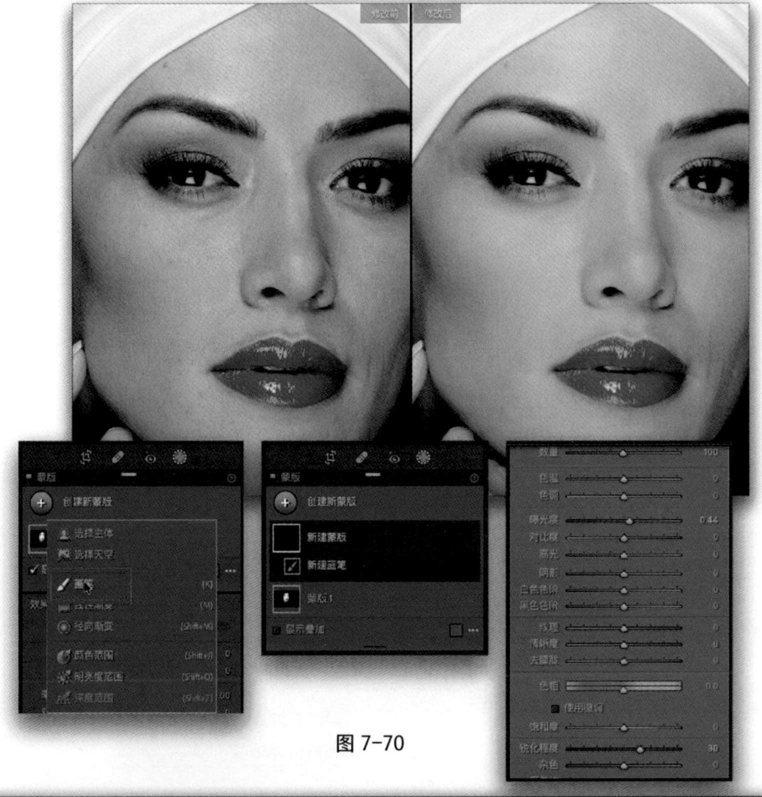

图 7-70

第11步

现在，只有模特的脸部是添加了蒙版的（不包括眼睛、嘴唇等），我们可以稍稍对皮肤进行柔化处理。虽然你可以从调整面板顶部的“效果”弹出菜单中选择“柔化皮肤”预设，而且效果不赖，但我们还可以使用一个更有效的滑块组合对皮肤进行柔化处理——既能柔化皮肤，又能添加一些噪点以保持皮肤纹理效果。双击调整面板顶部的“效果”，将滑块重置为零（如果此前尚未重置），然后降低“纹理”（到-35）、“透明度”（到-15）和“去朦胧”（到-8）滑块的数值（如图7-69所示）。然后，降低“锐化程度”滑块的数值（至-15），但提高“杂色”滑块的数值（至30；如图7-69所示）。对于像这位其实不是很需要柔化皮肤的年轻拍摄主体，柔化处理可以减弱她皮肤中的色调变化（如亮斑）和渐变，这里效果很好（如图7-69所示，我展示了修改前/修改后的照片对比，左侧是柔化皮肤之前的效果）。注意：我取消勾选了“蒙版”面板底部的“显示叠加”复选框。

第12步

让我们以提亮眼睛来结束对人像照片的修饰，既然已经提亮眼睛了，我们也会对其进行锐化处理。我们希望将所有皮肤柔化保持在合适的位置，因此我们需要通过转到“蒙版”面板并单击“创建新蒙版”来创建一个新的蒙版。然后，从弹出菜单中选择“画笔”。将“曝光度”的数值增加到0.75左右，然后在整个眼部区域（双眼、睫毛等）进行绘制。绘制后的区域可能太亮，但是可以帮助我们看清正在绘制的区域。在你绘制完两只眼睛之后，降低曝光量，直到画面整体看起来很自然（我把“曝光度”的数值降低到0.44，通常不会超过0.50）。最后，选择眼睛蒙版，将“锐化程度”增加到30，完成人像照片的修饰，如图7-70所示。

7.14 编辑背景

你已经学会了如何让Lightroom自动为主体添加蒙版，这样你就可以调整你的主体的亮度，并微调你想要的其他任何设置，但如果你想反过来呢？如果照片中需要调整的不是主体，而是背景呢？这里有一个简单的方法。

第1步

如图7-71所示是我们要处理的照片，我觉得背景有点太亮了，有很多会分散观者注意力的亮斑。所以，我们要编辑的是背景，把它稍稍变暗，这样我们的主体就会更突出，观者的眼睛就不会被背景所吸引。我们先让Lightroom为主体添加蒙版。因此，在右侧面板的顶部，单击蒙版图标（在直方图下面的工具箱中，如图7-71面板中的红色圆圈所示）展开带有蒙版工具的“添加新蒙版”面板，然后单击“选择主体”（如图7-71所示）。

图 7-71

第2步

当你选择“选择主体”时，在Lightroom为你添加蒙版的区域（你的主体；如图7-72所示）会显示一片红色遮罩，它只是做了它应该做的事情——它识别了主体，它甚至在选择帽子的流苏边缘方面做得非常好。当然，这与我们想要的恰恰相反（或者用比较正式的词——反相）我们希望给背景添加蒙版。

图 7-72

图 7-73

第3步

要让Lightroom把你的蒙版区域切换到背景，在调整滑块的正上方，你会看到你最后应用的蒙版的名称（在这个例子中是“选择主体”），在它的右边是“反相”复选框（图7-73中用红色圆圈圈出）。勾选该复选框，你就可以看到反转，也就是进行了与主体蒙版相反的选择。现在，你已经选择了背景，而且该区域出现了红色蒙版遮罩（如图7-73所示）。

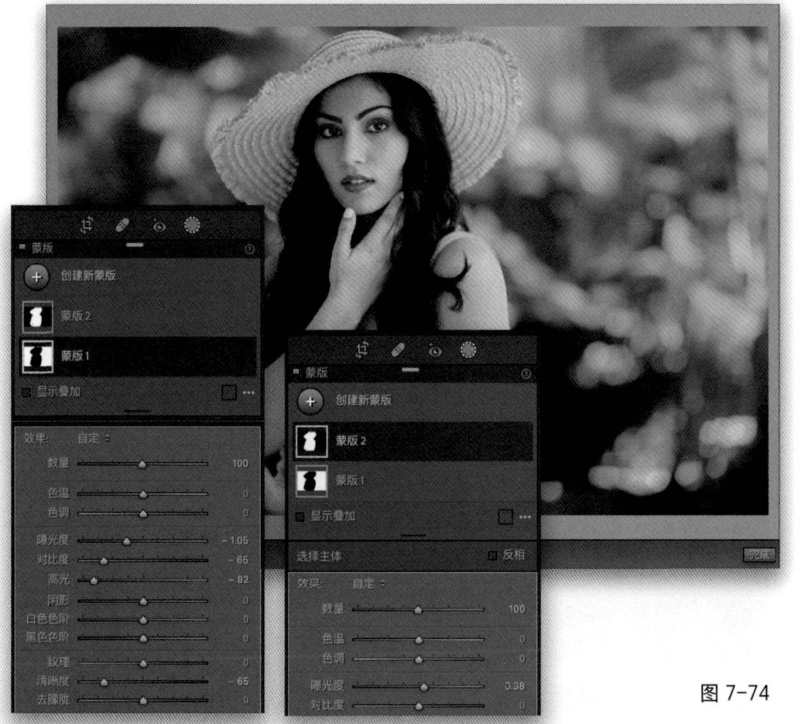

图 7-74

第4步

现在背景被添加了蒙版，用调整滑块把曝光调暗（我把“曝光度”滑块拖动到-1.05），把降低“高光”（到-82），也许把“对比度”降低一点（到-65），然后把“清晰度”滑块向左拖动（到-85；如图7-74所示），使背景更加模糊。随着背景亮度达到我们现在想要的效果，如果我们想回过头调整主体，让她更亮一些，你需要创建一个新的蒙版（保留对背景的编辑，单独对主体进行调整）。因此，单击面板顶部的“创建新蒙版”，然后选择“选择主体”。现在只有主体再次被添加了蒙版，把“曝光度”滑块向右拖动（如7-74中右图所示，我把她的整体亮度增加了1/3挡，曝光度数值达到0.38），使她变亮一些。使用“反相”复选框可能会让你今后的编辑工作非常方便。

7.15 使用“颜色范围”蒙版调整单一颜色

你已经了解了“明亮度范围”蒙版（见7.7节）——根据高光和阴影选择要添加蒙版的区域，但还有一种蒙版是基于颜色的，它被称为“颜色范围”蒙版，非常适合改变某物的颜色，或者使某种颜色更亮或更暗，也非常适合用于选择天空区域（你只需在天空中单击并拖出一个矩形选区，但不是使用“选择天空”蒙版）。在这里，我们将使用“颜色范围”蒙版来改变背景的颜色。

第1步

如图7-75所示是原始照片，我们想改变它的背景颜色。因此，在右侧面板的顶部，单击蒙版图标（在直方图下面的工具箱中，如图7-75面板中的红色圆圈所示）展开带有蒙版工具的“添加新蒙版”面板，然后单击“颜色范围”（如图7-75所示）。

图7-75

第2步

当你单击“颜色范围”后，你的鼠标指针会变成一个滴管，它将对你要制作蒙版的颜色进行取样。所以，只要把你的鼠标指针移动到照片上，在背景颜色的某处单击，就像我在这里做的那样，就会出现一个红色的遮罩，显示添加蒙版的区域。除了单击，你还可以在一个区域上单击并拖出一个矩形选区，以添加更多你想在色彩范围蒙版中包括的不同色调。如果你没有选择范围足够广的颜色区域，你可以通过向右拖动“颜色范围”选项中的“精简”滑块来优化这个蒙版，如图7-76所示，以扩大选定颜色的范围。向右拖动“精简”滑块可以选择更多的颜色，向左拖动会选择更少的颜色。

图7-76

图 7-77

第3步

一旦你选择了足够多的背景颜色，改变颜色也是非常简单的。向下滚动鼠标滚轮到调整滑块中的“色相”滑块，简单地单击和拖动滑块就可以为你的背景选择任意颜色，如图7-77所示。当你开始拖动该滑块时，红色的蒙版遮罩就会消失，所以你可以清楚地看到所选择的颜色。

提示：你可以添加不止一个滴管

使用“颜色范围”蒙版时，并不局限于只用一支滴管来选取颜色。你可以按住Shift键并添加多达5个不同的区域来进行颜色取样，这些颜色会被添加到你的颜色范围蒙版中。

第4步

如图7-78所示是我们使用“颜色范围”蒙版改变主体后面的背景颜色的修改前/修改后的照片。记住，你可以用这个技术在你已经现有的蒙版上添加选区，或者从一个蒙版上减去选区，就像我们用“明亮度范围”蒙版做到的一样（见7.7节）。

图 7-78

7.16 关于蒙版你还需要了解的10件事

在我们进入下一章之前，这里还有一些实用、方便的蒙版功能和小技巧需要了解一下。

（1）使用“数量”滑块一次调整多个设置

这是一个非常棒的功能，因为它可以让你一次调整多个设置（增强或减弱调整效果），而不需要一个一个地拖动滑块到某一数值。特别是当你回顾编辑效果时，如果你觉得有点过头了，可以使用“数量”滑块对蒙版中的整体调整进行更改，如图7-79所示。

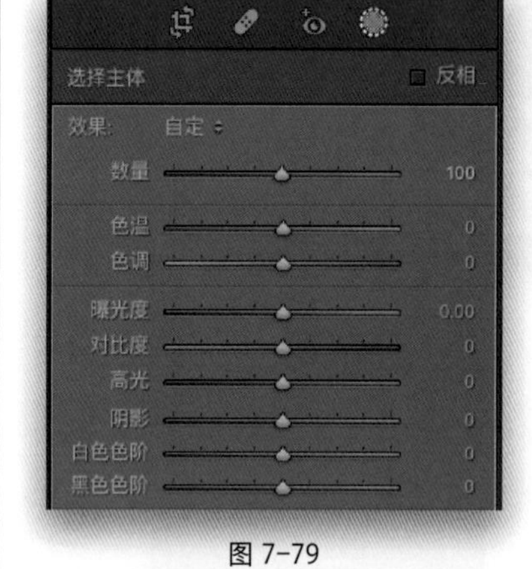

图 7-79

（2）改变蒙版遮罩的颜色

如果你喜欢用红色显示蒙版遮罩的区域，但你正在处理的照片中有大量红色调（比如红色汽车），你可能会无法清楚地看到添加蒙版的区域。你的第一个想法可能是必须换一个不同的蒙版视图（我们在7.8节介绍过），但实际上，你可以直接把红色的遮罩更改为你喜欢的任意颜色。单击“蒙版”面板右下角的红色色块（如图7-80所示），会出现一个拾色器，你可以单击选择任何你喜欢的颜色。要把它再重置为红色，只需单击拾色器中的红色自定颜色色块，然后单击右上角的“×”关闭拾色器。

图 7-80

图 7-81

（3）复制和移动蒙版

如果你已经创建了一个蒙版，并且你想复制它——也许会在同一张照片的其他地方用到，在“蒙版”面板中，单击蒙版缩览图右边的三个点图标，并从弹出菜单中选择“重复[蒙版名称]”（如图7-81所示，“重复‘蒙版1’”）。一旦你有了这个蒙版副本，你就可以在照片上单击它的编辑标记，然后把蒙版拖动到你想要的任意位置。注意：对于移动来说，复制不是必需的——你可以在任何时候单击并拖动编辑标记进行移动。

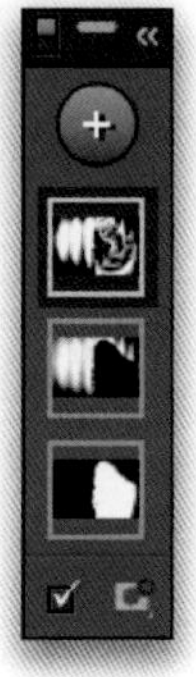

图 7-82

图 7-83

（4）另一种堆栈蒙版面板的方法

就像我在7.8节提到的，我通过拖动把“蒙版”面板堆栈在操作界面右侧的面板区域，如图7-82所示，它就出现在工具箱的下面了。还有一种方法更简单，在“蒙版”面板的标题处单击鼠标右键，选择“固定到面板”，“蒙版”面板就会出现在工具箱的下面，如图7-83所示。

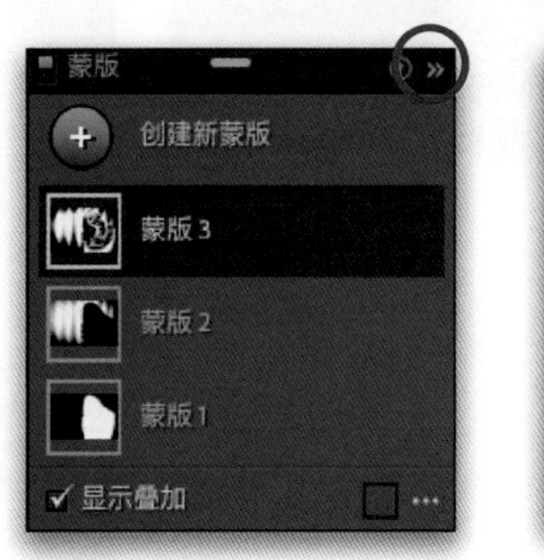

图 7-84

图 7-85

（5）调整浮动蒙版面板的大小

如果你让“蒙版”面板保持悬浮状态（而不是堆栈到右侧面板区域），你可以单击面板标题右侧朝右的双箭头，如图7-84所示，让面板遮挡的面积变小一些。这可以将面板缩小，只显示蒙版的缩览图（如图7-85所示）。

（6）与蒙版相交

如果想让一个蒙版与另一个蒙版相交（留下两个蒙版重叠的区域作为结果蒙版），在“蒙版”面板中，单击你想相交的蒙版，然后单击该蒙版缩览图右边出现的三个点图标。在弹出菜单中的“使用以下方式与蒙版相交”选项下，选择你要使用哪种蒙版工具与你当前的蒙版相交（如图7-86所示，我选择了“选择天空”与我当前的选择主体蒙版相交）。

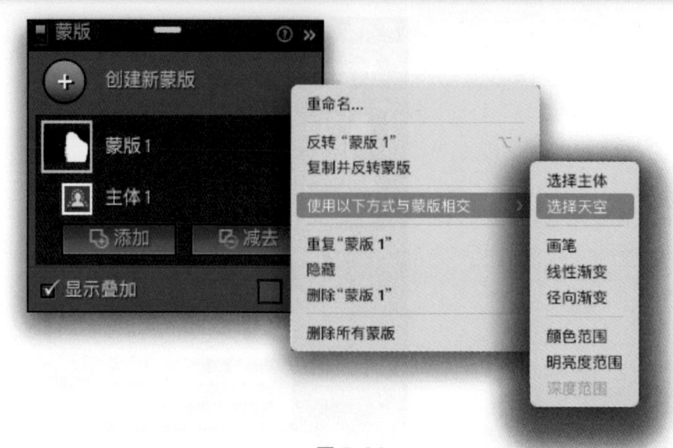

图 7-86

（7）保留的调整画笔和滤镜编辑如今变成了蒙版

如果你打开一张在老版本的Lightroom Classic中编辑过的照片，其中你用调整画笔、径向滤镜或渐变滤镜工具进行了编辑，这些编辑仍然保留在照片中，但它们现在会以蒙版形式出现。因此，你仍然会看到这些编辑，仍然能够使用它们，不过现在是在“蒙版”面板中了（如图7-87所示，我曾经使用过的渐变滤镜工具现在变成了线性渐变蒙版，如图7-88所示）。

图 7-87

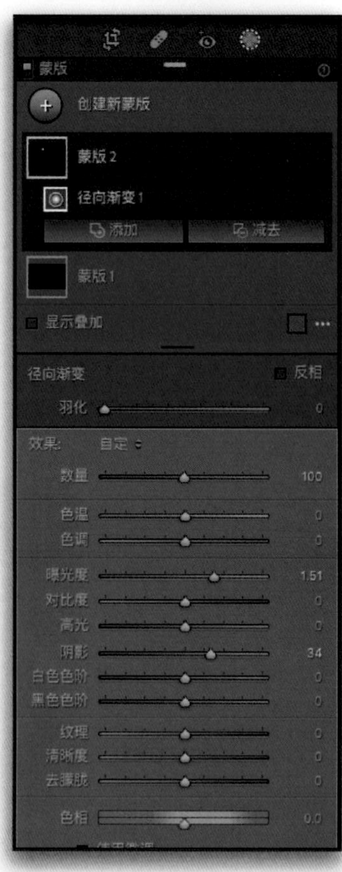

图 7-88

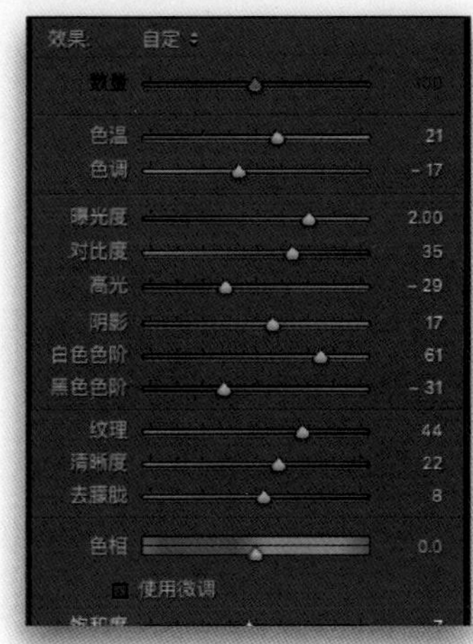

在编辑过程中，你的滑块会经常被移动

图 7-89

双击“效果”可以将所有滑块重置为零

图 7-90

（8）重置你的滑块

在编辑过程中，我们有时会移动大量的调整滑块，如图7-89所示。如果我们不喜欢调整后的效果，想把滑块重新设置为零，一个一个地重新设置滑块是非常麻烦的。现在，你可以删除蒙版重新开始调整，而幸运的是，还有一个更简单的方法：只需直接双击面板左上角的“效果”（如图7-90所示，用红色圆圈圈出），Lightroom就会为你把所有滑块重置为零。

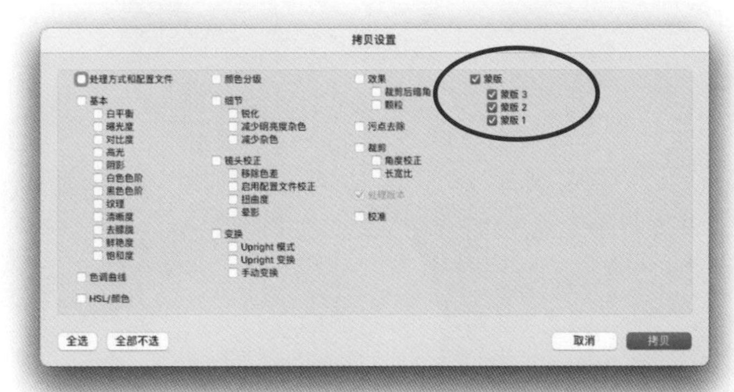

图 7-91

（9）复制/粘贴/同步面板

如果要将一张照片的设置复制粘贴（或同步）到另一张照片（单击左侧面板底部的“拷贝”按钮；当你选择了多张照片时单击右侧面板底部的“同步”按钮），你可以选择要对哪些蒙版进行复制粘贴。在“拷贝设置”（或“同步设置”）对话框的右侧，你会看到一组“蒙版”复选框，下方是你可以选择包括或排除的单个蒙版（如图7-91所示）。只要勾选你想复制和粘贴的蒙版旁边的复选框就可以了。

图 7-92

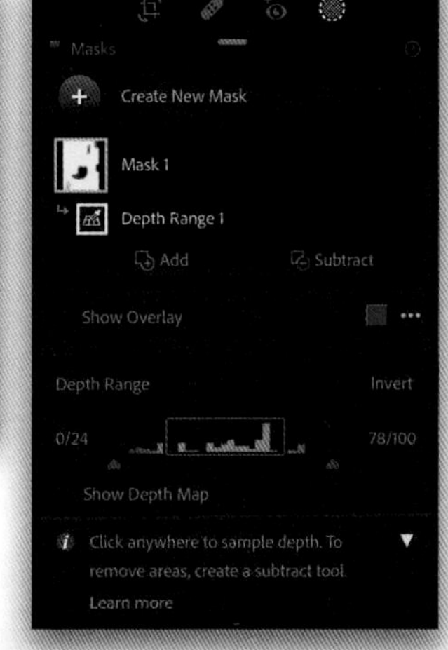

图 7-93

（10）深度范围蒙版

在“添加新蒙版”面板的底部，有一个总是灰色的选项——“深度范围”（Depth Range，如图7-92所示），原因是Lightroom只能为包含深度信息的照片启用该工具（比如用新款iPhone苹果手机在人像模式下拍摄的照片，它可以将主体身后的失焦区域保存为深度图；或者是用Lightroom移动版中的相机拍摄的照片，见12.14节）。当你的Lightroom中有这种类型的照片时，你就可以选择使用“深度范围”（Depth Range）工具对其进行调整，如图7-93所示。

摄影师：斯科特·凯尔比 | 曝光时间：1/100s | 焦距：100mm | 光圈：*f*/4 | ISO：200

第8章 特殊效果

- 使用创意配置文件为照片应用“效果”
- 虚拟副本——无风险的试用方式
- 一键应用预设
- 创建自己的预设
- 创建自动适应照片感光度（ISO）的预设
- 应用预设的其他位置
- 调整单一颜色
- 如何添加边缘暗角（晕影）效果
- “沙砾感”效果
- 创建亚光效果
- 制作出色的双色调
- 创建黑白影像
- 光晕特效
- 添加光束效果
- 使街道路面看起来湿漉漉的
- 快速简单的聚光灯效果
- 为背景添加光线
- 调出橙青色调
- 创建全景图
- 创建HDR图像
- 创建HDR全景图

8.1 使用创意配置文件为照片应用“效果”

在第5章中，我们探索了为RAW照片应用配置文件。除此之外，Lightroom中还有许多一键即可应用的特效，你可以将它们应用到RAW、JPEG、TIFF等任何格式的照片，而且你还可以控制特效的参数值。这些创意配置文件与标准预设相比更好，因为预设只会将“修改照片”模块中的滑块移动到预设数值的位置（就像是别人在为你处理照片一样），然而创意配置文件不会移动你的滑块，它们是完全独立的，你仍然可以按照的自己的方式编辑照片。

第1步

如图8-1所示是原始照片。（请记住，创意配置文件也可以应用于JPEG、TIFF和PSD等格式的照片，不必一定要是RAW格式的。）在“修改照片”模块的“基本”面板顶部，在“配置文件”的右侧有由4个小矩形方框构成的图标按钮，单击该按钮（如图8-1中红色圆圈所示）转到配置文件浏览器（参见下一步）。你也可以直接选择配置文件弹出菜单底部的“浏览”选项。

第2步

单击上一步提到的按钮打开“配置文件浏览器”后，展示了将每种效果应用于照片的预览图，因此你不必一个个单击也能快速查看哪种效果更适用于照片。你还可以将鼠标指针悬停在任意缩览图上，以全尺寸预览应用了该配置文件的照片。如图8-2所示，这里有4组创意配置文件：艺术效果、黑白、现代、老式。要对照片应用某个配置文件，只需单击即可。在这里，我单击了艺术效果中第一个“艺术效果01”，它为照片添加了紫色/红色色调，并增加了对比度。如果你不喜欢刚刚单击的配置文件，可以按Command-Z（PC：Ctrl-Z）组合键将其撤销，或者直接单击其他的配置文件。

图 8-1

图 8-2

图 8-3

第3步

我们来试试另外一组配置文件。如图8-3所示，向下滚动到“现代”主题的配置文件，然后单击喜欢的配置文件（我选择了“现代05”，它的去饱和效果不错）。应用创造性配置文件后，浏览器顶部会显示一个“数量”滑块，以便你可以增强或减弱效果。在这里，我将数量的值降低到78（默认值为100），所以照片并没有那么地不饱和（注意：“数量”滑块仅对创意配置文件显示。原始配置文件没有“数量”滑块）。如果你真的喜欢某个配置文件，你可以将其保存为“收藏”，其将会在浏览器的顶部显示（因此你不必苦苦寻找它）——通过单击所选配置文件右上角的星形图标即可实现（只有当你把鼠标指针移到某个配置文件上或单击该配置文件时，星形图标才会出现）。

图 8-4

第4步

我们来做更多尝试。向下滚动鼠标滚轮到黑白配置文件，找到一个看起来不错的效果。在这里，我选择了黑白模式（B&W 02）——为照片增加了高光和对比度，她的皮肤几乎全部高光溢出，因此她的所有特征都突显了出来。这不是传统的黑白效果，但我并不在意，也许这就是我喜欢它的原因（我按下Y键得到了并排显示的修改前和修改后的照片，如图8-4所示）。选择完配置文件后，单击“配置文件浏览器”顶部的“关闭”按钮（你可以在上一步中看到），返回“基本”面板。如果你应用了一个配置文件，然后又改变主意了，只需从配置文件弹出菜单中选择“颜色”即可返回到默认的颜色配置文件。

8.2 虚拟副本——无风险的试用方式

我们来讨论一下给新娘的照片添加暗角的情况。我们可能既想看其黑白版本，可能也想看其彩色版本，还想再看看其强对比度版本，之后可能还想看看其不同裁剪的版本，这时该怎么办？使我们感到棘手的是：每次想尝试不同效果时必须复制高分辨率文件，这又会占用大量的硬盘空间和内存。幸运的是，我们可以创建虚拟副本，它既不会占用硬盘空间，又使我们可以轻松尝试不同的调整效果。

第1步

创建虚拟副本的方法是：用鼠标右键单击原始照片，从弹出菜单中选择“创建虚拟副本”（如图8-5所示），或者使用Command-'（PC：Ctrl-'）组合键。这些虚拟副本看起来与原始照片完全相同，我们可以像编辑原始照片一样编辑它们，但它们并不是真正的文件，只是一种带有一组指令的缩览图，因此不会增加任何实际的文件大小。这样我们就可以创建多个虚拟副本，尝试想要执行的操作，而又不会占用硬盘空间。那么，让我们继续创建一个虚拟副本。

图 8-5

第2步

创建虚拟副本后，你会知道哪个版本的照片是副本，因为（a）在网格视图和胶片显示窗格中，虚拟副本的缩览图左下角有一个卷曲的页面图标（如图8-6中红色圆圈所示）；（b）虚拟副本的命名为副本1（如图8-6所示）、副本2，依此类推，因此一目了然。

图 8-6

图 8-7

图 8-8

第3步

这个虚拟副本与原始照片几乎是独立的，因此你可以对其进行调整、尝试和创新，而不会对原始照片造成任何损坏，而且它不会占用你硬盘上的任何实际空间，你可以随心所欲地创作。我们继续在这个虚拟副本上调整白平衡。我把“色温”滑块拖到-2，把“色调”滑块拖到-58，你可以看到原始照片（在图8-7中的左边）没有发生变化。这就是为什么虚拟副本如此之棒，你可以随心所欲地进行试验。注意：编辑虚拟副本时，可以单击右侧面板底部的“复位”按钮，将其还原为刚创建时的效果。此外，你不必每次都回到“图库”模块中创建虚拟副本，在“修改照片”模块中使用Command-'（PC：Ctrl-'）组合键也奏效。如果要删除虚拟副本，只需单击将其选中，然后按Delete（PC：Backspace）键即可。

第4步

我使用虚拟副本是想尝试一系列不同的编辑，看看我最喜欢哪一个。例如，继续制作7个虚拟副本（这样我们总共有9个缩览图——1个原件和8个副本），并修改每个缩览图的白平衡。然后，将9个缩览图全选，按键盘上的N键进入筛选视图（如图8-8所示），这样我们可以清楚地看到我们最喜欢哪一个或哪几个（我们可以给它们标记旗标或进行五星级评级）。要从筛选视图中删除缩览图，请将鼠标指针移到其上，然后单击缩览图右下角显示的“×”。这些虚拟副本就像真正的照片一样。如果你想将一个文件导出为JPEG格式，你可以单击该虚拟副本，从“文件”菜单中选择“导出”，Lightroom会导出一个与虚拟副本看起来相同的副本。

8.3 一键应用预设

Lightroom有一个相当大规模的预设集，提供了不同的画面效果，可以为你完成各种各样的后期编辑工作。你只需在一个预设上单击，Lightroom就会自动调整所有的滑块和设置，为你创造该预设特定的效果（这就像是有一个对Lightroom非常擅长的朋友在帮助你）。除了使用Lightroom内置的默认预设，你还可以在网上找到大量的Lightroom预设（有些是免费的，有些不是），你可以将它们导入Lightroom并在自己的作品中使用。本节将介绍如何使用现有的预设，以及如何导入你下载的预设。

它们在哪里

你可以在“修改照片”模块左侧面板区域的“预设”面板（如图8-9所示）中找到这些修改照片预设。这些预设被分成不同的组（集），以便更容易找到你要找的效果（如人像预设、电影效果、未来主义效果，等等），然后在面板底部是更多的生产型预设，可用于锐化、镜头校正等。在面板的顶部是你的“用户预设”（你自己创建和保存的预设——更多关于这些预设的内容在8.4节，也可以是下载和导入的预设）。

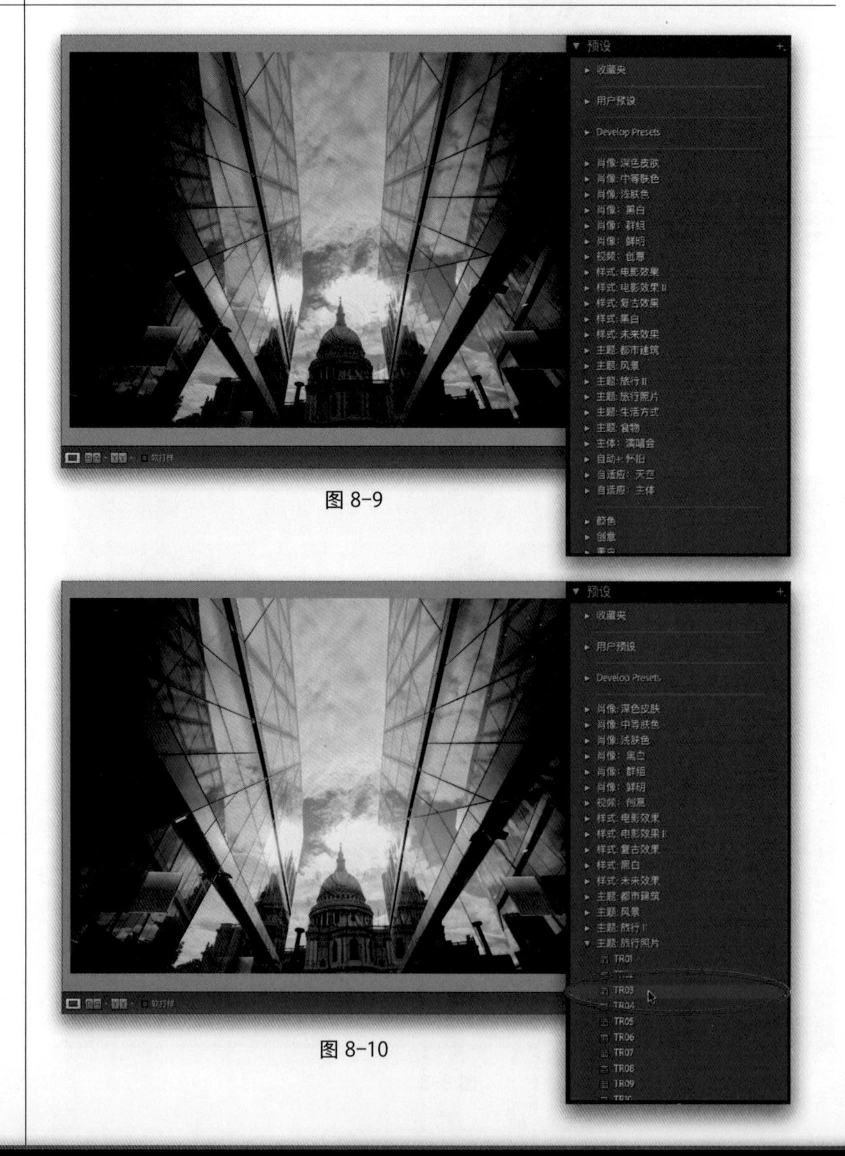

图 8-9

预览及应用预设

在应用预设之前，你可以预览任意一个预设的效果，只需将鼠标光标悬停在“预设”面板中的预设选项上。相应的效果就会在左侧面板的“导航器”面板中和中间的照片上显示，如图8-10所示，我将鼠标光标悬停在旅行照片预设组中的TR03上，使照片呈现绿色/蓝色调，并增强了对比度。再试试该预设组中的其他预设（我很喜欢TR10），当然，这些预设的效果会因照片的不同而大相径庭。如果要应用某个预设，只需单击它即可。如果在应用预设后还想进行调整，使用“基本”面板中的滑块就可以了！

图 8-10

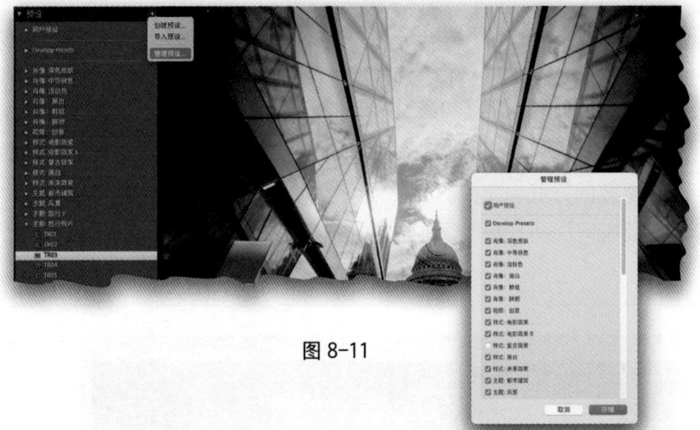

图 8-11

图 8-12

图 8-13

隐藏你不需要的预设

如果你发现自己没在使用Adobe的内置预设，又或者显示的都是你不用的预设，你可以将它们从视图中隐藏起来。这些预设并没有被删除，你可以随时让它们再次显示在操作界面中。以下是如何隐藏预设的具体操作方法。在“预设”面板的右上角，单击“+”（加号）按钮，然后选择“管理预设”。在弹出的“管理预设”对话框（如图8-11所示）中，对于那些你想隐藏的预设，你可以取消勾选对应的复选框。勾选结束后单击“存储”按钮（记住，这些预设并没有被删掉——只是隐藏了）。要使这些预设再次可见，请回到“管理预设”对话框重新勾选那些复选框。

保存到收藏夹

如果你发现自己经常使用某些预设，你可以将它们保存到收藏夹，这样不仅可以把它们放在一起，而且还使它们直接显示在面板顶部，便于取用。要将某预设添加到收藏夹，请用鼠标右键单击该预设并选择“添加到收藏夹”（如图8-12所示）。现在，在“预设”面板的顶部，你就可以看到一个新的收藏夹，里面包含了那些你选择添加到收藏夹的预设（如图8-12所示，我将“TR03”预设添加到了收藏夹）。

导入下载好的预设

就像我提到的，你可以从网络上下载大量的Lightroom预设，并将它们导入Lightroom，以及应用到你的照片上。在你下载好一些预设后，在“预设”面板右上角，单击“+”（加号）按钮，然后选择“导入预设”（如图8-13所示）。现在，只需导航到你存储下载预设的文件夹，然后单击“导入”，你就可以在用户预设中找到它们（如图8-13所示）。

8.4 创建自己的预设

如果你制作了一种自己非常喜欢的效果，并且希望能够再次使用完全一样的效果，你可以将那些参数设置保存为预设，然后一键应用到其他照片。你可以从头开始，当然你也可以使用任意内置预设作为照片编辑的起点，并以你想要的方式自定义效果，然后你可以将其保存为自定义预设。本节我们将介绍如何从头开始创建你自己的预设。

第1步

第1步是应用一种你喜欢的效果（在本例中，我们从头开始处理，如图8-14所示是我们的原始照片）。我们在这里要做3件事，很简单：（1）将“高光”降低一些，使模特的脸部不会太亮；（2）进行一些“颜色分级”处理；（3）在照片的边缘添加比平时更强烈的暗角（我们将在8.8节介绍更多关于暗角的内容）。就是这样，在我们应用这些编辑后，可以将它们存储为预设。

图 8-14

第2步

首先，在“基本”面板中将“高光”滑块向左拖动一点（我拖动到-16）。然后转到“颜色分级”面板。对于“阴影”，单击色环中心的圆圈并向蓝色拖动，为“阴影”添加大量蓝色调。对于“中间色调”，单击色环中心的圆圈并向洋红色拖动，为其添加一些粉色调。最后，至于“高光”，单击色环中心的圆圈并向黄色拖动（如图8-15所示）。现在，在“效果”面板的“裁剪后暗角区域”，将“数量”滑块向左拖动（我把它拖到了-36，比平时设置的-11要多得多，因为我想要展示这种效果）。现在，让我们把所有这些设置保存为预设，这样我们就可以在其他照片上应用相同的效果，只需单击即可。

图 8-15

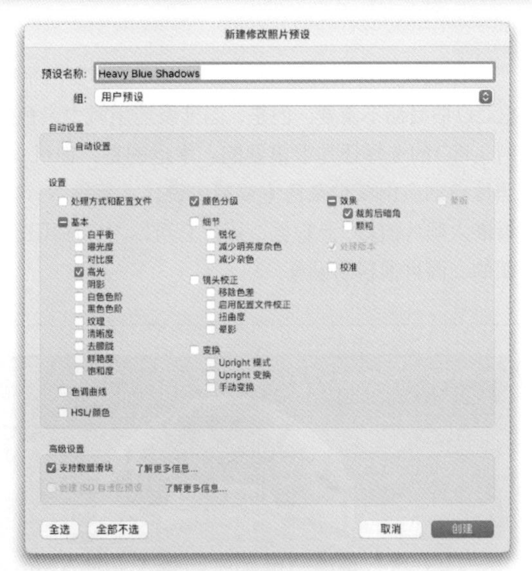

图 8-16

应用预设前

图 8-17

应用预设后

图 8-18

第3步

在左侧面板区域中，单击“预设”面板标题右侧的“+”（加号）按钮，然后选择“创建预设”，弹出“新建修改照片预设”对话框（如图8-16所示）。给你的新预设起一个名字（我将其命名为“Heavy Blue Shadows”<深蓝色阴影>）。现在，在“设置”区域，我们只选择那些对照片执行过的操作（勾选对应位置的复选框），其他的复选框则保持未勾选状态（即关闭）。如果所有选项均开启，单击对话框左下角的“全部不选”按钮可以将所有复选框取消勾选，这样我们就能快速选择那些对照片应用的处理。现在，只勾选“高光”“颜色分级”“裁剪后暗角”旁边的复选框（即我们对照片应用的处理，如图8-16所示）。你需要使“处理版本”复选框保持勾选的状态。

第4步

现在，单击“创建”按钮将你刚刚做的所有编辑存储为预设，该预设会出现在“预设”面板的“用户预设”下。要将这种预设应用到其他照片，只需单击位于界面下方胶片显示窗格中的照片，然后在“预设”面板找到预设并单击（如图8-18所示）。

提示：更新用户预设

如果你想微调用户预设并更新设置，在“预设”面板中，用鼠标右键单击该预设，然后从弹出菜单中选择“使用当前设置更新”。

提示：删除用户预设

要删除用户预设，只需单击该预设，然后单击“预设”面板标题右侧，位于“+”（加号）按钮旁边的“-”（减号）按钮。

8.5 创建自动适应照片感光度（ISO）的预设

在编辑照片的过程中，如果你只是改变白平衡或高光数值，那么你用什么ISO拍摄都不重要。但是，当涉及应用减少杂色处理（当你用高ISO拍摄时）时，ISO的选择还是很重要的。幸运的是，你可以创建预设——比如对高ISO照片自动应用减少杂色（或减少锐化，等等）。这些ISO自动调整预设可以查看嵌入照片的ISO元数据，因此它可以为你应用正确的调整参数。这是非常聪明的，而且很容易设置。

第1步

这个方法至少要用到两张素材照片，一张是以你相机的原生感光度（即你能得到最干净画面的最小ISO值）拍摄的照片（我一般使用的是ISO 100），另一张是以你平时会使用的最大感光度拍摄的照片（在这个案例中我使用了ISO 1000拍摄在白天举行的橄榄球赛）。当然，你也可以使用更多照片。接着先选择低感光度的照片，继续创建你想要的效果，包括减少杂色和锐化处理等。在这个案例中，我添加了对比度，增加了白色色阶和黑色色阶，并添加了一些纹理和清晰度以得到高对比度的画面效果，然后我在“细节”面板中将锐化的“数量”增加到90、“半径”增加到1.2，如图8-19所示。

图 8-19

第2步

现在，选择高感光度的照片，然后点击“上一张”按钮（在右侧面板区域的底部），将上一张照片上的调整设置应用到这张高感光度的照片。在这张高感光度的照片上，进入“细节”面板，在“噪点消除”部分，增加“明亮度”和（或）“颜色”的数值（见9.2节），直到照片看起来很不错。你也可以为这张高感光度的照片设置合适的锐化数量，达到你想要的画面效果，如图8-20所示。

图 8-20

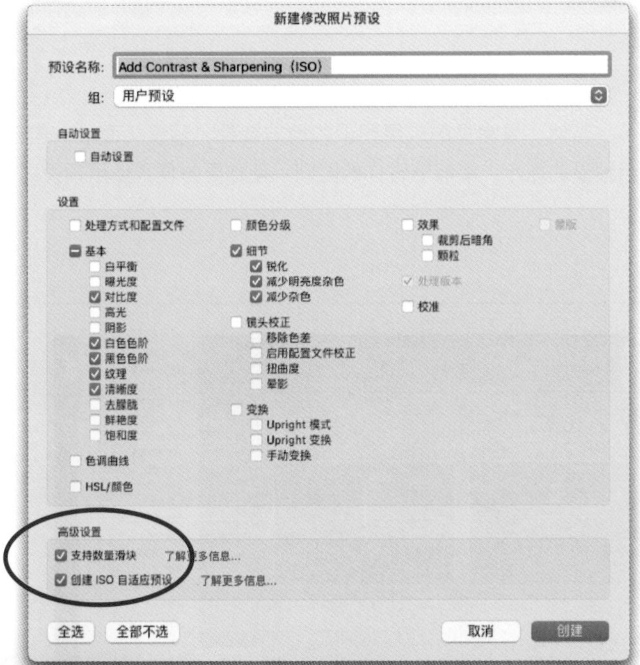

图 8-21

图 8-22

第3步

现在，在胶片显示窗格中，按住Command（PC：Ctrl）键并单击选择这两张照片（低感光度和高感光度照片），然后进入“预设”面板，单击面板标题右侧的小“+”（加号）按钮，并从弹出的菜单中选择“创建预设”。如图8-21所示，当弹出“新建修改照片预设”对话框时，给你的预设起一个名字（你可能想在名称中包含感光度<ISO>，这样你看一眼就知道它是一个自动调整感光度的预设）。如果所有的复选框都被勾选了，单击对话框左下角的“全部不选”按钮，将它们全部取消勾选，然后只需勾选那些你想在预设中包含的设置（不要忘记勾选“锐化”和“减少杂色”）。这个对话框的底部是感光度设置部分，你会看到“创建ISO自适应预设”复选框，将其勾选。注意：如果该复选框是灰色的，则你要么没有选择至少两张照片，要么你选择的两张照片感光度一样。

第4步

单击“创建”按钮来创建你的预设，现在你可以像其他预设一样使用它。但是，当你把这个预设应用于其他照片时，它将检查照片的感光度，并根据照片的感光度适当地调整“噪点消除”和“锐化”的“数量”，如图8-22所示。在这里，我选择了一张不同的照片，并应用了我的ISO自适应预设，你可以看到它增加了“噪点消除”的“明亮度”和“颜色”的参数，因为这张照片的感光度是ISO 320，高于100，低于1000（第2步所示照片的感光度），所以相关参数可根据具体感光度灵活调整。

8.6
应用预设的其他位置

当然，最常见的应用预设的地方就是“预设”面板，但还有其他可以应用预设的地方，能够节省你的时间，使你更方便地使用预设。

在导入过程中应用预设

如果你打算将一个的预设（无论是内置的还是你自己创建的）应用于你正在导入的一些照片，你其实可以在照片被导入Lightroom时就应用该预设。在导入窗口中，找到“导入时应用”面板，从“修改照片设置”弹出菜单中选择你想应用的预设（如图8-23所示）。

图 8-23

在“快速修改照片”面板中应用预设

另外一个可以应用这些修改照片预设的地方就是“图库”模块中的“快速修改照片”面板。在面板的顶部，你会看到“存储的预设”弹出菜单。单击并按住它，就会弹出一个“预设”菜单（如图8-24所示），你可以选择预设并将其应用于你选定的照片。

图 8-24

当你想调整照片中的一种颜色时（例如，你想让所有的红色变得更红，或者让天空的蓝色变得更蓝，又或者你想完全改变一种颜色），可以在“HSL”面板（单击“HSL/颜色”面板标题中的“HSL”即可进入）中进行调整（HSL分别指的是色相、饱和度、明亮度）。这个面板非常方便（我经常使用它），而且幸运的是，由于其具有TAT（目标调整工具），因而使用起来非常容易。本节介绍的是它的工作原理。

8.7 调整单一颜色

图 8-25

第1步

当你想调整一个区域的颜色时，向下滚动鼠标滚轮到右侧面板区域的“HSL/颜色”面板，如图8-25 所示。HSL 的三个字母与面板顶部的三个选项卡对应，即色相、饱和度、明亮度。单击选项卡，你可以分别调整这些属性，这就是我们在这里要做的（好吧，其实是在下一步）。在“色相”选项卡中，你可以使用滑块将现有的颜色修改为不同的色相，如果你知道调整哪些滑块可以得到你想要的颜色，你可以直接单击并拖动这些滑块。然而，对于有些人来说可能需要一点帮助，这时就可以用到面板中的目标调整工具。

图 8-26

第2步

目标调整工具（简称TAT）可以使这些色彩调整变得超级简单。首先，确保在面板顶部选择了“色相”选项卡，然后单击目标调整工具（靠近面板左上方的圆形小图标，图8-26中用红色圆圈圈出）。以下是它的工作原理。如果我们想改变门的色相，在门上单击并向上或向下拖动目标调整工具，它就会准确地知道哪些滑块与你单击的区域相对应，当你向上或向下拖动时，目标调整工具将只移动这些滑块（如图8-26所示，我在门上单击并向下拖动，将色相从紫色改为蓝色）。随着拖动，目标调整工具会将“蓝色”和“紫色”滑块向左拖动到合适的数值（如图8-26所示）。

第3步

好的，所以“色相”选项卡是我们改变色相的地方。现在，单击“饱和度”选项卡，你会注意到滑块都被重置为零。这是因为这些滑块只是用来调整饱和度的（如果你单击“色相”选项卡，你之前的改动仍然会保留）。饱和度控制了颜色的鲜艳程度，所以现在在“饱和度”选项卡上，单击目标调整工具，然后单击照片中的门并向下拖动，你会看到它使门的颜色变得不饱和（如图8-27所示，将这扇门与第2步中的门做比较）。如果你向上拖动，目标调整工具将使那扇门的蓝色变得更鲜艳，你在门上拖动得越远，它为你移动的滑块越多，那扇门的颜色就变得越来越鲜艳。好了，这就是HSL的H和S。还有一个选项卡要介绍。

图 8-27

第4步

如图8-28所示，单击面板顶部的“明亮度”选项卡，会出现一组全新的8种颜色的滑块，它们的数值全部归零。明亮度控制着颜色的亮度，所以让我们单击目标调整工具，在墙上直接单击并向下拖动，如图8-28所示，墙壁的颜色变得更暗了（橙色和黄色的亮度都下降了）。如果单击“全部”选项卡，面板中会依次罗列出前面提到的3个选项卡中的所有滑块。如果你单击“HSL/颜色”面板标题中的“颜色”，就会切换到“颜色”面板，将所有的颜色分成几组，每组有三个滑块（色相、饱和度、明亮度）。无论你选择哪种面板布局，它们的工作方式和原理都是一样的。

图 8-28

8.8 如何添加边缘暗角（晕影）效果

晕影有两种类型：一种是“坏”的晕影，是由镜头造成的，即你在照片的角落里看到的黑暗区域（我会在9.13节告诉你如何去除这种晕影）；然后，还有一种是“好”的晕影，这是一种非常流行的效果，它会使照片的边缘均匀变暗，将观者的视线集中画面中心。我会在对照片做最后修饰时使用这种效果，并且使用非常小的数量值，如果不借助效果切换开关，你甚至意识不到我已经添加了暗角。下面进行详细介绍。

第1步

如图8-29所示，这是我们的原始照片，我们想巧妙地将照片外侧的边缘全部变暗，把观者的视线吸引到画面中心，减弱那些不那么重要的部分的存在感。而且，它看起来很不错（只要是细微的调整。如果你调整得太过，照片就不太好看了）。向下滚动到右侧的“效果”面板，你会在顶部看到晕影控件（它被称为“裁剪后暗角”，因为如果你裁剪照片，它将自动重新调整，这样暗角就不会被裁剪掉）。在“裁剪后暗角”的“样式”弹出菜单中有三个选项：高光优先（默认）、颜色优先和绘画叠加。（但是其中唯一看起来不错的是高光优先，所以这是我唯一的选择）。

图 8-29

第2步

“数量”滑块决定了照片边缘的明暗程度，所以继续将它拖动到-25（就像我在这里做的那样），它会在你的照片外边缘添加一个相当不明显的边缘暗角。现在，看着照片你可能会想，“我不确定它真的调整了什么”，但我们可以通过打开/关闭在面板标题左侧的切换开关（图8-30用红色圆圈圈出），直观地了解拖动滑块对照片所做的调整。拨动几次这个开关，你就会发现，“哇，原来真的有区别。”试试吧，你就会知道了。

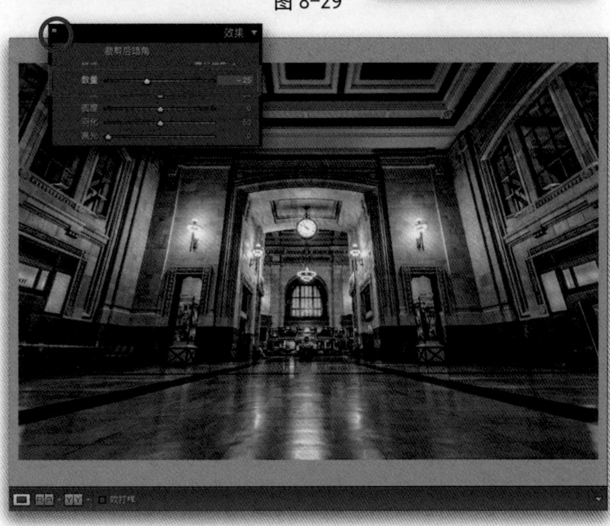

图 8-30

第3步

这里只有一个你可以不时地调整的滑块——“中点”滑块，它可以控制暗部的边缘向照片中央扩展的范围。“中点”滑块的默认设置实际上是非常好的，但为了学习、理解这个滑块的作用，我们将创建一些看起来非常糟糕的效果（如图8-31所示）。在“效果”面板中，将“羽化”滑块一直向左拖动到零，这样就可以得到一个与周围像素过渡非常生硬的暗角（如图8-31所示，我平时从来没有动过“羽化”滑块，我总是把它设置为默认值50）。现在来回拖动几次“中点”滑块（我还把“数量”降到了-33），你会看到椭圆的大小发生了变化。当你向右拖动“中点”滑块时，椭圆变大了，照片中变暗的区域减少（椭圆外的区域）。当你自己拖动滑块时，你观察得会更清楚，但从图8-31你也可以看到，我把椭圆变得非常大，使得几乎只有角落里的区域变暗。如果我继续把滑块向右拖动，使椭圆变得更大，那么变暗的区域就只有照片的4个角落了。

图 8-31

第4步

我从不乱用“圆度”滑块（你可能也不会），但是它能够控制暗角的圆度(当你把“羽化”值设置为零时，来回拖动“圆度”滑块，看看它对椭圆形有什么影响。现在把你的羽化值重置为50，如图8-32所示）。所以，我在自己的照片编辑流程中，会使用这种边缘暗角调整作为“收尾操作”——在最后添加的效果，对照片进行小小的润饰，而且我知道一个神奇的“数量”参数，我几乎每次都使用该数值来为照片添加一个非常细微的调整效果（你同样可以切换它的开/关，看看它对照片能产生什么不同的影响——它的效果是如此微妙，甚至没有人知道我添加了它）。那么，这个神奇的数字是什么？是-11。

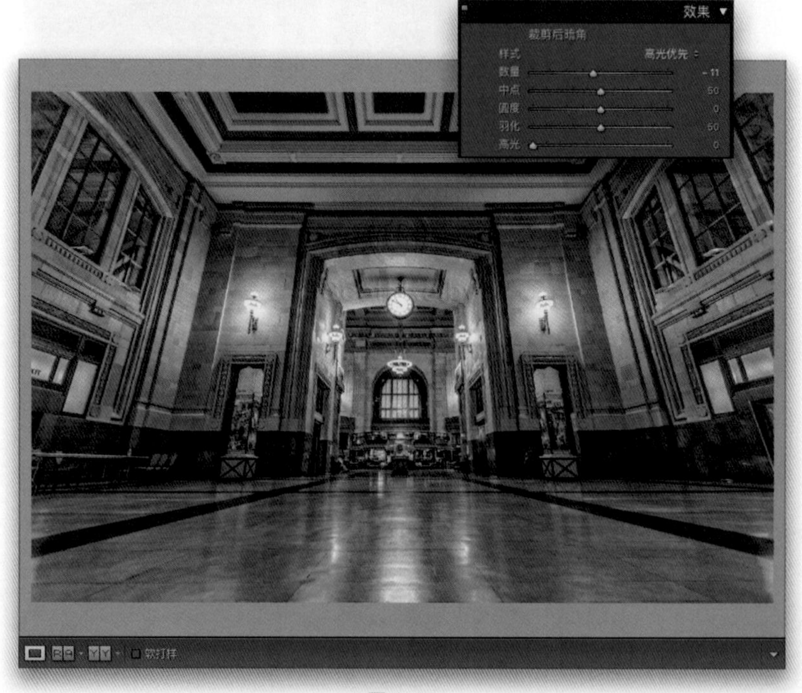

图 8-32

8.9 “沙砾感”效果

你经常能在社交媒体上看到这种照片效果，以及它的变种。通过调整整体影调、为照片添加粗糙度以及微调色调，可以打造出它自己的“沙砾感”效果。只需调整一些滑块和曲线，但真的很简单。好吧，如果你不介意移动很多滑块，那就很容易。

图 8-33

图 8-34

第1步

从“基本”面板开始，单击“自动”按钮，以获得一个合适的后期编辑起点。现在，将“白色色阶”滑块一直向左拖到-100，然后将“黑色色阶”滑块设置为+50。接下来，我们要通过添加一些“清晰度”来增强“沙砾”效果（在这里，我使用了+34的“清晰度”，但根据照片的具体情况，你可以将其调整到+40或+45）。为了获得一种不饱和的皮肤效果，将“鲜艳度”滑块向左拖动一些（我拖动到-40）。不要拖得太远，否则你会得到一张黑白照片。你仍然需要一些颜色，但大部分的皮肤色调不要那么鲜艳（如图8-33所示）。你可以使其他滑块维持为自动设置（好吧，反正现在是这样）。

第2步

接下来，进入“色调曲线”面板，确保点曲线是可见的（如图8-34所示。如果没有，请单击面板顶部带有白点的圆圈）。我们将使用这个曲线使照片得到一个平淡的效果。所以，单击曲线左下角的控制点，直接向上拖动一下（沿着左边的位置向右拖动）。然后，单击对角线的中心位置，向下拖动一点，以加深中间调。现在，在这两个控制点之间单击，再增加一个点，然后将其向上拖动一点。简而言之：将曲线调整到如图8-34所示的那样。如果你搞砸了，只需用鼠标右键单击曲线上的控制点，并选择“删除控制点”，然后就可以重新开始调整了。

第3步

现在，让我们为照片加入一抹亮色吧。如图8-35所示，转到“颜色分级”面板，单击“阴影”色环中心的圆圈，然后向左下方的蓝色拖动。接下来，转到“高光”色环，单击该色环中心的圆圈，然后将圆圈向黄色拖动一点。只是一点点，不要拖动得太远，否则你的高光部分会出现非常饱和的黄色。现在，你看到“阴影”色环下面的滑块了吗？它们可以控制你添加到阴影的颜色的亮度（明亮度）。在这里，我把这个滑块几乎拖动到最左端。然后，把“高光”色环下面的滑块几乎拖动到最右端，以提亮高光的颜色。最后，在面板底部附近，将“混合”滑块向右拖动（这里，我把它拖到69）。根据你具体要编辑的照片，你可能要多尝试一下这些色环，以便在阴影中获得蓝色，在高光中获得黄色，因此可能要花点时间来不断调整色环和滑块，但你要知道自己应该做什么——细微地调整颜色，而不是对照片的色调做颠覆性的改变。

图 8-35

第4步

提高整体“沙砾感”的最后一步（至少对于这张照片）是回到“基本”面板，如图8-36所示，首先将“对比度”滑块向右拖动（我拖到+54），然后将“高光”滑块也向右拖动（拖到0左右），以创造更大的对比度。这是一个很大幅度的滑块移动，但是你已经做到了。现在，把该效果保存为预设（见8.4节），这样你就可以把这种粗犷的风格应用到其他照片上了。

图 8-36

8.10 创建亚光效果

近几年亚光妆容变得非常流行，幸运的是，后期制作出这种效果其实很简单，只需几步简单的曲线调整（即使你以前从未使用过曲线，你也能制作出这种效果）。

图 8-37

图 8-38

第1步

如图8-37所示是我们想要应用亚光效果的原始照片。

第2步

进入右侧面板区域中的“色调曲线”面板，如图8-38所示，在曲线网格的左下角，单击那个圆形的控制点，然后沿着左边的垂直轴将它向上拖动到第一条水平网格线，以创建一个低对比度的效果（当然，拖动的高度要视照片而定，或高或低，以得到褪色和低对比度效果，所以不要纠结于必须要碰到网格线）。现在，只需将该控制点向右拖动一点，就能使黑色的纯度变低，得到你想要的效果。就这样，你已经掌握了亚光效果，并且准备好在社交平台上大放异彩了！

8.11
制作出色的双色调

这是一种非常简单的技术，但很有用。几年前，我从我的朋友——Adobe全球推广者泰瑞 · 怀特那里学到了这个技巧，而他是从就职于Adobe的摄影师那里学到的，现在我将为大家介绍这一技巧。在创建双色调的所有方法中，这个绝对是最简单也是最好的。

第1步

虽然实际上双色调是在“颜色分级”面板（位于右侧面板区域）内完成的，但应该先把照片转换为黑白。因此，单击“基本”面板右上角的由4个矩形方块构成的图标，转到“配置文件浏览器”，然后向下滚动找到“黑白”配置文件（关于该内容详见8.1节）。但是现在，只需找一个看起来不错的配置文件作为照片编辑的起点（我在这里选择了“黑白 01”），然后单击浏览器右上角的“关闭”按钮。注意：你可以按键盘上的Y键显示修改前/修改后的照片对比，如图8-39所示。

图 8-39

第2步

创建双色调的方法简单得令人难以置信，只需向阴影区域添加颜色并保持高光、中间色调区域的设置不变（尽管你可能很想改变它们，但不要这样做）即可。因此，请转到右侧的“颜色分级”面板，你会看到三个色环，左下角的色环控制阴影，单击色环中心的圆圈并稍稍向上朝棕色方向拖动（如图8-40所示）。圆圈离中心越远，颜色的饱和度和鲜艳度就越高，但由于我们只是希望进行轻微的调整，所以只需略微拖动圆圈即可。你可以稍微移动色环外的橙色圆圈，以调整出你想要的那种棕色色调（或者你可以选择一个不同的色调，比如蓝色或红色的双色调）。

图 8-40

8.12 创建黑白影像

将你的照片从彩色转换为黑白有两种方法，我会先介绍Lightroom中最开始使用的方法。但是，新方法（我的首选方法）则给你提供了更多的选择、实时预览以及更好的效果。另外，一旦你完成了黑白转换，你就可以使用在第5章和第6章中学到的相同技法来真正地微调你的转换结果。

图 8-41

第1步

如图8-41所示是我们的原始照片，拍摄的是巴黎卢浮宫的局部，而且我觉得它非常适合进行黑白转换（即使转换技术再高超，也不是每张照片都适合黑白效果的）。在“基本”面板顶部有一个“黑白”按钮，但我从不推荐使用该按钮进行黑白转换。本质上来说，它只是去除掉照片中的色彩，这样你得到的就是一个单调、乏味的转换结果，所以我从不使用它。

图 8-42

第2步

相反，我们可以通过单击“黑白”按钮下方由4个小矩形方块构成的图标调出“配置文件浏览器”来获得更好的转换效果。这里有17种不同的黑白转换方案，有些模拟了经典的暗房转换，使用不同的颜色转换器来实现不同的效果。缩览图显示的是将不同转换效果应用在照片上的预览，但如果你把鼠标指针悬停在任意缩览图上，就会在你的实际照片上提供预览。滚动列表，找到适合照片的效果（如图8-42所示，我最终使用了黑白04和黑白09，这也是迄今为止我使用得最多的黑白效果，我喜欢它们的对比度，但我仍然在17个选项上都徘徊了一遍，看看是否有更好的转换效果）。

第3步

我对黑白照片做得最多的调整就是引入大量的对比。虽然你会在网络上看到一些“亚光效果”的黑白照片（主要是人像），但在大多数情况下，黑白照片令人惊艳的原因就在于应用了大量好看的对比。我们首先关闭“配置文件浏览器”（单击右上方的“关闭”按钮），回到“基本”面板，设置白点和黑点（见6.1节），然后让我们把“对比度”提高一些。不要不好意思调整“对比度”滑块——它是你的朋友，特别是在创建黑白照片时。我还把“高光”滑块拖回到-100，以找回天空的一些细节。我还稍稍提亮了阴影，这样照片就不会变得太暗，如图8-43所示。好了，这是个不错的开始。注意：你会发现，应用黑白创意配置文件后，在“基本”面板顶部会出现一个“数量”滑块。该滑块可以控制配置文件的强度——向右拖动可以加强效果（通常在黑白转换中使照片更亮），向左拖动可以减弱效果，使照片更暗。

图 8-43

第4步

一旦我完成了基本的对比度设置，那么现在是时候用撒手锏了——色调曲线。因此，在“色调曲线”面板弹出的点曲线菜单中，选择“强对比度”（如图8-44所示），在面板曲线网格的对角线上添加一个S形曲线。这个S形曲线增加了照片的对比度，而且这个“S”形越陡峭（通过拖动曲线上的点），它增加的对比度就越大。我喜欢在这里应用预设的效果，但如果你的照片需要更多对比度，单击右上角控制点下方的第一个控制点，并向上拖动它以提亮高光部分（使S形曲线更陡峭）。要使阴影变暗，单击自左下角起第二个控制点并向下拖动（使曲线更加陡峭）。

图 8-44

图 8-45

第5步

如图8-45所示，我提高了“清晰度”，因为它控制着中间调的对比度，而且会让像这样有很多细节的照片很好看。我还将“纹理”滑块拖动得比“清晰度”滑块更远，以进一步增强细节。现在，这张照片看起来有些生硬，所以我也许应该将这些参数稍稍调小一些，但我知道在印刷过程中会丢失一些细节，所以我现在保持调整的参数不变。但是，我还是要提醒你在调整“清晰度”和“纹理”时要注意，不要调整得太过。

提示：这能成为一张好看的黑白照片吗?

想知道一张照片是否能成为好看的黑白照片？按键盘上的V键，使照片变成黑白的。如果你觉得不好看，再按V键可以返回到全彩照片。

图 8-46

第6步

如果你想只调整照片的特定区域，你可以使用“黑白”面板（如图8-46所示）。每个颜色滑块与黑白转换前照片中的基本颜色相对应。因此，举例来说，如果你想让这张黑白照片中的天空变得更暗，你可以把“蓝色”滑块拖到左边。如果你不确定哪个颜色滑块控制了照片的哪些部分，你可以使用目标调整工具（简称TAT，了解它的工作原理详见8.7节）单击你想调整的区域，它就会知道该区域对应哪些颜色滑块，在你单击要调整的照片区域并向上/向下拖动时为你移动那些滑块。在黑白配置文件出现之前，我们就是这样做黑白转换的。我们会在“基本”面板的顶部单击“黑白”按钮，然后转到这个面板来调整颜色。但是，配置文件为我们提供了很多选择，而且我们仍然可以使用“黑白”面板来调整照片。

第7步

这最后一步的第一部分不是必要操作，但是在那些希望得到传统暗房黑白效果的摄影师中非常受欢迎，就是在照片上添加一些胶片颗粒。在“效果”面板的“颗粒”区域中，增加“数量”的值，为照片添加噪点或颗粒效果（如图8-47所示，但由于书中展示的图片尺寸较小，我不确定你是否能看清楚）。你把“数量”滑块向右拖得越远，照片的颗粒感就越强（我把滑块拖到了20）。最后，如果你想要一张非常锐利的照片，别忘了在“细节”面板中设置出合适、好看的锐化效果。

图 8-47

第8步

如图8-48所示是通过单击“基本”面板的“黑白”按钮（左图）和用你刚刚学到的方法（右图）对彩色照片进行黑白转换的效果对比图。

图 8-48

8.13 光晕特效

现在光晕效果非常流行，这类特效实现起来也很方便，有两种方法可以实现这类效果。我首先介绍我最喜欢用的方法，第2种方法仅作为提示向大家介绍，因为这两种方法使用一样的设置，只是所用的工具不同。

图 8-49

第1步

如图8-49所示的照片是我们的原始照片，如果你仔细观察人物的头发以及透过树林照到人物身上一点点光线，就会知道我们应该把太阳光晕放在画面的右上角。

图 8-50

第2步

单击直方图下方工具箱中的蒙版图标（如图8-50红色圆圈所示），在展开的工具面板中，单击“径向渐变”（或者按Shift-M组合键）。在单击并拖出光晕之前，将“色温”滑块向黄色方向拖动（这里我拖动到65）。然后，增加“曝光度”（这里我将“曝光度”滑块拖到2.45，基本上增加了约2.5挡的曝光补偿）。现在，在照片右上角区域中单击并拖出光晕（如图8-50所示）。注意这里椭圆的位置——我故意让光线稍微溢出一点到拍摄对象的脸上。

第3步

接下来，我们需要减少“清晰度”以柔化光线，所以向左拖动“清晰度”滑块（这里我拖动到了-60，如图8-51所示）。别忘了，单击那个小小的黑色编辑标记，你就可以随时将光晕调整到你喜欢的位置。注意：我通过单击并拖动将“蒙版”面板从它平时显示的位置放到了工具箱下方。

图 8-51

第4步

为实现更逼真的效果，需要将照片整体色调与新添加的光晕的暖色调相匹配。因此，单击“预览”区域右下角的“完成”按钮，然后转到“基本”面板并向右拖动“色温”滑块，直到照片的色调与光晕的色调融合（这里我拖动到+41）。最后，把“对比度”调低一些（我极少会这样做，但在这种情况下，随着太阳光线的射入，降低对比度有助于提升照片的效果）。在这里，我把“对比度”滑块拖动到-63，我还把“去朦胧”滑块向左拖到-15。图8-52显示的是修改前和修改后的照片。

图 8-52

提示：第2种方法（可选）

如果你还不习惯使用径向渐变，你也可以使用画笔工具（K）。只需将你的画笔尺寸设置得大一些，然后在照片右上角单击几次，就可以得到类似的光晕效果。

8.14 添加光束效果

光束效果利用了Lightroom有两个画笔的特性，你可以将这两个画笔设置为不同的尺寸，并在二者之间任意切换。小画笔和大画笔可以实现光线的自然过渡，羽化处理则可以让过渡区域变得自然、平滑。实现这种效果的操作特别简单，而且对于合适的照片非常有效。

图 8-53

图 8-54

第1步

如图8-53所示是我们要添加光束的原始照片（拍摄的是纽约市圣约翰大教堂的内景）。我们将从照片左上角的彩色玻璃窗引入光束，但你也可以从右边、后面的圆形彩色玻璃窗或一些看不见的窗户等位置引入光束。要创建我们的第一个光束，单击直方图下方工具箱中的蒙版图标（如图8-53中红色圆圈所示），在展开的工具面板中，单击“画笔”（或者直接按K键）。现在，如果滑块还没有设置为零，请双击“效果”来重置滑块，然后将“曝光度”调到2.00左右（如图8-53所示）。

第2步

在“画笔”面板的顶部有两个画笔可以使用——A画笔和B画笔（如图8-54所示，用红色圆圈圈出）。单击A画笔，将“羽化”值设置为100（柔化画笔的边缘），然后将“流畅度”设置为100（这样就能得到与我们要应用的效果一致的参数数值）。现在，把画笔的“大小”滑块一直向左拖动到0.1（如图8-54所示，这是一个很小的画笔！）。使用这个小画笔单击大教堂左上方的彩色玻璃窗。你的画笔太小了，照片上实际上看不到任何变化，但你应该可以看到一个小小的黑色编辑标记（画笔图标）出现在你单击的位置（如图8-54中红色圆圈所示）。这就是我们要开始添加光束的地方。

第3步

现在单击B画笔。确保将其“羽化”和“流畅度”都设置为100，但为其设置一个更大的尺寸（在这里，我将画笔“大小”设置为14.1）。现在你有了B画笔，把它移动到门上的一个区域，按住Shift键（可以在你第一次单击彩色玻璃窗的位置和第二次单击门的位置之间绘制一条直线）并单击。B画笔将在这两个点之间绘制一条直线，光束从用小画笔在窗户处单击的位置开始，逐渐变大，直到到达在门上单击的位置，如图8-55所示。就是这样——你拥有了第一条光束。如果它看起来太亮（或者不够亮），你可以使用“曝光度”滑块来调整亮度。如果你想添加更多的光束，可以重复前面的操作（在开始绘制你的新光束之前，先单击“蒙版”面板顶部的“创建新蒙版”）。但是我们还可以做一些事情，来快速添加多条光束。

图 8-55

第4步

与其每次都要转到“画笔”面板中切换A、B画笔，不如使用键盘快捷键来加快编辑速度。选择A画笔后，单击彩色玻璃窗，然后按/键切换到B画笔，按住Shift键并单击照片中的门，单击位置应在原始光束的右侧或左侧。就是这么简单。用A画笔单击彩色玻璃窗，按/键，然后按住Shift键，单击门，你每完成一次操作就可以添加一条光束，如图8-56所示。这里还有三个提示：（1）如果你让各光束的大小不同，则看起来会更真实，所以在添加完每个光束之后要调整一下B画笔的大小；（2）为了柔化光束，把“清晰度”滑块拖到左边，向左拖得越远，光束就越柔和；（3）你也可以尝试改变每条单独的光束的曝光量（就像我在这里做的）。

图 8-56

8.15 使街道路面看起来湿漉漉的

本节介绍的这个技巧可以令旅行照片中的街道变得湿漉漉的。我喜欢这个技巧的原因在于它很简单，只需要调整两个滑块，但是效果惊人，在调整鹅卵石路面时效果特别好，对于普通的柏油马路效果也不错。

图 8-57

图 8-58

第1步

如图8-57所示是我们的原始照片，拍摄于巴黎的蒙马特区。前景处的鹅卵石路面看起来非常干燥，尽管它反射了周围建筑物的一些颜色，如果我们让这些鹅卵石变潮湿一些，路面的反射效果就会增强。

第2步

单击直方图下方工具箱中的蒙版图标（如图8-58红色圆圈所示），在展开的工具面板中，单击“画笔”（K）。如果滑块还没有设置为零，请双击“效果”重置滑块。你在这里只有两个滑块可以调整：（1）将“对比度”滑块拖到100；（2）将“清晰度”滑块也拖到100。就是这样，这就是诀窍。现在，使用画笔工具在你希望变潮湿的路面上绘制（这里，我在前景的街道上绘制）。当你绘制的时候，这个区域开始看起来湿漉漉的，而且反射效果也会增强，就像真正的湿漉漉的街道一样。

第3步

如果发现在街道路面绘制后的效果不够潮湿，直接用鼠标右键单击你开始绘制时创建的画笔编辑标记（画笔图标），从弹出菜单中选择“重复画笔1”（如图8-59所示）。因为你在第一个调整的基础上又叠加了一个调整（你会在“蒙版”面板上看到“画笔1 拷贝”），在完全相同的区域上绘制，我们得到了一个叠加的效果，所以路面也变得更潮湿。如果街道现在看起来有点太亮，你可以降低“画笔1 拷贝”蒙版的曝光度（我把“曝光度”滑块拖到-0.26，减少了大约1/4挡曝光补偿）。现在照片整体的亮度均衡，街道看起来更潮湿了。

图 8-59

第4步

如图8-60所示是修改前和修改后的照片对比。这种潮湿的效果适合由鹅卵石铺成的街道路面，也适用于大部分常见的街道路面。经过简单的调整，街道瞬间变得潮湿起来。

图 8-60

8.16 快速简单的聚光灯效果

我们可以使用“径向渐变”蒙版工具来创造聚光灯效果，绘制一个圆形或椭圆形选区，然后使用该工具的滑块对选区内或选区外的区域进行调整，使其变亮或变暗。这个工具在为照片创造戏剧性效果方面很好，既可以添加柔和的光斑效果，又能创作出光束效果（使用一个非常细长的椭圆形选区）。

图 8-61

图 8-62

第1步

我使用该技法是为了将观者的目光引向拍摄主体，因为人的眼睛会首先被照片中最亮的部分所吸引。我喜欢这个技法，因为它可以让主体看起来更明亮。但是，由于我们实际上并没有使它们变亮——我们只是使它们周围的区域变暗了——实际上并没有使你的主体变亮或曝光过度。在这里，整个照片看起来有点平淡，我们要对其进行调整。单击直方图下方工具栏中的蒙版图标（如图8-61红色圆圈所示），然后在展开的面板中，单击“径向渐变”（如图8-61所示，或者你也可以直接按Shift-M组合键）。

第2步

要创建聚光灯效果，请在你的主体上单击并拖动以创建一个椭圆形选区（如图8-62所示）。一旦椭圆形选区绘制完成，你就可以通过单击和拖动其顶部、底部和侧部的白色控制点来调整其形状。要旋转椭圆选区，则把你的鼠标指针移到选区的外面，指针就会变成一个双向箭头。然后，你可以单击和拖动使椭圆选区向你想要的方向旋转（如图8-62所示）。要调整椭圆选区的位置，只需要在椭圆选区内单击，然后将其拖动到任意你满意的地方。

第3步

接下来，把“曝光度”滑块向左拖到-1.80左右。现在，椭圆形选区的中心部分变得非常暗，这与我们希望看到的恰好相反——我们希望椭圆外变暗。因此，在面板的顶部，勾选“反相”复选框（如图8-63中红色圆圈所示），为了更好地配合夕阳的角度，你可以把椭圆选区再旋转一下（就像我在这里做的那样），并移动其位置，让它最亮的部分（中心）尽量靠近模特的脸部。顺便说一下，明暗区域之间的过渡很好、很平滑，因为椭圆选区的边缘已经进行羽化（柔化）处理了（如果你想要更生硬或更突兀的过渡，只要降低面板顶部的“羽化”数值，我在这里将它设置为50）。

图 8-63

第4步

如图8-64所示是修改前/修改后的照片对比。注意：如果你想在照片上添加第二个聚光灯效果（尽管该案例的照片没有需要添加第二个聚光灯的地方），用鼠标右键单击椭圆形选区内的编辑标记，选择复制“蒙版1”。这将在你当前的椭圆形选区上再叠加一个椭圆形选区后，所以它外面的区域看起来更暗了。但是，你还需要进行3项调整：（1）勾选“反相”复选框；（2）单击并将第二个椭圆形选区拖到其他你想要提亮的位置（如果需要，还可以调整它的大小）；（3）将“曝光度”滑块向右拖动，使该区域变亮。这样，照片中就添加了一个（或两个）生动的聚光灯特效。

图 8-64

在拍摄主体后面添加背景光是一个非常简单的技法，就像你在拍摄时用灯照亮背景一样，多亏了Lightroom的蒙版工具，这项技法不仅变得超级简单（比实际拍摄时在拍摄主体后面设置一盏补光灯要容易得多），而且你还可以改变灯光的强度，甚至还能在完成基础调整后为背景光添加一个彩色滤镜。

8.17 为背景添加光线

图 8-65

图 8-66

第1步

如图8-65所示是我们的原始照片。当我拍摄这张照片时，尽管我确实在一侧添加了辅助光，但没有照亮背景，当然，我们可以在Lightroom中轻松地为照片添加一个背景光。单击直方图下方工具箱中的蒙版图标，然后在展开的面板中，选择“径向渐变”（如图8-65所示，或者直接按Shift-M组合键）。这个工具可以帮助我们创建并调整照片中的一个圆形或椭圆形选区。

第2步

首先，将“曝光度”滑块拖到2.00，如图8-66所示。可能拖动得有点多，但这只是开始——我们会在添加背景光后再调整至合适的亮度。像这样从一开始就把选区变得非常亮，你在应用滑块调整的时候就会更容易观察效果，所以我倾向于从曝光度具有一个非常高的数值开始设置，比如+2挡。现在，单击并拖动你的灯光。按住Shift键会使你的渐变选区成为一个完美的圆形（如图所示）。如果不按住Shift键，该选区就会变成一个可以自定义的椭圆形，你可以在拖动它的时候改变其形状，也可以在拖动之后单击和拖动椭圆顶部、底部和侧部的小白点（它们实际上是控制点）。单击圆形选区中间的黑色编辑标记，可以把该选区拖到你想要的位置。

第3步

当然，现在的问题是：我们的聚光灯不仅照亮了背景，还照到了拍摄对象的前面，Lightroom可以为我们修复这个问题。进入“蒙版”面板，单击“蒙版1”，显示出“添加”和“减去”按钮，因为我们需要从刚刚添加的亮光中减去我们的拍摄主体。因此单击“减去”按钮，从弹出菜单中选择“选择主体”（如图8-67所示），Lightroom会自动将我们的拍摄主体从径向渐变蒙版中移除（如图8-67所示），甚至还可以保证拍摄主体的头发完好无损。最后一步是回到“曝光度”滑块，向左拖动滑块到你认为光线亮度合适的位置。现在，这个技法已经完成了，但如果你想给光线添加一个彩色滤镜（非必要操作），请继续看下一步。

图 8-67

第4步

要添加一个彩色的滤镜，首先在“蒙版”面板中单击“径向渐变1”，再次激活它（“主体1”蒙版应该仍然是激活的，因为这是我们最后使用的选项）。接下来，向下滚动到面板底部的滑块，在“颜色”滑块的右边，你会看到一个白色的矩形方块（像盒子一样），里面有一个“×”符号，这是让你知道还没有应用颜色的色调。要添加色调，单击这个方块，就会出现一个拾色器（如图8-68右下角所示），你可以单击任何颜色作为你的光线的色调，它将应用这个颜色（如图8-68所示，我单击了一种蓝色色调）。当你在拾色器上单击和拖动你的鼠标指针时，颜色会实时变化，当你找到一种你喜欢的颜色时，只要停止移动鼠标指针，然后单击拾色器左上角的小“×”将其关闭就可以了，这样你就为光线添加了颜色。注意：如果你添加了一种颜色，后来决定不要它了，只需双击“颜色”字样，Lightroom就会把“颜色”的调整重置为无。

图 8-68

8.18 调出橙青色调

这是一个在社交媒体上非常流行的效果，现在到处都是（而且仍然非常受欢迎）。基本上，你需要做的就是为照片添加橙色。

第1步

如图8-69所示是我们的原始照片，我已经对其进行了一些标准处理，所以这通常会是我的最终照片。但是，在这种情况下，我们要在最后添加橙青色调。

图 8-69

第2步

实现这种效果有十几种方法，包括一些非常复杂的，但本节介绍的这个简单的方法是我最喜欢的，也是我一直使用的方法。进入“修改照片”模块的“校准”面板，如图8-70所示，在右侧面板的底部，你只需要做两件事：（1）将“红原色”的“色相”滑块拖到+50；（2）将“蓝原色”的“色相”滑块拖到-100。这样就得到了基本的橙青色调，但我通常还会做一个调整，进一步强调橙色和青色。

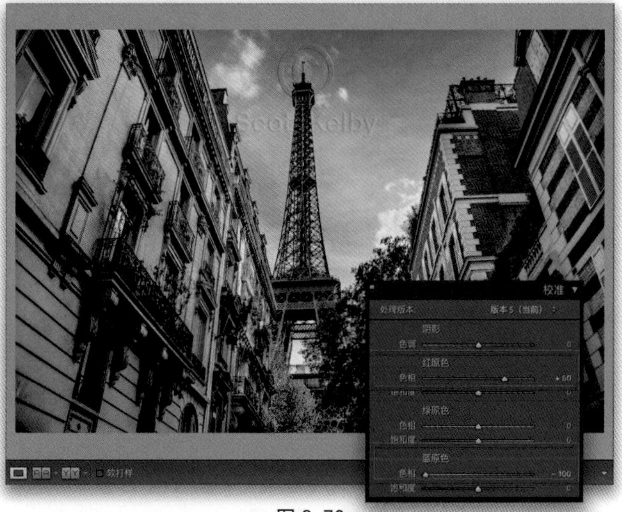

图 8-70

第3步

进入“HSL/颜色”面板，单击面板顶部的“饱和度”选项卡，然后向右拖动“橙色”滑块以加深照片中的橙色，然后向左拖动“浅绿色”滑块（如果你认为你正在处理的照片有需要，你还可以拖动“蓝色”滑块），直到你在天空中得到一个漂亮的蓝绿色效果（如图8-71所示）。

图 8-71

第4步

如图8-72所示是这张照片修改前/修改后的对比。注意：你可以通过“基本”面板中“白平衡”的“色温”和“色调”滑块来改变橙色和青色之间的平衡。我对图8-73所示的迪拜的照片也做了同样的处理，为照片添加完标准的橙青色调后，我把“色温”和“色调”滑块向右拖动，创造了一个偏暖色调的橙青色调效果。

图 8-72

图 8-73

8.19 创建全景图

Lightroom的全景功能（将多个画面拼接成一张非常宽或非常高的照片）是十分出色的，它创建的最终全景图仍然是RAW格式的。本节将介绍它的工作原理（如果你使用的是RAW照片）。

第1步

第1步是在你的相机里操作的，因为如果在你拍摄时，能确保每个画面的内容至少重叠20%，则可以帮助Lightroom成功地将你的照片拼接成一个全景图，这有助于Lightroom确定哪些画面要放在一起。因此，只要你在拍摄时牢记画面重叠的事情，剩下的交给Lightroom来做就好了。现在，导入照片后，在“图库”模块中，选择那些你想合并成一个全景图的照片。然后，在菜单栏执行“照片”—“照片合并”—“全景图”命令（如图8-74所示），或者直接按Control-Shift-M（PC：Ctrl-Shift-M）组合键。你也可以用鼠标右键单击任意选取的照片，并从弹出菜单中的“照片合并”下选择“全景”。

图 8-74

第2步

“全景合并预览”对话框会被打开（如图8-75所示）。对话框中有三个投影选项可以用来创建你的全景图，但Lightroom会自动选择它认为最好的一个选项。我一般会使用“球面”，根据Adobe的说法，它最适合于宽幅全景图。如果你拍摄建筑物全景，你想保持建筑物横平竖直，Adobe会推荐使用“透视”投影。最后，“圆柱”投影介于两者之间，这类投影更适用于那些宽幅且需要保留垂直线条的全景图。综上所述，我仍然是最喜欢使用“球面”投影。

图 8-75

第3步

在我们处理你在全景图周围看到的那些白色区域之前，有一个组织功能你可能想了解——“创建堆叠”。当你勾选这个复选框时（图8-76中用红色圆圈圈出），在全景图创建完成后，你会看到这样的全景图的缩览图，即构成全景图的原片和全景图本身会堆叠（藏在后面）在一起，缩览图的左上角有一个数字，显示堆叠的照片总数，如果你单击这个数字，就会显示出全部照片。我认为这是一个非常有用的功能。另外，我们可以调整这个对话框的大小——只需单击对话框右下角并拖动即可（我一般会让对话框填满我的屏幕）。

图 8-76

第4步

有三种方式来处理图像周围不需要的白色区域：其中两种像魔术一样，而另一种则是“自动裁剪”，即将图像周围出现的所有白色区域裁剪掉。“自动裁剪”这种方法是有效的，但当然，它使照片的四周都变小了一圈（而且它可能会裁剪掉山顶），所以如果可以的话，我一般避免使用这个方法。其他两个方法则很可靠。最好的方法应该是“填充边缘”，它借用了Photoshop最好用的功能之一——“内容识别填充”的算法原理，根据图像周围这些白色区域周围的情况，智能地填充缺失的区域。正如你在图8-77看到的，填充边缘处理得很出色（而且经常如此），另外它还能保持你的全景图大小不变。另一个方法是“边界变形”，它也很厉害，可以以某种方式重塑或扭曲全景图，填补那些白色区域，而且完成调整后，得到的全景图看起来并不古怪，非常棒！你将“边界变形”滑块向右拖得越远，填补的区域就越多（我通常会把滑块一直拖到100%）。我在下一页为你展示了分别使用这三种方法得到的全景图对比效果。

图 8-77

自动裁剪

图 8-78

图 8-79

第5步

为了从视觉上对比三种处理多余白色区域的方式，如图8-78所示分别展示了采用不同处理方式后得到的全景效果图。最上面的图应用的是“自动裁剪”（你会发现它是三张图中最“瘦”的一个，因为它是将白色区域裁剪掉的）。中间的图应用的是“填充边缘”。底部的图应用的是“边界变形”并将滑块一直拖到100%。这里没有标准答案，至于选择哪种方式进行处理，全凭你个人的喜好。

第6步

现在，单击“合并”按钮，Lightroom将渲染全景图的最终高分辨率版本（渲染工作在后台进行，但你可以在Lightroom界面的左上角查看渲染进度）。完成渲染后，最终合并的全景图是DNG格式的文件，将存储在合并全景图所用原片的收藏夹中（当然，前提是这些照片在合并全景图时就在同一个收藏夹中；如果不是，全景图将存储在原片所在的文件夹中，通常排列在原片之后），现在你可以像对其他照片一样调整这个全景图。顺便说一下，你在这里看到的是堆叠的照片（如图8-79所示），就像我在第3步提到的那样。你可以看到全景图的缩览图及其左上角的数字5，代表这里有5张堆叠的照片（4张原始照片，加上一张全景图）。

8.20 创建HDR图像

Lightroom可以把相机内拍摄的一系列包围曝光的照片合并为一张HDR图像（高动态范围），其亮度范围比相机传感器本身所能捕捉的要大得多。Lightroom的HDR功能有一个秘密武器，那就是可以在不会看到大量噪点的情况下提亮照片的阴影区域。这真的很神奇，所以如果噪点是一个棘手的问题，那么HDR就是你的朋友。我拍摄了三张包围曝光的照片（一张正常曝光的，一张曝光不足两挡的，一张曝光过度两挡的），Lightroom可以将它们合并成一张RAW格式的HDR图像。

第1步

首先，在“图库”模块中选择你的包围曝光照片。在这里，三张包围曝光的照片（一张正常曝光的，一张曝光不足两挡的，一张曝光过度两挡的），但根据Adobe工程师所说，Lightroom只需两张就够了——曝光不足两挡和曝光过度两挡的照片。所以，我在这里选择了这两张照片。现在，在“照片”菜单的“合并照片”选项中选择“HDR”（如图8-80所示），或者按Control-H（PC：Ctrl-H）组合键。

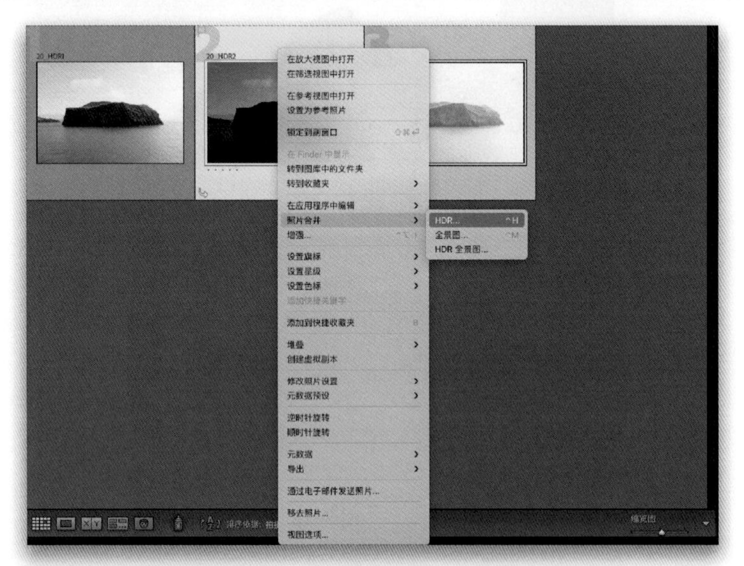

图 8-80

第2步

在弹出的“HDR合并预览”对话框中会显示你的HDR图像的预览（注意：这个对话框是可调整大小的，单击并拖动对话框边框可以改变它的大小）。如图8-81所示，对话框右上方的“自动设置”复选框是默认勾选的，和“基本”面板的自动色调功能差不多，事实上，这个功能的效果出奇的好，所以我让该复选框保持勾选状态。如果你是手持拍摄的包围曝光的照片（HDR照片一般在三脚架上拍摄效果最好），你可以勾选“自动对齐”复选框，让Lightroom在制作HDR图像之前为你对齐图像，这个功能也非常好用。

提示：更快地处理HDR图像

要想跳过这个对话框，让它在后台创建HDR图像（使用你打开的上一张HDR图像的设置），只需按住Shift键就可以从“照片合并”目录中选择HDR。

图 8-81

图 8-82

图 8-83

第3步

接下来是去除重影。当你拍摄具有运动物体的包围曝光照片时，你才需要处理这个问题。当这些包围曝光的照片被合并为一张HDR图像时，移动的物体会产生重影效果，而“伪影消除量”的设置则可以解决这个问题。“伪影消除量”一般默认设置为“无”（即该功能是关闭的），但如果你的照片中出现运动物体时，可以分别尝试“低”“中”“高”这三个选项，看看是否能摆脱重影效果。在这张照片中，没有什么运动的物体（好吧，海是在动的，但是动得并不明显，我在应用“伪影消除量”的设置时没有观察到照片有任何变化）。如果你勾选“显示伪影消除叠加”复选框，Lightroom会在应用该效果的区域周围显示一个轮廓（这里当我勾选该复选框时，照片中什么都没有出现，所以照片中并没有需要应用该功能的地方）。现在，如果这里有一只海鸥飞过前景处，“伪影消除量”就可以解决重影问题（确实处理得相当好）。总之，当你完成调整后，单击“合并”按钮，Lightroom将创建你的HDR图像（如果你想勾选“创建堆叠”复选框，请参阅8.19节的第3步了解更多信息），如图8-82所示。

第4步

现在你可以像处理其他普通RAW照片一样调整你的HDR图像（Lightroom创建的HDR图像是一张RAW格式的图像）。记住，自动色调调整已经应用过了，所以如果你看到一些滑块已经被移动过了，不要惊讶。创建HDR图像的最大优势是扩大了亮度范围，所以你可以把“阴影”滑块拖动到+100，甚至可以用画笔工具在岛前面的阴影部分绘制，将其提亮，而且这个过程中不会产生大量的噪点。事实上，你可能根本看不到明显的噪点，这个功能很强大，你可以毫无顾虑地调整HDR图像，直到得到你想要的效果，如图8-83所示。

8.21 创建HDR全景图

如果你想创建一个全景图，但你还希望它具有与HDR图像相同的那么大的亮度范围，那么你需要在相机中完成一部分操作（将你的相机设置为包围曝光模式，为你的每一帧全景图拍摄至少3张包围曝光的照片，这样你就会得到大量照片，如图8-84所示），而在Lightroom部分的操作就真的是轻而易举了。

第1步

如图8-84所示是我在相机中打开包围曝光功能拍摄的12张照片。具体来说就是你拍摄一组包围曝光的照片（即3张照片），然后移动你的相机（记住要让后一帧与前一帧的画面至少重叠20%），再拍摄一组包围曝光的照片，以此类推，直到你将全景图拍摄完。是的，这个拍摄过程很痛苦，这也是我很少这样做的原因。

图8-84

第2步

将12张（你有多少照片就选多少张）照片全选，在“照片”菜单下的“照片合并”选项中选择“HDR全景图”（如图8-85所示）。

图8-85

图 8-86

图 8-87

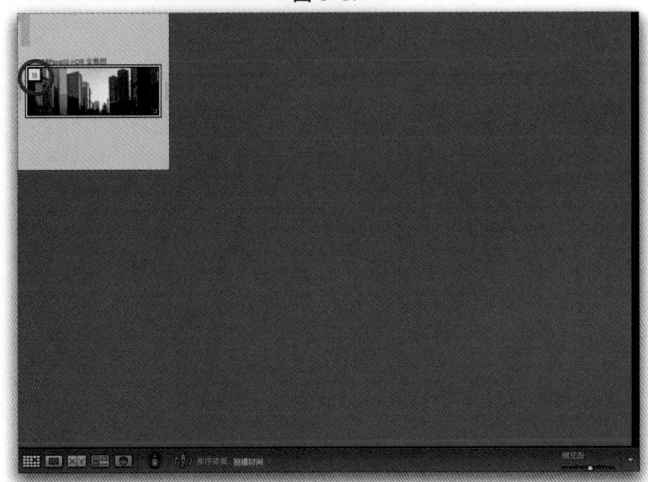

图 8-88

第3步

打开“HDR全景合并预览”对话框，如图8-86所示，它和常规的“全景合并预览”对话框相似，有着相同的选项及布局。我尝试了“填充边缘”功能，以填补图像周围那些白色的区域，我对它的填充效果感到惊讶，真的是很令人惊喜。我还尝试了“边界变形”滑块，它的效果看起来还不错，但没有“填充边缘”的效果那么好，所以我勾选了“填充边缘”复选框，如图8-87所示。

第4步

当你完成边缘填充后，单击“合并”按钮，现在你得到了一个HDR全景图，而且它还是RAW/DNG图像，这很好（最终的HDR全景图在图8-88中显示为叠加缩览图。这就是为什么在缩览图左上角有一个数字13——代表了组成全景图的12张照片及全景图本身）。现在，如果你的HDR图像中有重影（当你在拍摄全景图时，画面中有物体在移动），你就不能直接使用这个便捷的对话框进行合并，而是需要手动合并HDR全景图。首先，将每一组包围曝光的照片合并成一张HDR图像，然后选择它们（在这个例子中，你会选择4个HDR图像），在“照片”菜单下的“照片合并”选项中选择“全景图”，把所有这些HDR图像合并成一个全景图。得到的结果将与你在图8-87中看到的一样——只是需要你多完成一些操作。或者，你可以使用“合并为HDR全景”命令，然后转到Photoshop中使用蒙版、仿制图章等一些神奇的工具进行处理。

摄影师：斯科特·凯尔比 | 曝光时间：1/40s | 焦距：110mm | 光圈：$f/2.8$ | ISO：400

CHAPTER 9

第9章 常见照片问题的处理

- 校正逆光照片
- 减少噪点
- 撤销在Lightroom中所做的修改
- 裁剪照片
- 在关闭背景光模式下裁剪照片
- 拉直歪斜的照片
- 使用“污点去除”工具移除画面瑕疵
- 轻松找到污点和斑点的方法
- 快速清除照片中大量的传感器灰尘
- 消除红眼
- 自动修复镜头畸变问题
- 使用引导式透视校正功能手动修复镜头问题
- 校正边缘暗角
- 锐化照片
- 消除彩色边缘（色差）
- 修复相机中的色彩问题

9.1 校正逆光照片

我们之所以会拍摄这么多的逆光照片，是因为我们的眼睛能捕捉到相当大的亮度范围，能够立即对逆光等环境进行调整，所以当我们站在那里拍摄时，我们眼中的主体看起来一点都不暗。然而，我们相机的传感器能捕捉到的亮度范围比人眼要小得多。幸运的是，正如我们在第 6 章中所学到的，Lightroom 的阴影滑块就是为了解决这种情况而诞生的，但你还需增加一点别的处理让照片更好看。

第 1 步

如图 9-1 所示，照片中的拍摄主体处于逆光状态（你可以通过照到她头发上的光线知道太阳位于其左后方）。模特虽是逆光，但我站在那里拍摄时，眼睛里看到的曝光是正常的。当我通过数码单反相机的取景器观察时，效果和肉眼观察的一样，但相机传感器捕捉到的照片只是模特的剪影轮廓。这个问题是可以解决的。

提示：注意噪点

照片中的噪点通常出现在阴影区域，因此如果大幅提亮阴影的话会突显噪点。拖动“阴影”滑块时要注意这一点。如果在这些阴影区域真的发现有很多噪点，你可能需要画笔工具（K），向右拖动“杂色”滑块，然后只绘制阴影区域，以控制噪点（更多相关内容见 7.11 节）。

图 9-1

第 2 步

在“修改照片”模块中转到“基本”面板，如图 9-2 所示，向右拖动“阴影”滑块，直到主体的脸部开始与照片中的其他部分的光线平衡（我将其拖动到 +63）。注意不要调整得将太亮，否则照片会变得不自然。

图 9-2

图 9-3

第3步

如图9-3所示，如果你向右拖动“阴影”滑块，有3件事需要注意。（1）你的照片可能看起来有点褪色，解决这个问题的方法之一是将“对比度”滑块向右拖动一点，直到褪色感消失。（2）有时照片在显示屏上可能看起来不自然，所以要确保你在屏幕上看到的画面不只是看起来更亮，而且看起来很自然。如果照片开始看起来很奇怪，把“阴影”滑块向左往回拖一点。你可以考虑的另一种方法是使用画笔工具，把“曝光度”滑块增加到+1.00左右作为后期处理的起点，并在你的主体上绘制。然后，评估一下调整后模特脸部的亮度，如果太亮了，就把“曝光度”滑块向左拖动。你可能还需要把“阴影”滑块向右拖动。（3）最后，如果主体的颜色看起来太鲜艳了，应减少“鲜艳度”参数值，直到主体颜色看起来不错（这里，我把滑块拖到−22），如图9-4所示。

图 9-4

9.2 减少噪点

在高感光度或弱光条件下拍摄时，可能会导致照片出现噪点，可能是亮度噪点（照片上出现明显的粗糙颗粒，特别是在阴影区域），也可能是彩色噪点（那些讨厌的红、绿、蓝杂色斑点）。Lightroom可以处理这两种噪点，并且还可以在16位RAW格式照片上应用“噪点消除”功能（大多数商业插件只有在将照片转换为8位后才能应用“噪点消除”功能）。

第1步

为减少如图9-5所示的照片中的噪点，请转到“修改照片”模块的“细节”面板，在面板底部可以看到“噪点消除”区域（如图9-5所示）。这张照片是用老款的iPhone苹果手机拍摄的，因此当你像我在这里所做的一样提亮阴影时，你会在救生员小屋上看到大量的噪点。

图9-5

第2步

我通常先减少彩色噪点，因为彩色噪点会分散观者的注意力（如果拍摄的照片是RAW格式，它会自动应用“噪点消除”功能——“颜色”设置为25，代替拍摄RAW照片时相机关闭的降噪功能）。因此，首先将“颜色”滑块拖动到0，然后慢慢将其向右拖动。一旦斑点的颜色消失就停止拖动“颜色”滑块，因为无法将其清除得更干净（它只是变模糊了）。这里我将“颜色”滑块拖到57。如果你认为自己在这个过程中丢失了很多细节，请向右拖动“细节”滑块，保护边缘区域的“颜色”细节，如图9-6所示，我将“细节”滑块拖动到64（注意：“细节”滑块的起始值从50开始，而不是像“颜色”滑块一样从0开始）。如果将此设置保持在较低的值，就能避免彩色斑点，但还可能导致一些颜色溢出。向右拖动“平滑度”滑块可以柔化彩色斑点，但我几乎没有移动过此滑块，因为我还没有见过使用该滑块不会让照片变模糊甚至更糟的案例。

图9-6

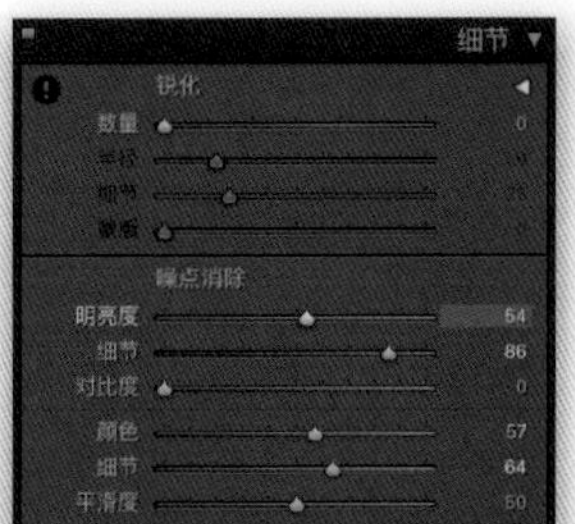

图 9-7

第3步

消除了彩色噪点后，你的照片现在看起来只是颗粒感比较明显，这是另一种不同的噪点（亮度噪点）。因此，向右拖动“明亮度”滑块，直到噪点大大减少（我将其拖动到54，如图9-7所示）。我必须告诉你，这个宝贝似的滑块本身就能创造奇迹，你还可以控制“明亮度”滑块下方的另外两个滑块，使照片要么具有干净的效果，要么具有大量锐化的细节，但要二者兼顾有点困难。“细节”滑块（在Adobe中称“亮度杂色阈值”）确实有助于改善模糊的照片。因此，如果你觉得照片现在有点模糊，把“细节”滑块向右拖动（我把它拖到了86），但这可能会使你的照片中的噪点变多。如果你想要一张更干净的照片，就把“细节”滑块向左拖动，通过牺牲掉一些细节来获得平滑、干净的效果。（总是要有所取舍的，不是吗？）如果你觉得在这个过程中失去了对比度，可以把“对比度”滑块向右拖动，这可能会使画面中的某些区域出现斑点。同样，这项调整也需要你权衡利弊，最终自行判断是对照片有益还是有害。

图 9-8

第4步

当照片中只有一个特定区域出现噪点时，另一种“消除噪点”的方法是使用画笔工具（B；我们在7.11节介绍过）“绘制”。在画笔调整面板中，你会看到靠近底部的“杂色”滑块。把这个滑块向右拖动一点，然后在照片中出现噪点的区域绘制以消除该处的噪点。调整后效果不是很好（正如你预料的），该滑块的作用是使被绘制的这些区域变模糊，以隐藏噪点。但在一些特定的照片中，使用该滑块处理后的效果很好，它只模糊了你绘制的区域，而不是整张照片，就像“细节”面板中的“噪点消除”功能一样。记住，你也可以先应用“细节”面板的“噪点消除”功能，然后使用画笔工具只在真正糟糕的区域绘制以消除噪点，如图9-8所示。

9.3 撤销在Lightroom中所做的修改

Lightroom记录了我们对照片所做的每一项编辑，并在“修改照片”模块的“历史记录”面板内按照这些编辑的应用顺序依次列出。因此，如果我们想撤销任何一步操作，使照片恢复到编辑过程中任一阶段的效果，只要单击相应的步骤就可以做到。遗憾的是，我们不能只撤销单个步骤而保留其他所有调整，但我们可以随时撤销任何错误的操作，之后选择从这一步操作开始重新对照片进行编辑。本节将介绍具体的操作方法。

图 9-9

图 9-10

第1步

在查看“历史记录”面板之前，我要提出的是：按Command-Z（PC：Ctrl-Z）组合键可以撤销任何操作。每按一次该组合键就会撤销一个步骤，因此可以重复使用该组合键，直到回到第一次把照片导入Lightroom的那步操作，因此你可能完全不需要“历史记录”面板（只是让你知道有这个面板可以使用）。然而，要查看对某张照片所做的所有编辑的列表，请单击该照片，之后转到左侧面板区域内的“历史记录”面板（如图9-9所示）。最近一次所做的修改位于面板顶部。（注意：每张照片保存有一个单独的历史记录列表）。

第2步

如果把鼠标指针悬停在某一条历史编辑记录上，“导航器”面板中的小型预览窗口（显示在左侧面板区域的顶部）会显示出照片在这一历史记录点的效果。这里，我把鼠标指针悬停在几步之前把照片转换为黑白这个操作点上（如图9-10所示），因为之后我改变了主意，所以把照片又切换回了彩色。顺便说一句，正如我提到的，你在Lightroom中对照片所做的每一次更改都会被记录下来，但当你更换照片或关闭Lightroom时，你的无限撤销功能会被自动保存。所以，即使你一年后再回来看一张照片，你也会看到完整的历史记录，而且总是能够撤销你所做的一切编辑。

第3步

如果想让照片跳转回某个特定阶段的效果，单击对应的历史记录即可，你的照片就会恢复到那个状态（如图9-11所示）。顺便说一下，如果你使用键盘快捷键来撤销编辑（而不是使用“历史记录”面板），你要撤销的编辑会以很大的字号显示在你的照片上。这很方便，这样不用一直打开“历史记录”面板就可以看到你所撤销的内容。

图 9-11

第4步

如果遇到自己非常喜欢的调整效果，想快速跳转到这个编辑节点时，可以转到“快照”面板（位于“历史记录”面板的上方），单击该面板标题右侧的“+”按钮。在弹出的“新建快照”对话框中，你可以为它起一个有意义的名字（我起名为“双色调”，这样我就知道以后单击该快照时所得到的效果——一张有暗角效果的双色调照片）。单击“创建”按钮，那个时间点所做的调整就会被保存到“快照”面板上（如图9-12所示，我已经保存了三张快照，只要单击就可以跳转到其对应的效果）。顺便说一下，你不必真的单击“历史记录”面板中的之前的步骤来保存它为快照。相反，你可以将鼠标指针放在“历史记录”面板内的任意步骤上并用右键单击，然后从弹出菜单中选择“创建快照”即可，非常方便。

图 9-12

“裁剪叠加”工具是整个Lightroom中最常用的工具之一，Lightroom处理裁剪的方式非常巧妙，但如果你习惯于在其他应用程序中进行裁剪，可能需要几分钟时间来适应它。不过，一旦你学会了，你就会想，为什么其他应用程序不能都这样处理裁剪呢？

9.4 裁剪照片

图 9-13

图 9-14

第1步

如图9-13所示是原始照片，这一幕画面发生在球场偏下的位置，距离我较远，尽管我用400mm镜头拍摄，但画面景深仍然很大。因此，我们需要通过裁剪让画面紧凑一些，因为这个镜头不是关于裁判的，也不是关于没有参与抢球的球员的（画面左侧）——这个镜头的主角是接球者。要裁剪照片，进入“修改照片”模块，单击直方图下方工具箱中的“裁剪叠加”工具（图9-13中用红色圆圈圈出，或者直接按键盘上的R键），在其下方会弹出一些选项。

第2步

当你单击“裁剪叠加”工具时，你会看到在照片上出现一个九宫格网格（有助于裁剪构图），帮助我们进行裁剪。裁剪边框的4个角和侧边上都有裁剪手柄，单击手柄并拖动即可裁剪照片（这里，我向左上角和右下角拖动裁剪手柄）。在你拖动裁剪边框时，边框外的区域（将被裁剪掉的部分）会变暗（如图9-14所示）。默认情况下，裁剪边框将在保持照片原始长宽比的情况下进行裁剪（所以你裁剪后的照片比例仍然和原始照片一样，只是尺寸更小）。如果你想要一个自由形式的裁剪（这样你就能以任意尺寸对照片进行裁剪），单击该工具面板右上方的显示为一把锁的图标来解除长宽比锁定（如图9-14所示）。

第3步

如果要调整裁剪框选中的照片区域，只需在裁剪叠加框内单击并按住鼠标左键，鼠标指针就会变成“抓手”形状（如图9-15所示，用红色圆圈圈出），然后就可以随意拖动裁剪边框到你想要裁剪的地方了。

提示：取消你的裁剪

如果你在任何时候想要取消你的裁剪，只需单击“裁剪并修齐”调整面板右下角的“复位”按钮。

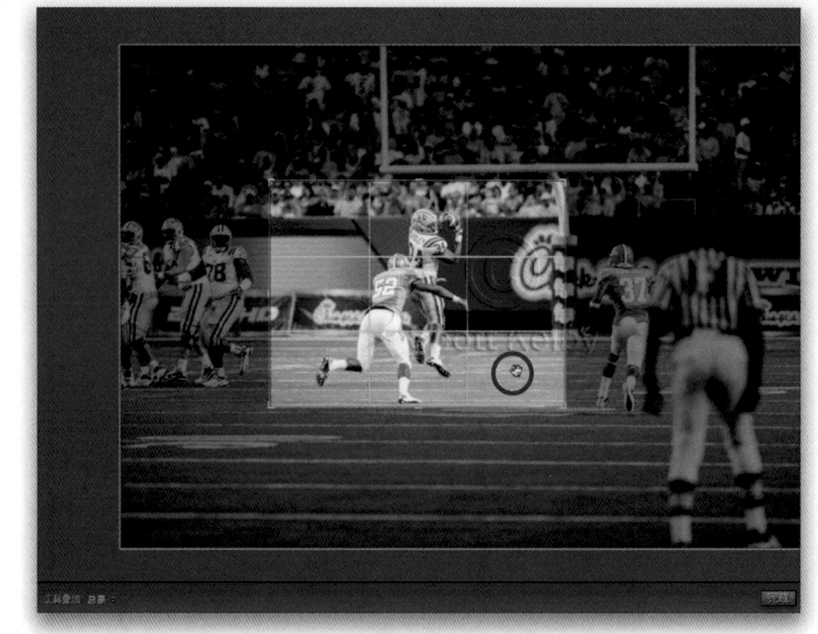

图 9-15

第4步

如果你觉得裁剪效果不错，按Return（PC:Enter）键锁定裁剪，九宫格网格和裁剪边框会消失，得到最终裁剪后的照片（如图9-16所示）。但是还有两种裁剪选项我们尚未介绍。

提示：隐藏网格

如果你想隐藏九宫格网格和裁剪边框，按Command-Shift-H（PC:Ctrl-Shift-H）组合键。或者从预览区域下方的工具栏的“工具叠加”下拉菜单中选择“自动”，使裁剪边框只在实际移动时才显示出来。另外，这里不是只能显示九宫格网格，还可以显示其他类型的网格，只要按字母键O就可以在不同形式的网格之间切换。

图 9-16

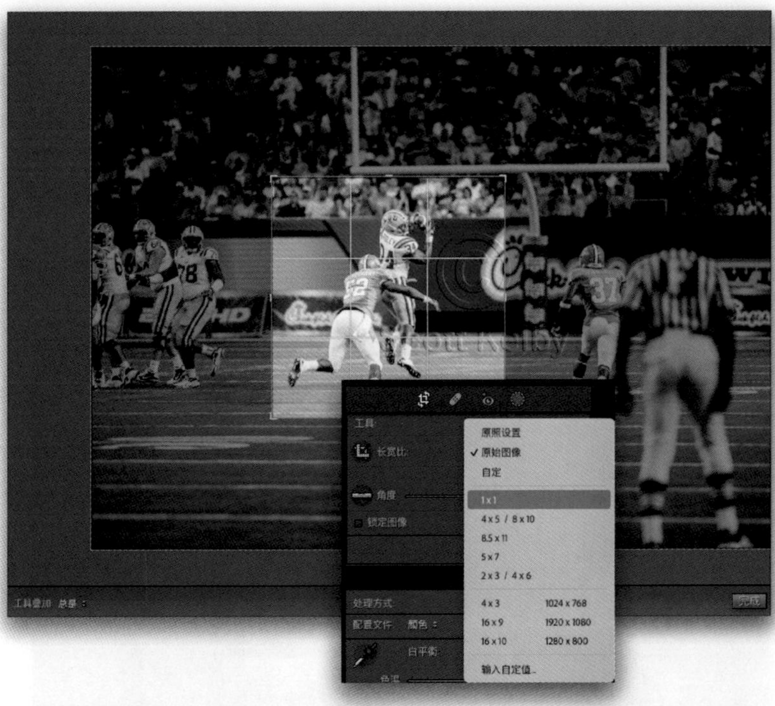

图 9-17

第5步

如果知道自己想要哪种比例的照片，你可以从“裁剪并修齐”调整面板右上方的“长宽比”下拉列表中进行选择。先单击右侧面板下方的“复位”按钮，返回到原始照片，然后再次单击“裁剪叠加”工具。单击“长宽比”下拉列表，如图9-17所示。从下拉列表中选择“1×1”，这时会看到裁剪边框的左、右两侧向内移动，显示出以1×1长宽比裁剪的效果，我们可以重新调整裁剪边框的大小，但它的长宽比保持不变。

图 9-18

第6步

还有一种自由裁剪的方式，只需在照片上你喜欢的位置单击并拖出一个裁剪边框。不要感到很失望，当你选择“裁剪叠加”工具时，九宫格网格会全屏覆盖整张照片。如果你不喜欢那个网格只需忽略它，然后单击并拖出裁剪框选中你想保留的区域（如图9-18所示）。当你拖出裁剪边框后，其处理方式就跟之前的操作一样（使用裁剪手柄以调整边框大小，通过单击裁剪边框内部并拖动来调整位置）。调整完成后，按Return（PC：Enter）键来锁定修改。具体使用哪种方法进行裁剪就全凭你的习惯了。

9.5 在关闭背景光模式下裁剪照片

在使用“修改照片”模块内的“裁剪叠加”工具裁剪照片时，要被裁剪掉的区域会自动变暗，这使我们可以更好地了解应用裁剪后照片的效果。但如果想体验最终裁剪效果，真正看到被裁剪后照片的样子，那我们可以在关闭背景光模式下进行裁剪。用过这种方法之后，你就不会再想使用其他方法进行裁剪了。

第1步

要真正理解这种技术，首先要看一下我们平时裁剪照片时的大致情况——大量的面板和干扰，而我们实际裁剪的区域显得很暗淡（但仍然显现），如图9-19所示。现在让我们来尝试一下“关闭背景光”模式裁剪：首先单击“裁剪叠加”工具（在直方图下方的工具箱中）进入“裁剪”模式，然后按Shift-Tab组合键隐藏所有面板。

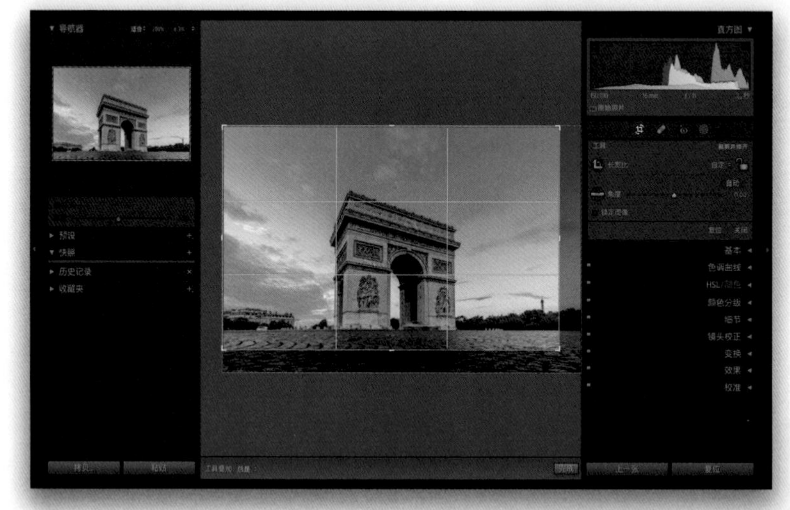

图 9-19

第2步

按一次键盘上的L键，进入灯光变暗模式，这不仅会使你的裁剪边框外的区域变暗，还会使你的面板和滑块、胶片显示窗格等都变暗。但是，这对你的剪裁帮助不大，只是没那么分散你的注意力了。然而，如果你再按一次L键，你现在就进入了关闭背景光模式（如图9-20所示），在该模式下，整个Lightroom界面都被隐藏起来了——你看到的只有位于黑色背景中间的照片，你的裁剪边框也被保留了下来。现在，请试试按住裁剪手柄并向内拖动，然后单击并拖动裁剪边框外部使其旋转。在拖动裁剪边框时可以看到被裁剪照片会动起来，这就是裁剪的终极方法（如图9-20所示的静态照片难以说明其效果，你必须亲自试一试）。

图 9-20

9.6 拉直歪斜的照片

Lightroom 提供了4种方法来校正歪斜照片。有一种方法非常精确，另外两种方法是自动的，还有一种方法虽然需要用眼睛观察，但对于某些照片而言却是最合适的校正方法。

图 9-21

图 9-22

第1步

如图9-21所示是一张水平线倾斜相当严重的照片，需要进行拉直处理，这里介绍的前三种方法都使用了“裁剪并修齐”调整面板中的选项。因此，进入“修改照片”模块，单击直方图下方工具箱中的“裁剪叠加”工具（或直接按R键）。第1种方法是单击“自动”按钮（如图9-21所示，它是自动拉直的按钮），Lightroom 就会将画面中的水平线拉直。

第2步

单击“自动”按钮后，你注意到Lightroom并没有立即完成这个拉直过程了吗？它只是将裁剪边框旋转到适合裁剪的角度？如图9-22所示，如果你觉得照片中的水平线现在是水平的，你可以单击预览区域右下角的“完成”按钮来完成校正。那么，如果我们可以直接单击“自动”按钮来拉直照片，为什么还有其他3种方法呢？这是因为“自动”按钮也并不总是有效的。如果要使用这种方法，照片中必须有明显的参照物来帮助拉直你的照片，比如地平线或垂直的墙壁，但不是每张照片都有这些参照物。所以，你也需要了解其他的方法（但要从这个方法开始尝试。如果它不起作用，就单击裁剪叠加工具调整面板右下方的“复位”按钮，然后再试试第2种方法）。

第3步

第2种方法是手动的，但是处理效果很精确。找到“拉直”工具（它的图标看起来像一根水准尺，如图9-23所示，用红色圆圈圈出），单击该工具，然后沿着照片中近似水平的参照物从左到右拖动（如图9-23所示，我从画面左侧沿着水平线拖动它，我在图9-23中添加了一个红色箭头，可以观察得很清楚）。这样做效果非常好（你甚至可以垂直拖动拉直工具，或者使用“角度”滑块来调整它）。

第3种方法是再次调出裁剪边框，然后将你的鼠标指针移到它的外侧，使指针变成一个双向箭头。现在，只要单击并沿顺时针或逆时针方向拖动双向箭头就可以旋转照片，当看到照片变正之后（是的，你需要盯着照片看，但在照片上会出现一个小网格来帮助你），单击工具栏上的“完成”按钮。这种方法的缺点是，它可能会在照片的四个边角处留下多余的白色区域。因此，在你拉直照片后，你需要进一步裁剪照片，将多余的白色区域裁剪掉。

第4步

第4种方法是另一种一键自动拉直法，它有一个优点：旋转拉直照片时（就像第1种方法一样）会自动裁剪掉任何可能产生的白色区域，所有这些操作都是一步到位的。所以，这的确是一个一键裁剪拉直的方法。这个自动拉直功能位于“变形”面板中（在右侧面板区域），在面板顶部的Upright区域，单击“水平”按钮（如图9-24所示）即可自动拉直照片。说实话，裁剪叠加工具调整面板上的“自动”按钮只是这个Upright水平功能的一种快捷方式，但好处当然是这种方法可以自动裁剪掉角落里可能出现的多余白色区域。全面了解这4种方法是很好的，因为在某些时候你终会用到它们。

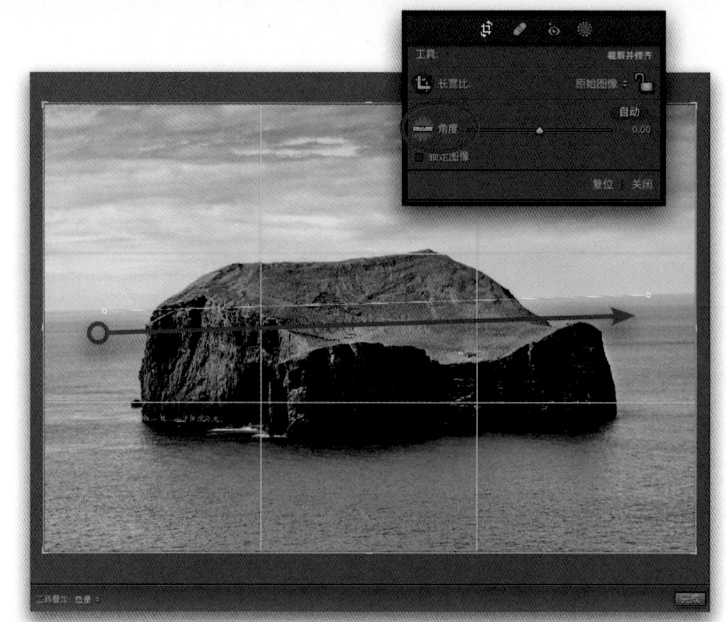

图 9-23

图 9-24

9.7 使用“污点去除”工具移除画面瑕疵

这个工具的名字其实很好听——它很适合去除照片中海滩上的斑点、偶尔闯入画面的电线或背景中分散观者注意力的汽水瓶。不过，不要把它和Photoshop中令人敬畏的修复画笔混为一谈，因为它还有除了移除污点以外的作用（我们至少要学会怎么使用它）。

图 9-25

图 9-26

第1步

如图9-25所示是我们要修饰的照片，拍摄的是女王宫（伦敦皇家格林威治博物馆的一部分）的郁金香阶梯。为了使照片看起来更干净，我们要去除掉任何会分散观者注意力的东西，比如画面右上角的灯光、文字，还有画面顶部露出的一小部分干扰物，然后我们还要去除掉右下角附近的绿色出口标志。我们用到的工具是“污点去除”工具（这里用红色圆圈圈出）。所以，在直方图下方的工具箱中单击该工具（或者直接按Q键）。

第2步

一般来说，我们要让画笔比我们想要去除的斑点或物体稍大一些。你可以使用工具调整面板上的“大小”滑块来改变画笔的大小，或者使用键盘上的左、右括号键（就在字母键P的右边）。首先，我们要去除掉天花板上的灯（你可以在图9-26中看到它）。只需让你的画笔稍大于灯（还有灯光的溢出部分），然后单击将其去除。好吧，这并不像平时操作那样顺利（Lightroom把去除灯光的取样区域放在了楼梯上）。你看到那两个白色圆圈所示的区域了吗？轮廓线较深的（在鼠标指针的周围）显示的是要用修复画笔进行修复的区域，轮廓线较浅的代表的（在楼梯上）是取样区域。使用“污点去除”工具时通常效果不错，但在这种情况下却不那么好。

第3步

取样区域与你试图修复的区域通常相当接近，但有时（由于我无法理解的原因）取样的地方会很奇怪（比如这里的楼梯）。发生这种情况时，我们有两种应对方法。第1种方法是按键盘上的/（正向斜线）键，每按一次该快捷键时，Lightroom就会选择一个不同的区域进行取样，通常第二次或第三次的取样区域是相当不错的，这就是自动的方法。而第2种方法是手动调整的，只需单击取样区域，然后把它拖到不同的位置（如图9-27所示，我把它拖到相当接近灯原来的位置）。另外，我把画笔尺寸调整得大一些（你也可以单击并拖动圆圈来调整它的大小），使它能够覆盖所有光线溢出的区域。

图 9-27

第4步

现在，让我们把照片右上角的文字去掉。对于清除像这样大面积的画面干扰物时，你可以使用“污点去除”工具，在要清除的文字上单击并拖动。当你绘制污点区域时，你绘制过的区域会变成白色（如图9-28所示）。当你释放鼠标按钮后，只需一两秒，Lightroom就会选择一个样本区域并清除文字。在这种情况下，Lightroom选择的取样区域还不错，画面右上角的文字立马就消失了。好了，让我们再去除画面中那些分散注意力的东西。

图 9-28

图 9-29

第5步

使用“污点去除”工具处理某一区域后，在相应位置会留下一个编辑标记（如图9-29所示，我还删除了闯入画面顶部的干扰物），你可以单击其中任何一个来编辑该修复操作。要删除你使用“污点去除”工具处理的区域，只需单击激活圆圈或编辑标记，然后单击Delete（PC：Backsapce）键。好了，让我们继续去除照片中的污点——这次是照片右下角的出口标志。使用“污点去除”工具在它上面绘制，出口标志就不见了（“污点去除”工具在这里选了一个比较好的取样位置）。这就是污点去除的操作过程：在照片中找到要修复的污点，使用比污点稍大的画笔单击你想要去除的小污点，对于大污点或密集污点群，在你想要修复的区域使用“污点去除”工具进行绘制。如图9-30所示是修改前/修改后的照片，那些分散注意力的东西已经被移除了。

图 9-30

9.8 轻松找到污点和斑点的方法

当打印出一张漂亮的大幅照片后才发现其上布满了各种各样的传感器灰尘、污点和斑点——没有什么事情比这个更糟糕了。如果拍摄风光照片或旅行照片，或许很难在蓝色或偏灰色的天空中发现这些斑点；如果在摄影棚的无缝背景纸前拍摄，情况也是如此（可能还会更糟）。而现在，Lightroom中全新的功能可以使每一个细微的污点和斑点都凸显出来，你可以快速地将它们清除。

第1步

如图9-31所示是一张拍摄迪拜的阿联酋大厦的照片，如果你观察一下天空，你可以看到一些污点和斑点（是灰尘，还是传感器斑点？我不知道，但它是我照片上的干扰物，如图9-31中红色圆圈所示）。在这种尺寸下，你在屏幕上看不清楚斑点是正常的。当然，它们最终还是会被发现的——比如在你把照片打印在昂贵的相纸上之后，或者当客户问起“这些斑点是应该存在的吗”时。

图9-31

第2步

为了使这些斑点或污点凸显出来（如果它们更容易被发现，就更容易被消除），首先单击直方图下面的工具箱中的“污点去除”工具（Q；图9-32中用红色圆圈圈出）。然后，在预览区域下方的工具栏中勾选“显现污点”复选框（如图9-32中左下角的红色圆圈所示），以获得照片的黑白视图并显现污点，这不仅使你能更容易找到斑点，而且你通常会发现比你肉眼看到的更多的斑点（你可能会错过的这些斑点，这才是可怕的地方）。

图9-32

图 9-33

图 9-34

第3步

进入显示污点视图后，你可以通过拖动“显现污点”滑块（在复选框的右边）使斑点或污点更加凸显。将这个滑块来回拖动几次（它改变了对比度），找到一个临界点，既可以凸显出污点，但是又不会使照片中出现雾花似的斑点或噪点，如图9-33所示。

提示：何时使用仿制

在“污点去除”工具调整面板顶部，有两种修复污点的方法——仿制或修复。我们把它设置为修复，除非（这种情况很少见，但确实可能发生）你试图去除的污点位于照片中某个物体的边缘或附近，这种情况下使用“污点去除”工具会在画面中留下一个污点，弄脏照片。如果发生这种情况，请单击“复位”（在面板的底部）按钮，切换到“仿制”，再试一次。

第4步

我通常会把“显现污点”滑块拖动到非常靠右的位置，这样我就能得到一个漂亮的黑暗背景，并能看到真正凸显的污点（如图9-34所示）。这个视图的优点是，当你还处于该视图时，你可以直接删除污点。使你的画笔稍大于想要去除的污点，然后单击污点（如图9-34所示）。你可以使用“大小”滑块（在工具的调整面板上）或键盘上的左、右括号键来调整画笔的大小。

提示：单击并拖出一个能覆盖住污点的选区

当使用“污点去除”工具时，你可以按住Command-Option（PC：Ctrl-Alt）组合键，然后单击并在污点周围拖出一个选区（从污点的左上方开始单击，然后以45°角向下拖出选区覆盖污点）。这样就会在污点上显示一个白色圆圈，然后你的圆圈就会随着拖动选区覆盖住污点。

9.9 快速清除照片中大量的传感器灰尘

如果你在照片中看到的污点是来自相机传感器上的灰尘，我有一个好消息和一个坏消息：如果你在一张照片上看到这些污点，它们不只是出现在那张照片上，而是在那次拍摄的所有照片上，而且它们会在每张照片上完全相同的地方出现；好消息是，使用本节介绍的这种技术很容易快速修复它们。

第1步

如果是传感器上的灰尘，那么这些污点会在每张照片上完全相同的地方出现。因此我们首先用“污点去除”工具（Q；见前一个例子）从其中一张照片中去除所有这些污点。然后，当这张照片仍被选中时，到胶片显示窗格中选择该次拍摄的所有类似的照片（选择照片时可以使用Command [PC: Ctrl]快捷键并单击选中照片），然后单击右侧面板区域底部的“同步”按钮（如果显示的是“自动同步”按钮，单击其左侧的“切换”开关可以切换到“同步”按钮），弹出“同步设置”对话框（如图9-35所示），单击“全部不选”按钮（这里用红色圆圈圈出）。然后，勾选“处理版本”复选框（应始终保持勾选状态），最重要的是，勾选“污点去除”复选框（如图9-35所示），然后单击“同步”按钮。

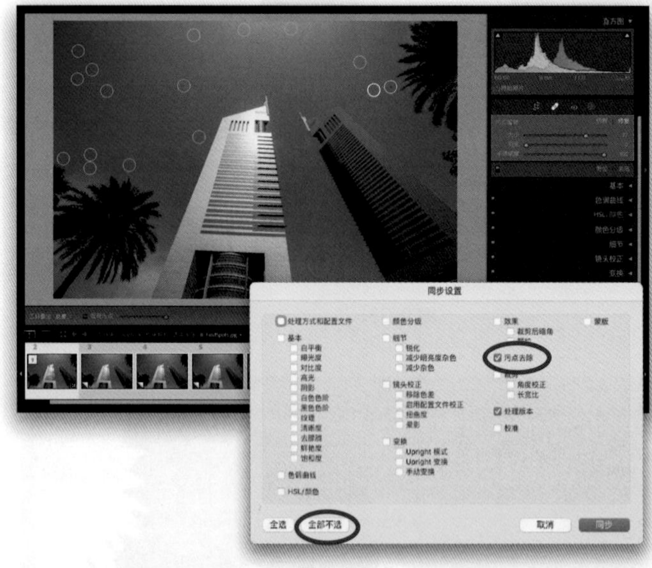

图 9-35

第2步

这样做会把你在第一张照片上做的污点去除操作应用到所有其他被选中的照片上——只需单击即可完成（如图9-36所示）。然而，我还建议快速复查一下修复的其他照片，因为根据其他照片的主题，这些修复痕迹可能比你刚刚修复的那张照片看起来更明显。如果你看到一张有污点修复问题的照片（如图9-36所示，有两个污点修复痕迹出现在建筑物上），只要单击对应的修复圆圈，按键盘上的Delete（PC: Backspace）键来删除它，然后使用“污点去除”工具重新手动修复污点。

图 9-36

9.10
消除红眼

如果你的照片中出现了红眼（由于闪光灯安装得离镜头太近，傻瓜相机是臭名昭著的红眼制造者），Lightroom 可以很容易地将其消除。这真的很方便，这样你就不必为了消除照片中邻居家6岁小孩的红眼，而跳转到Photoshop中进行处理了。以下是消除红眼的具体步骤。

KIM DOTY

图 9-37

图 9-38

第1步

进入“修改照片”模块，单击“红眼校正”工具，该工具位于直方图面板下方的工具箱中（其图标看起来像只眼睛，图9-37中用红色圆圈圈出）。使用该工具在其中一只红眼的中心单击并向下拖动拖出一个选区，当你释放鼠标按键时，红眼便立即被消除了。如果没有完全消除红色，你可以在“红眼校正”调整面板中（你一释放鼠标按钮，它们就会出现在面板上）将“瞳孔大小”滑块向右拖动（如图9-37所示），或者单击并拖动圆圈边缘（它也允许你重新塑造它）来扩大红眼的消除范围。如果你需要移动校正，在圆圈内单击并拖动即可。

第2步

现在对另一只眼睛进行同样的消除红眼处理（先处理的那只眼睛会处于选中状态，但是新选中另一只眼睛之后，新选中的优先级会更高）。单击红眼的中心并拖出一个选区，当你释放鼠标按键时，这只眼睛也被修复了。如果修复之后它看起来发灰，你可以通过向左拖动“变暗”滑块使眼睛看起来颜色更深（如图9-38所示）。最棒的是，这些滑块（“瞳孔大小”和“变暗”）对于照片的处理效果是实时的，所以当你拖动滑块时，你可以在屏幕上直观地看到效果，你不必先拖动滑块，之后再重新应用该工具才看到效果。如果出现调整错误，想重新开始校正红眼，只要单击“复位”按钮即可。

9.11 自动修复镜头畸变问题

你有没有碰到过这种情况？拍摄的市区的一些建筑物看起来像是向后倾斜的，或者是建筑物的顶部看起来比底部宽，或者一扇门，甚至整个画面看起来“鼓”了起来。所有这些类型的镜头畸变问题真的很常见（特别是如果你使用广角镜头时），而幸运的是，我们在Lightroom中可以非常容易地修复它们，只需单击鼠标就能完成。

第1步

如图9-39所示，这张照片有几个非常常见的镜头畸变问题。第一个问题是桶形畸变，这个问题最常见于广角镜头——它使照片看起来像向外凸起或膨胀。当你知道应该是直线的线条被弯曲的时候，就是照片出现这种畸变的一个信号。例如，看一下前景的瓷砖，再看一下天花板是如何向上拱起的。它们应该是直的，不是吗？另一个常见的镜头畸变问题是照片的角落变暗，这被称为“镜头暗角”，我们将在9.13节进一步探讨这个问题。这里有一个一举两得的方法，当我们消除桶形畸变时，也可以消除一些镜头暗角。

图 9-39

第2步

当我们进行任何形式的镜头修复时，我们的第一站都是“修改照片”模块中的“镜头校正”面板，如图9-40所示。勾选“启用配置文件校正”复选框，这样，通常就能找到镜头配置文件并进行应用，同时修复大部分（有时甚至是全部修复）画面角落里的晕影（暗角）。如果找不到匹配的镜头配置文件，你必须从镜头配置文件的弹出菜单中选择你的镜头品牌和型号，然后Lightroom就会完成剩下的工作。如果你没有找到你的镜头型号怎么办？那就挑一个最接近的。

图 9-40

图 9-41

第3步

现在，看看第2步中前景的瓷砖，你会发现它仍然不直——仍然有些弯曲。我们可以使用“镜头校正”面板底部“数量”区域的两个滑块来解决这个问题，它们可以让你调整应用的配置文件的效果。在这种情况下，通过向右拖动“扭曲度”滑块，我们能够拉直瓷砖，并消除镜头畸变造成的隆起效果。如果你来回拖动这个“扭曲度”滑块几次，同时观察你的照片，就会发现这个滑块的确切作用，以及它是如何影响你的照片的，如图9-41所示。

图 9-42

图 9-43

第4步

在“镜头校正”面板的顶部，“配置文件”选项卡的右边是“手动”选项卡，在该选项卡的最上面是另一个调整扭曲度的滑块。这个滑块与我们在上一步骤中使用的“扭曲度”滑块有很大的不同——那个滑块只是用于微调扭曲度的数量。当你遇到了严重的桶形畸变问题时，你就可以使用“手动”选项卡下的扭曲度“数量”滑块，它远远超出了“配置文件”选项卡中“扭曲度”滑块的微调效果。为了让你看到它们的真正作用，我在这里使用的校正量比我通常使用的要大得多，但可以让你更直观地了解桶形畸变是怎么一回事。将“数量”滑块向右拖动（如图9-42所示），就可以将凸起的部分“吸”进去（在画面边缘会留下白色区域）。现在，将滑块向左拖动，它的作用正好相反，它实际上增加了隆起的效果（如图9-43所示）。你很少需要做如此极端的修正，但至少现在尝试之后，你会知道修复比较严重的畸变时应调整“手动”选项卡上的扭曲度“数量”滑块。

第5步

让我们换一张照片，对其进行一些镜头校正过程中的其他调整。看看如图9-44所示的这张照片——从透视的角度来看，它是非常古怪的——柱子向后倾斜、顶部被卡在了画面外、底部被拉得很宽，而且还有点歪，好吧，它需要进行一些调整。镜头校正操作的第一步都是应用配置文件校正，因为这样做可以让我们使用的大多数修复选项效果更好。因此，进入“镜头校正”面板，勾选“启用配置文件校正”复选框，这也有助于减少画面中的桶形畸变和角落里的暗角（晕影）。注意：不知什么原因，Lightroom无法确定我拍摄这张照片时使用的镜头品牌和型号，所以我从“制造商”弹出菜单中选择了“Canon”。但“型号”弹出菜单中没有“Canon16-35mm镜头”的选项，所以我选择了最接近的17-40mm镜头配置文件，而且效果也很好。

第6步

接下来，进入“变换”面板（就在“镜头校正”面板的下面），你会看到Upright，如图9-45所示。这个功能可以校正垂直透视或水平透视发生扭曲的照片。我的首选是“自动”选项，单击它之后，观察照片中的柱子，以及现在的整个画面。你会发现柱子不再向后倾斜了，照片整体给人的许多怪异感也消失了。画面边角处有多余的白色区域需要处理（在做这样的大修正时非常常见），所以我们将在下一步处理这些问题。这里还有其他的Upright选项，但我很少使用它们，使用“自动”选项就能得到一个比较平衡的校正，它的效果几乎总是看起来最好。其他选项（除了“水平”，它只是自动拉直照片，校正水平扭曲）在大多数情况下都会导致过度校正，虽然它们在技术上可能是正确的，但结果并不讨人喜欢，所以我通常会避免使用它们。

图9-44

图9-45

图 9-46

第7步

现在让我们用“裁剪叠加”工具（快捷键R；或者在直方图下面的工具箱中单击它）裁剪掉照片边角处多余的白色区域。我们需要确保可以独立地调整裁剪边框的每一边（因此，我们采用的是自由形式的裁剪，而不是锁定了原始长宽比的裁剪），在“裁剪叠加”工具调整面板中，单击挂锁图标（如果图标显示已经解锁，你就无须执行该操作了）。现在，你可以独立地单击并拖动裁剪边框的每一边（如图9-46所示，让它刚好在照片底部角落的那些多余的白色区域外）。当你调整完裁剪边框后，按Return（PC：Enter）键锁定最终的裁剪。

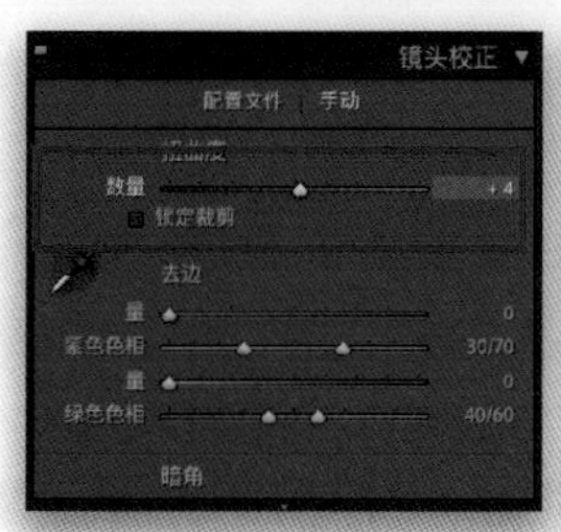

图 9-47

图 9-48

第8步

裁剪后，我仍然可以看到柱子有一些凸起（桶形畸变），而且它们上方也修整得也有点扭曲。因此，我返回“镜头校正”面板的“配置文件”选项卡，并使用“扭曲度”滑块来消除畸变，但只用这个滑块是不够的（再次说明，它只是用于微调）。因此，正如你先前所了解的那样，单击“手动”选项卡，使用扭曲度“数量”滑块，把它拖动到+4（如图9-47所示）。做完这一切后，你仍然需要使用“变换”面板的“变换”滑块来进行一些设置。这些柱子仍然倾斜得有点过分，将“垂直”滑块向右拖动（至+20）可以解决这个问题。最后，柱子仍然有一点点歪，向右拖动“旋转”滑块（到+0.2）就解决了这个问题，如图9-48所示。图9-49显示的是裁剪后的修改前/修改后照片对比。最后一件事：想要学习使用这些变形滑块，可以简单地来回拖动它们几次，观察照片的变化，就能更直观地了解这些滑块的作用。

图 9-49

9.12 使用引导式透视校正功能手动修复镜头问题

如果你拍摄了一张建筑物或墙壁有点向后倾斜的照片，而使用自动Upright功能没有修复这个问题（或者没有到达你想要的校正效果），那么你可以尝试手动的Upright功能，也被称为“引导式透视校正”沿着墙壁、窗户或画面中的直线绘制参考线，然后就可以校正照片。你最多可以绘制4条参考线，绘制好之后，Lightroom就会对照片进行透视校正，而且校正结果会实时更新。

第1步

如图9-50所示，这是一张建筑物有点向后倾斜的照片（拍摄于法国瓦伦索尔），这要“归功于”16mm超广角镜头和我糟糕的摄影技术。当使用“引导式透视校正”时，你告诉Lightroom照片中什么应该是直的，它就会为你拉直。你最多可绘制4条参考线：两条用于水平校正，两条用于垂直校正（有时两条参考线便足够）。该功能的工作原理是沿着照片中应该是水平或垂直的物体绘制参考线。不过，在你开始使用“引导式透视校正”之前，为了得到更好的效果，首先进入“镜头校正”面板，勾选“启用配置文件校正”复选框（如图9-50所示）。

图 9-50

第2步

现在，转到“变换”面板，单击“引导式”按钮（如图9-51所示）。将你的鼠标指针移动到照片上，沿着本应该是水平或垂直的物体（就像我在这里做的，沿着建筑物的右边缘）单击并拖出一条参考线。当你绘制参考线时，会出现一个垂直引导器（如图9-51所示），你就可以通过单击并拖动它上面的圆形端点来重新调整参考线的位置。为了帮助你更精确地排列你的引导式工具，有一个小的浮动窗口（如图9-51所示），它可以放大显示你的鼠标指针下的边缘部分。现在，由于只添加了一条参考线，我们的照片看起来还是一样的，但这种情况即将改变。

图 9-51

图 9-52

第3步

接下来，让我们沿着商店的左侧（涂上了黄色油漆的地方）拖出另一条垂直参考线。在你拖动的时候没有发生任何事情，但是当你释放你的鼠标按键的时候，由于现在画面中已经有了两条参考线，画面应用了校正（如图9-52所示，建筑物看起来不再向后倒了，只使用两条参考线已经得到相当不错的修复效果）。你会看到照片底部的角落出现三角形的白色区域（我们稍后会处理它们）。现在照片效果好多了。但是，我们还有一点工作要做，因为建筑物的右边比左边高，使它看起来有点向右倾斜。幸运的是，我们还可以添加两条水平的参考线，来解决水平透视的问题。

图 9-53

第4步

让我们沿着墙壁上涂上了黄色油漆区域的上边缘线单击并拖动出一条水平参考线。我选择这个位置是因为我知道这个位置应该是水平的（所以，我希望那条线能被绘制得很直）。仅仅拖出这一条参考线就已经对水平透视有了很大的改善（如图9-53所示）。当你添加了这第三条参考线时，Lightroom就会在添加后立即对照片应用透视校正，第四条参考线时也是如此。这很好，因为你可以看到照片校正后是否好看，如果不好看，你可以按Command-Z（PC：Ctrl-Z）组合键来撤销添加该导引，并尝试新的位置。另外，如果你想完全删除参考线，只需单击并选择它，然后按Delete（PC：Backspace）键即可。好了，我们还要添加一条水平的参考线。

第5步

接下来，让我们沿着画面上方窗户的顶部绘制最后一条参考线，（如图9-54所示），你看，现在建筑物是直的了。我选择了这里的窗户是碰巧，也可以选择在任何其他应该是直的地方绘制参考线，比如商店窗户的顶部，或者沿着道路的边缘，来看看校正效果如何。多尝试并没有什么坏处，因为如果校正效果并不好，可以按Command-Z（PC：Ctrl-Z）组合键来撤销添加的参考线，并在其他地方绘制，看看校正效果是否看起来更好。你可以使用“Upright”部分下面的“变形”滑块来微调你的修正，在这里，我把“旋转”滑块向右拖了一点点（到+0.4），将整张照片拉直一些。

图 9-54

第6步

现在的建筑物变得竖直了，我们要用“裁剪叠加”工具（R；或者直接单击直方图下面的工具箱）来裁剪掉角落里那些三角形的白色区域。我们可以进行自由裁剪，并尽可能多地保留原始照片。首先进入该工具的调整面板，单击挂锁图标来解锁（如果还没有解锁长宽比的话；如图9-55所示）。现在，我们可以分别拖动裁剪边框的每一边（这就是我在这里所做的，让它刚好位于照片底部角落的那些白色区域外）。当你完成调整后，单击Return（PC：Enter）键，锁定最终的裁剪。这里还有一个与镜头有关的问题要处理，但是很容易解决。

图 9-55

图 9-56

第7步

我们必须要处理的最后一个镜头问题叫作桶形畸变，它会使照片看起来像向外凸起或膨胀，使本应是直线的东西看起来是扭曲的，所以绝对要修复这个问题。如果你看一下第6步中的照片，你可以看到它有一些桶形畸变和我所说的凸起。要处理该问题，需回到“镜头校正”面板，在底部的“数量”部分，你会看到“扭曲度”滑块。只需将这个滑块向右拖动，直到膨胀和凸起的现象消失（如图9-56所示。是的，就是这么简单）。顺便说一下，当你拖动这个滑块时，你的照片上会出现一个网格，可以帮助你看到线条何时恢复水平或竖直。图9-57是修改前/修改后的照片对比，你可以直观地看到这个“引导式透视校正”功能有多么出色。

图 9-57

9.13 校正边缘暗角

镜头暗角是指由于镜头问题导致照片的边角看起来比其他部分暗。这种现象通常在使用广角镜头时比较明显，但其他镜头问题也有可能会导致镜头暗角的出现。照片边角的这种变暗并不能与在照片周围（不仅仅是角落）添加裁剪后暗角的效果相混淆，后者是我们故意添加的，为了将观者注意力集中到照片中央（参见第8章）。

第1步

如图9-58所示，你可以看到画面角落里的区域看起来是多么暗。这就是我上面提到的糟糕的暗角现象，是拍摄时镜头导致的问题。昂贵的镜头和便宜的镜头都有可能导致暗角的出现（只是在便宜的镜头中，这种情况往往更常见），但值得庆幸的是，要去除它真的很容易。

图 9-58

第2步

首先进入“镜头校正”面板（在“修改照片”模块的右侧面板）并勾选“启用配置文件校正”复选框（如图9-59所示）。这将运行Lightroom内置的镜头校正数据库进行校正，并试图根据你使用的镜头的品牌和型号，自动消除任何边缘暗角（从照片中嵌入的EXIF数据获取这一切信息）。你可以看到这里配置文件校正的效果很好，它虽然没有修复全部暗角，但还是对大部分暗角都进行了处理（我们一会儿会做进一步调整）。如果由于某种原因，Lightroom不能为你的镜头找到配置文件（镜头配置文件部分的弹出菜单被设置为“无”或显示为空白），只需从弹出菜单中选择你的镜头品牌，通常就能调出你的镜头配置文件。如果还是没有你的镜头配置文件，就从弹出菜单中选择与你的镜头最接近的一个。

图 9-59

图 9-60

第3步

一旦你应用了这个镜头配置文件校正，如果还有暗角没有消失，你可以在“数量”部分（在面板的底部）使用“暗角”滑块进行微调。在这里，我不得不把它一直拖到159，直到所有的“暗角”都消失，如图9-60所示。然而，这个滑块最多只能拖到200。如果你拖到200，暗角仍然没有消失，会发生什么？好吧，这两个滑块（“扭曲度”和“暗角”）只是微调滑块，是用来轻微地调整应用镜头配置文件校正的两个控件。如果这种微调并没有起到作用，那么就该拿出“撒手锏”了（这就是我们在下一步要做的）。

图 9-61

第4步

在“镜头校正”面板的顶部，单击“手动”，在底部的“暗角”部分。有两个滑块：第一个滑块控制照片边角处提亮的程度，第二个滑块可以让你调整照片从边角到中心的提亮范围。在这张照片中，暗角基本被控制在照片的4个角，没有向照片中心扩散得太远。因此，开始时，单击“数量”滑块并将其慢慢地向右拖动，拖动滑块时注意观察照片边角处的亮度变化。随着你的拖动，边角处会变得越来越亮，而你的要做的是在边角处的亮度与照片中其他部分的亮度一致时停止拖动滑块（如图9-61所示）。要想只提亮照片的边角处，可以将“中点”滑块向右拖动，直到提亮的部分只影响到照片的边角处（就像我在这里做的）。这就是手动校正边缘暗角的方法，你可能不会经常使用，但至少你以后碰到就知道应该如何调整了。

9.14 锐化照片

Lightroom有一些非常好的锐化控件（总共有3个），有两个是必须要调整的，另外一个是可选的。它们的功能都很强大，而且彼此之间配合得很好，本节我们将介绍这3个控件。

第1步

要锐化你的照片，进入"修改照片"模块的"细节"面板，在顶部的"锐化"区域下，你会看到4个滑块。如果你用RAW格式拍摄，你会看到默认的锐化"数量"40已经应用到照片上了（如图9-62左下角的小图所示）。这是因为当你用RAW格式拍摄时，你告诉相机不应用平时会应用到JPEG的锐化，所以这个40的锐化"数量"是取代一些因为相机的锐化功能被关闭而失去的锐度。如果你是用JPEG格式拍摄的，Lightroom不会自动应用任何锐化——它把所有JPEG照片的锐化"数量"设置为0（如图9-62在右下方的小图所示）。在Lightroom中应用于RAW照片的这种锐化被称为基础锐化，因为当你用RAW拍摄时，它将取代拍摄时损失的锐化。

默认 RAW 照片锐化　　默认 JPEG 照片锐化

图 9-62

第2步

当你进入"细节"面板时，你可能会看到一个感叹号的警告图标（如图9-63中红色圆圈所示）。这是在警告你，为了准确地看到你所应用的锐化数量（或者更清楚地看到它），你需要在100%（1：1）的视图下查看你的照片，而你目前不是在100%的视图下。如果你直接单击那个警告图标，它实际上是为你放大到100%的视图。所以，锐化的第一步实际上是将视图放大为1:1（100%视图）。

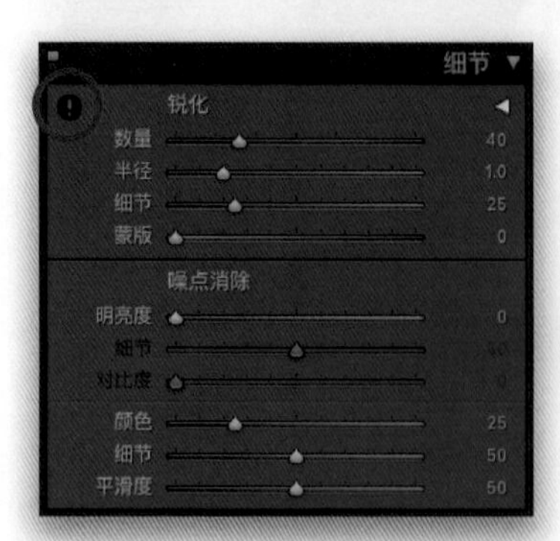

图 9-63

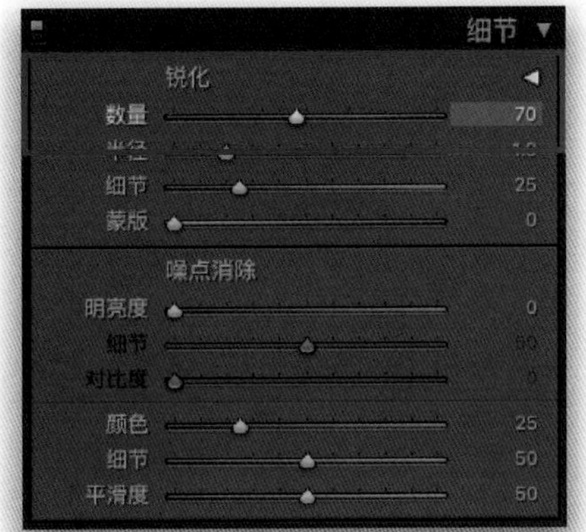

细节
锐化
数量 70
细节 25
蒙版 0
噪点消除
明亮度 0
细节 50
对比度 0
颜色 25
细节 50
平滑度 50

图 9-64

SCALE: ©ADOBE STOCK/MAKSYM YEMELYANOV

61 MP
24MP

图 9-65

第3步

如图9-64所示，我们使用“数量”滑块来调整应用于照片的锐化量，如果你用RAW格式拍摄，请记住，Lightroom已经将锐化“数量”设置为40应用于你的RAW照片。问题是，我觉得默认的“数量”值设置太低了。实际上是相当低，特别是如果你拍摄时使用的是高像素的相机（3600万像素或更高，在这种情况下，它就太低了！）。我还没有发现一张只需要锐化40（数量）的照片。我通常设置在50～70，这取决于照片的类型（我在有大量细节的照片上使用较高的锐化“数量”，比如风光、汽车、城市景观照片等，而对于人像或主体较柔和的照片则使用较低的锐化“数量”）。

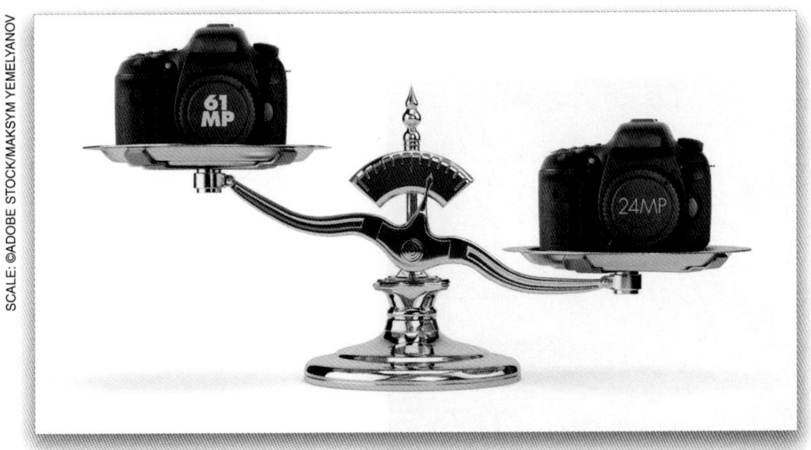

第4步

另外，如果你拍摄时使用的是高像素相机，你必须提高你的锐化“数量”设置，以获得与我用2400万像素相机拍摄的照片相同的锐化程度。虽然将锐化“数量”设置为80，在我的照片上看起来是很大程度的锐化，但在你的6100万像素相机（或100多万像素的中画幅相机）拍摄的照片上，这个锐化程度可能看起来就不是很明显。因此，如果你在查看放大到100%的照片时觉得锐化程度不够，不要害怕调整“数量”滑块。到头来，你应用多少锐化数量是你的决定，基于你希望照片从一开始就有多锐利，但同样，这只是一个开始。

第5步

如图9-66所示，“数量”滑块的下方是“半径”滑块，它可以让你选择边缘有多少像素会受到锐化影响（简单来说就是控制锐化的范围有多大）。总之，在日常使用中，我把“半径”设置为1.0，但如果我真的需要超级锐化，我会把“半径”的数值提高到1.1或1.2。你必须小心地调整，不要一下子把它调整得太高，因为这样可能导致在物体的边缘开始出现不自然的外观效果。所以，在调整锐化时我通常会提高“数量”的值，而不是增加“半径”的值，但同样，如果你需要超级锐化，你可以增加“半径”的数值。

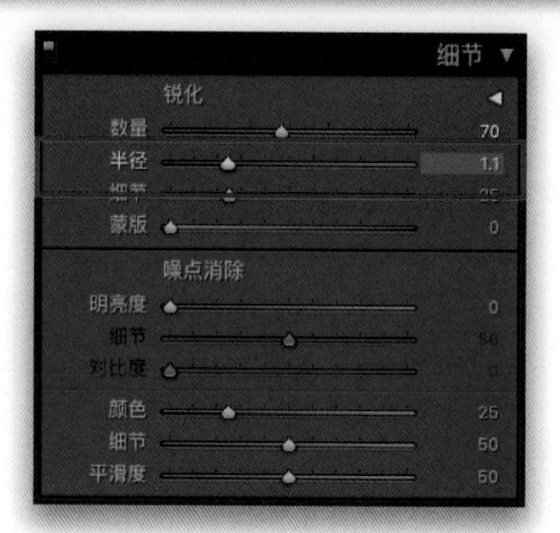

图 9-66

第6步

如图9-67所示，“半径”滑块下面是“细节”滑块，我把它看作是“避免光晕”的滑块。“细节”滑块的目的是以防照片中出现我们前面提到的那些光晕，如果你增加它的数值，它实际上会消除你的光晕，给你一个更柔和、朦胧的锐化，所以我根本不会动这个滑块。顺便说一下，如果你把“细节”滑块一直向右拖动，将会得到与Photoshop的USM锐化相同的锐化质量。不幸的是，也在照片中产生了光晕，这就是我不移动它的原因。把“细节”滑块保持在25的默认设置，我们可以对照片进行更多的锐化处理，而不会产生任何类似于使用Photoshop的USM锐化所带来的副作用。

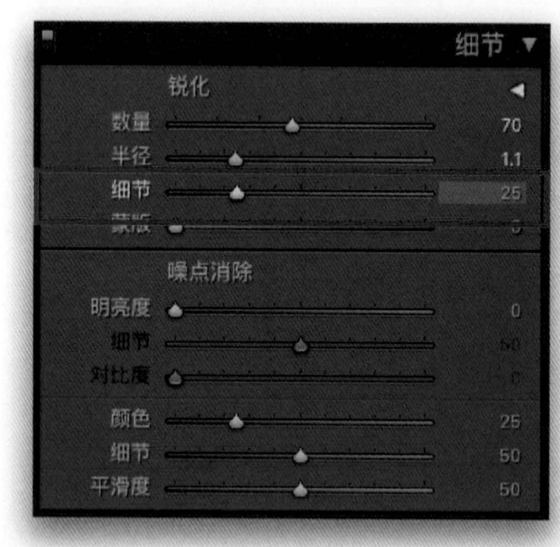

图 9-67

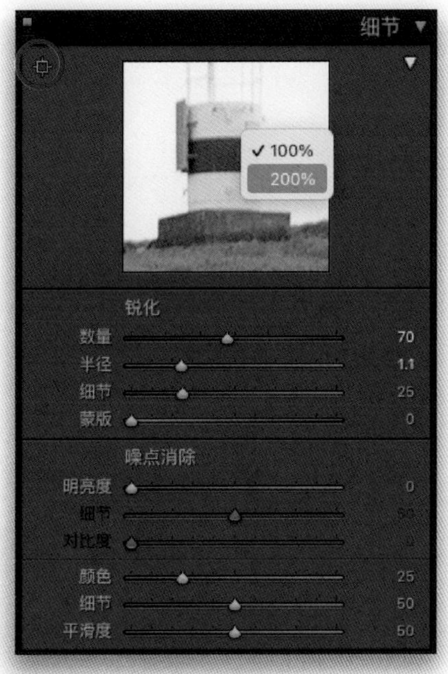

图 9-68

第7步

在“细节”面板的顶部，有一个小的预览窗口，将照片的一个小的区域放大到100%（如果你没有看到它，单击面板顶部“锐化”右侧朝左的三角形图标）。当你把鼠标指针移动到预览窗口上时，它会变成抓手工具，因此你可以单击和拖动照片来移动放大显示的区域。你也可以单击面板左上角附近的小图标（如图9-68中红色圆圈所示），然后将你的鼠标指针移动到你的照片上，指针所指的区域现在将放大显示在预览窗口中（要保持对该区域的预览，只需单击照片中的该区域）。要关闭这个功能，请再次单击该图标（如图9-68中红色圆圈所示）。如果想将局部区域进一步缩放，你可以用鼠标右键单击“预览”窗口，并从弹出的菜单中选择“200%”的缩放视图（如图9-68所示）。我要声明一下，我几年前就放弃了使用这个小小的预览窗口——它几乎毫无用处，尤其是当我要将照片放大到100%进行锐化的时候，所以我通常会将其隐藏。

图 9-69

第8步

本节要介绍的最后一个锐化滑块——“蒙版”，对我来说是最神奇的一个，因为它可以让你准确地控制锐化的应用位置。例如，照片中最不好进行锐化处理的应该是比较柔软、柔和的对象，如儿童或女性的皮肤，因为锐化会突出纹理，这恰恰是你不愿见到的。但是，与此同时，你需要将某些细节区域锐化，比如拍摄对象的眼睛、头发、眉毛、嘴唇、衣服，等等。好吧，“蒙版”滑块就可以做到——它可以为皮肤区域添加遮罩，主要使细节区域被锐化处理。为了展示“蒙版”滑块的工作原理，我们将切换到一张肖像照片，如图9-69所示。

第9步

首先，按住Option（PC：Alt）键，然后单击“蒙版”滑块并按住鼠标左键，你的照片将变成纯白色（如图9-70所示）。这张纯白色的照片是要告诉你，锐化正在均匀地应用于照片的每一部分。所以，总的来说，照片整体都得到了锐化。

图9-70

提示：关闭锐化功能

如果你想暂时关闭在“细节”面板上所做的修改，只需单击“细节”面板标题最左端的切换开关即可。

第10步

当你单击并向右拖动“蒙版”滑块时，照片的一部分将开始变成黑色，而这些黑色区域代表现在没有被锐化，这就是我们的目的，起初你会看到一些小的黑色斑点，但随着滑块被向右拖得越来越远，就有越来越多的非边缘区域会变成黑色——如图9-71所示，我把“蒙版”滑块拖到了85，这使皮肤区域几乎变成了全黑（所以它们没有被锐化），但细节边缘区域，比如眼睛、嘴唇、头发、鼻孔和轮廓等则被完全锐化了（这些区域仍然显示为白色）。因此，实际上那些柔软的皮肤区域是被蒙版自动屏蔽掉了，如果你仔细想一想，这真的是非常机智的。

图9-71

图 9-72

图 9-73

第11步

当你释放Option（PC：Alt）键时，你会看到锐化的效果，如图9-72所示，你可以看到细节区域很好、很清晰，但就像她的皮肤从来没有被锐化过一样（事实上，我可以在调整“蒙版”滑块后调高“数量”的值）。现在，只是提醒一下，我只在拍摄主体比较柔和且我们不想夸大纹理效果的时候使用这个“蒙版”滑块，或者在风景照片上使用这个滑块，你可能不想锐化天空中的云彩。总之，我在这里还放了一张户外照片，以显示将"蒙版"滑块向右拖动时的锐化过程（如图9-72所示，在右下方）。

第12步

锐化的第二个阶段（这不是一个必须执行的操作）被称为创意锐化。这是你用画笔工具（K）进行的锐化调整。如图9-73所示，选择“画笔”工具，把“锐化程度”滑块拖到右边——这只是一个滑块——你只在试图引导观者的目光的地方应用这种锐化（就像在这张照片中，我想让你看到“Blue Angels”的字样，我在照片中的那个区域进行绘制，使其变得超级清晰，因为我们的眼睛会被照片中非常清晰的区域所吸引）。这种创意的锐化处理不是必须的——你只是用它来引导观者的目光（或仅仅出于创意的原因）。

锐化的第三阶段

锐化的最后一个阶段（必须要做的）被称为输出锐化。这是根据照片的尺寸和分辨率以及它将被观看的方式（印刷物或电子屏幕）而设计的一种出色的锐化算法。我在10.1节介绍了这个阶段。这个阶段对于获得你所希望的锐化效果是非常重要的。

9.15
消除彩色边缘（色差）

你有没有见过这样的照片，在照片中事物的边缘有紫色或绿色的色晕或彩色边？如果没有见过，你可能只是没有注意，因为这些色晕或彩色边缘（被称为色差）经常出现（这是镜头导致的问题），而且你实际上可能通过应用了大量的对比度或清晰度调整而进一步加剧这种色差的出现。但是，我不会放弃调整这两个参数，因为Lightroom有一个非常有效的方法来解决这个问题。

第1步

如图9-74所示是原始照片，以适合的缩放尺寸显示在窗口中，你一点也看不出有彩色边缘（色差）的问题。但是，当你放大（或打印照片）时，你（其他人也一样）会很容易看到。

图 9-74

第2步

虽然这些彩色边缘在100%的全尺寸视图中是可见的，让我们放大照片，这样你就能明白我在说什么了。我这里将照片放得更大（300%），你可以看到，建筑物的外边缘看起来像被人用青绿色马克笔描画过一样，内边缘则像是用淡紫色马克笔描画过。这些就是我们需要去除掉的彩色边缘，如图9-75所示。

图 9-75

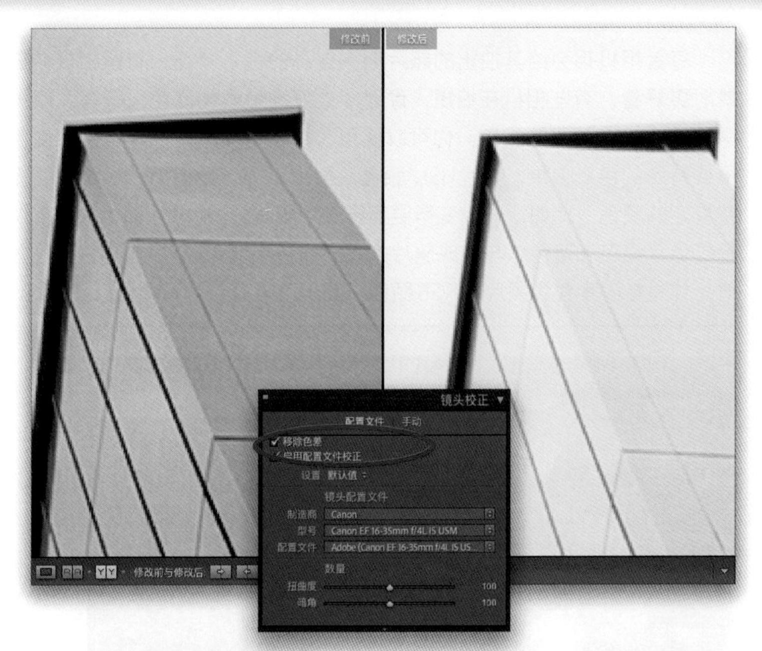

图 9-76

第3步

让我们首先进入“修改照片”模块的“镜头校正”面板，并在“配置文件”选项卡中勾选“移除色差”复选框（如图9-76所示），以消除这些彩色边缘。很多时候，仅仅勾选这个复选框就足以解决问题了（这个照片肯定是这样的——看看这里的照片，你会发现绿色和紫色的边缘杂色已经消失了）。只用了一个复选框就得到了这样的效果，这种方法真是太方便了。现在，如果这个复选框不起作用，你该怎么办呢？好吧，你可以继续进行第4步操作。

图 9-77

第4步

我在这里换了一张不同的照片（如图9-77所示，左下图为完整的照片），我把照片放大了很多。“移除色差”复选框对这张照片的调整效果不够好，所以让我们单击面板顶部的“手动”选项卡。有两种方法可以消除这里的边缘杂色。一种方法是单击颜色选择器工具（滴管图标，如图9-77所示用红色圆圈圈出），然后直接在照片中出现边缘杂色的紫色和绿色上单击（如图9-77所示）。紫色和绿色的“量”滑块会自动移动到合适的位置，以消除该颜色的边缘杂色。另一种方法则是跳过颜色选择器工具步骤，直接将“量”滑块向右拖动，直到彩色边缘消失。如果这能减少彩色边缘，但不能完全消除它，你可能要来回拖动“紫色色相”或“绿色色相”滑块，找到这些颜色的色相范围，这样它们就能中和杂色。这两种方法都很好用，因此使用你更习惯的那一种即可。

9.16 修复相机中的色彩问题

每台相机都会给其拍出的照片加上自己的色彩特征，有些相机在拍摄风景时更好看，有些相机在拍摄人像时能更好地呈现出肤色，等等。如果你觉得你的相机有明显的偏色，你可以使用“校准”面板来创建一种中性色的效果或特殊的色彩效果。与“HSL/颜色”面板不同，我们用“校准”面板来调整特定的颜色，比如让天空变得更蓝或颜色更浅。“校准”面板中的滑块调整是红色、绿色和蓝色（与构成照片的RGB原色相同），所以当你移动这些滑块时，你是在改变整张照片的RGB颜色，而不只是调整个别颜色。

第1步

在开始之前，我想先提醒你使用相机校准不是必要的操作。事实上，我想大多数人都不需要调整它，因为他们甚至没有注意到自己的相机有那么大的色彩偏差，甚至一点都不担心（或者是因为他们喜欢自己相机的色彩偏差，很多人都是这样）。然而，如果色彩偏差问题困扰着你，那么本节就是为你准备的。进入“修改照片”模块的“校准”面板，在右侧面板区域的最下方，如图9-78所示。

图 9-78

第2步

如果你的相机拍出的照片红色有点太多。你可以将红原色的“色相”滑块向右拖动（更偏向于橙色），这样就可以将红色减弱一些（如图9-79所示），使该相机拍摄的红色看起来更自然。如果你认为绿色太绿，你可以降低绿原色的饱和度。因此，你可以改变颜色（使用“色相”滑块）或降低颜色的强度（使用“饱和度”滑块）。面板最上面的滑块（“色调”）是用来调整可能添加到照片的阴影区域的任何绿色或洋红色的色调。通过观察颜色条，你就会知道该往哪边拖动滑块。如图9-79所示，我把“色调”滑块向绿色方向拖动，以减少阴影区域的任何偏红的颜色，但这张照片的变化是如此微妙，你几乎看不出有什么变化。

图 9-79

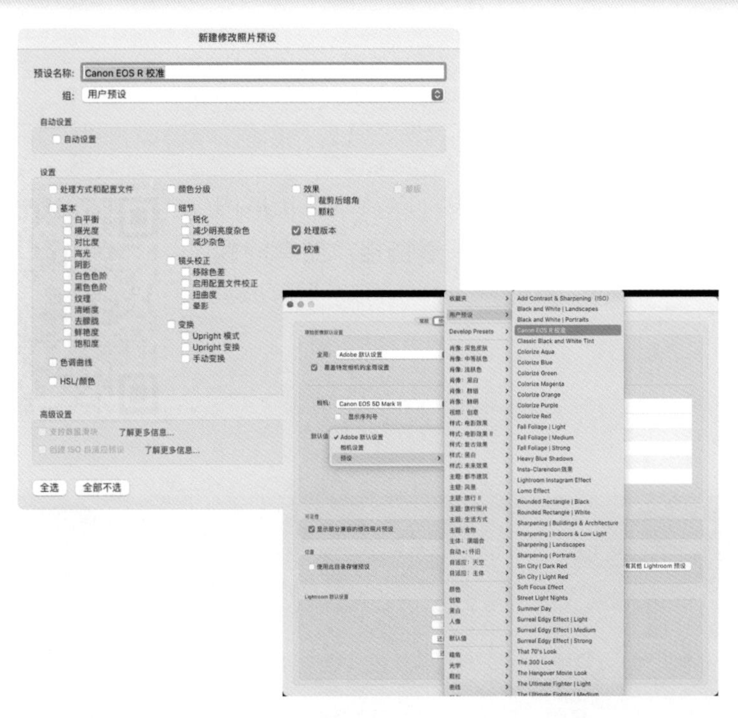

图 9-80

图 9-81

第3步

当你得到了你想要的颜色，并且在同一台相机的几张不同的照片上测试了这些校准设置后，你可以将这些设置保存为你将照片从该相机导入Lightroom时的默认设置。进入“预设”面板（在左侧面板区域中），单击面板标题右侧的“+”（加号）按钮，并选择“创建预设”，然后在“新建修改照片预设”对话框中（如图9-80中的左图所示），单击左下方的“全部不选”按钮。勾选“处理版本”和“校准”复选框，然后单击“创建”按钮。现在，进入Lightroom的“首选项”（Command-, [PC：Ctrl-,] 组合键），单击“用户预设”选项卡，在“原始图像默认设置”部分，勾选“覆盖特定相机的全局设置”复选框。接下来，从“相机”弹出菜单中选择你的相机品牌和型号，然后从“默认值”弹出菜单中选择你刚刚创建的预设（如图9-80中右图所示）。就是这样，现在，当你打开该相机拍摄的RAW照片时，它将自动应用你创建的相机校准预设。

第4步

除了通过改变颜色和创造有趣的色彩组合修复我们相机中的色彩偏差，一些摄影师还喜欢使用这些校准滑块来创造特定的色彩效果。你在社交平台上经常会看到这些照片风格，而且没有固定的公式可循，因为这是一个创造性的决定。在这里，我将之前照片中温暖、自然的颜色（当然，我可能在拍摄时使用了太暖的白平衡）转变为高光部分粉色和阴影部分绿色（如图9-81中修改后的照片所示）的创意色彩效果。如果想获得这样的效果，说实话，我会转到“颜色分级”面板（见第8章），在那里做这些类型的调整（“颜色分级”面板的功能非常强大，而且操作简单）。但是，在这里创建新的配色方案也并没有错，为什么不都尝试一下，看看哪种方案能引起你的共鸣呢？

写在最后

本书附赠了部分案例的素材文件、Lightroom 的修改照片预设，以及一些拓展内容。扫描二维码，添加企业微信，回复数字“62623”即可获取下载链接。如有问题请及时与我们联系。